立人天地

世界前沿教育书系

CORWIN

PATHWAYS TO 思维学校建设之路 THINKING SCHOOLS

[美] 大卫 · N. 海勒 (David N. Hyerle)
拉里 · 阿尔法 (Larry Alper) 主编
张静 译

黑龙江出版集团
黑龙江教育出版社

版权登记号：08-2016-002

图书在版编目（CIP）数据

思维学校建设之路 /（美）海勒（Hyerle, D.N.），（美）阿尔法（Alper, L.）主编；张静译. -- 哈尔滨：黑龙江教育出版社，2016. 1
ISBN 978-7-5316-8500-5

Ⅰ. ①思… Ⅱ. ①海… ②阿… ③张… Ⅲ. ①创造性思维—思维方法 Ⅳ. ①B804.4

中国版本图书馆CIP数据核字(2016)第011347号

思维学校建设之路
SIWEI XUEXIAO JIANSHE ZHI LU

编　　者　〔美〕大卫 • N.海勒（David N.Hyerle）
　　　　　拉里 • 阿尔法（Larry Alper）主编
译　　者　张静 译
选题策划　王春晨
责任编辑　宋舒白 吴迪
装帧设计　Amber Design 琥珀视觉
责任校对　周维继

出版发行　黑龙江教育出版社（哈尔滨市南岗区花园街158号）
印　　刷　北京鹏润伟业印刷有限公司
新浪微博　http://weibo.com/longjiaoshe
公众微信　heilongjiangjiaoyu
天 猫 店　https://hljjycbsts.tmall.com
E-mail　heilongjiangjiaoyu@126.com
电　　话　010—64187564

开　　本　700 × 1000　1/16
印　　张　18.75
字　　数　289千
版　　次　2016年3月第1版　2016年3月第1次印刷
书　　号　ISBN 978-7-5316-8500-5
定　　价　39.00元

撰稿人介绍

伊丽莎白·(丽莎)·黛拉莫拉[Elizabetr(lisa)Dellamora]，哲学博士，美国教育咨询顾问，帮助教师、校长及其他地区领导努力改进教育实践。伊丽莎白在成为全职咨询顾问之前，曾任小学教师和阅读专家，与从幼儿园的学前儿童到高中学生以及大学生、研究生均成功开展过工作。伊丽莎白的专长是在城市学校中对小学和中级识字、认知学习理论、学习的可视化工具、课堂管理、课程开发、教育政策以及支持性学习的建设。她曾针对自然拼读法、课堂管理与《不让一个孩子掉队》(*No Child Left Behind*)法案对城市学校教学的影响发表论文。除了咨询工作，伊丽莎白在美国东北部地区纽约、康涅狄格、罗德岛、马萨诸塞、新罕布什尔、佛蒙特与缅因州，担任思维导图负责人。

金伯利·(金姆)·威廉姆斯[Kimberly(Kim)Williams]，哲学博士，独立咨询师、作家与发言人，现任康奈尔大学教学支持专家，同时还在普利茅斯州立大学教授研究生教育课程。威廉姆斯作为多本教育图书的作者，近期与马塞尔·勒布伦(Marcel Lebrun)合作完成《健康儿童、健康心智》(*Health Children, Health Minds*)。其作品已发布在网站http://www.amazon.com/Kimberly-M.-Williams/e/B001KMD25C。

罗伯特·(鲍勃)·伯登[Robert(Bob)Burden]，英国艾克赛特大学应用教育心理学荣誉教授，于艾克赛特大学创建认知教育研发中心，退休时担任教育研究院负责人。伯登对于认知教育的研究兴趣和专长始于20世纪80年代，师从鲁文福·伊尔斯坦，伊尔斯坦的理论为伯登许多后续研究奠定了基础，包括从学校课程设置的多种方面引入认知教育，对外英语教学以及培训学校心理学家。作为英国心理学协会的长期会员以及国际学校心理学会的前任主席，伯登因对学校心理研究与实践的贡献获得许多荣誉称号。

吉尔·哈勃（Gill Hubble），文学硕士，高级演奏文凭，Dip Tchng，国际咨询师，教授思维策略、设计了全校思维与学习项目和组织变革。曾担任新西兰圣卡斯伯特大学副校长16年，目前支持思维导图在许多学校、学区和国家的发展。

理查德·科埃（Richard Coe），文学学士，现任英国格林莫尔与温顿艺术媒体学院联合会的副校长。理查德曾带领罗彻斯特文法学校，通过几年的时间成为第一个通过艾克赛特大学认证的高级思维学校。理查德目前在英国南岸这所新学校中，享受着完善思维学校旅程带来的挑战。同时他还担任国际思维学校英国负责人兼国际培训师，是国际思维学校马来西亚项目的首席培训师之一。

唐娜·J. 德希亚图（Donna J. DeSiato），教育学博士，公共教育领域德高望重的领袖人物，现任东米诺亚锡拉丘兹学区（ESM）负责人。自2005年任职以来，该学区的学习成绩取得巨大提高，毕业率持续上升，并开发了许多与企业合作的创新教育模式。近期，美国大学理事会将ESM列入2011AP课程的优秀榜单中，《新闻周刊》认为ESM成为全美最佳2000个高中之一。教育界及工商界高度评价德希亚图博士在引领21世纪学习以及为国际社会培养毕业生方面所做的领导和贡献。

朱迪·摩根（Judy Morgan），理学硕士，曾任课程、教学与问责执行主任，拥有长达25年的学校校长经验。现任教育咨询师，与学区共同致力于战略规划与基于研究教学策略的实施。朱迪同时还担任纽约州监督与课程研发协会主席。

埃斯特蕾娜·（埃斯蒂）·洛佩兹［Estrella（Estee）Lopez］，教育学博士，纽约新罗谢尔大学教学与领导中心副主任兼教授，同时担任国际思维学校主任/全球培训师。埃斯蒂先后担任教师和地区管理者，具有40多年的学校领导经验，参与教育政策与标准开发，确保公平性并通过职业学习群体实现高质量教学。其工作重点关注语言、读写能力和认知的统一，具有挑战性的和发展低下的那部分学生：努力学习者以及第二语言学习者。埃斯蒂也是两部教育者资源指南《各州共同核心标准与英语语言学习者》（*CCSS and ELLS: Common Core State Standards and English Language Learners*）（2012）和《英语语言学习者：思维技能与重视六大转变的各州共同核心标准》（*ELLS: Thinking Skills and CCSS Focus on the Six Shifts*）（2013）的作者。其论文为支持“充分实现优秀成绩的模式”提供了实验依据。1990年以来她一直是美国和国际的演讲者，近期在英国国际思维技巧峰会、全国双语教育学会、波多黎各英语教育会议、银行街教育学院语言系列会议以及纽约幼儿英语教学会议上发表讲话。

凯西·恩斯特（Kathy Ernst），近期担任思维基金会高级顾问。曾在教育界承担过多种工作，包括一所小学的创办人、幼儿园至八年级教师、天才班项目研发人员和教师、佛蒙特与美国教育部顾问。经过三十多年，她成长为变革推动者，为美国学校提供内部支持，提高数学教学水平。她一直使用思维导图发展合作的、高效的和清晰的课程学习、职业学习、辅导与监督过程。凯西也是《成功从点滴做起：第一年讲授小学数学》（NCTM，2014）的参与作者，具有银行街教育学院硕士学位，主修教育领导力专业。

罗伯特·赛斯·普利斯（Robert Seth Price），国际独立咨询师，关注讲授思维战略、设计全校思维与学习项目以及组织变革。近期他参与创作《由内而外发展思维学校》（*Growing Thinking Schools from the Inside Out*），并完成思维基金会制作的纪录片《密西西比河理念》（*Minds of Mississippi*）（2001）随附的“MoM手册”。罗伯特曾研发完成《构建思维环境》（*Structuring Thinking Environment*）手册，成为职业发展的模型。与“学生呼声”共事，包括开发并实行美国城市联盟的模式，而这种模式成为美国城市联盟的部分职业培训内容。罗伯特同时制作、导演并编辑许多短片，与学生、教育工作者和非政府组织共同研发并制作了多媒体模式。其网站为www.eggplant.org。

贝雷克特·艾维克（Bereket Aweke），居住于埃塞俄比亚的亚的斯亚贝巴市，具有七年以上教育培训行业经验。贝雷克特毕业于亚的斯亚贝克大学应用生物学专业，曾在多家教育机构先后担任教师、协调人员和主任。贝雷克特对教育和儿童充满热情和献身精神，他认为只有通过优质教育才能让非洲实现持续性长期变革。贝雷克特在埃塞俄比亚一家私立学校任教时，经他人介绍加入思维学校埃塞俄比亚项目，随后成为带头人、执业培训师和后来的杰出社会创业者项目负责人。在他的领导下，这个项目在培训2 000多位教师和学校领导的同时，得到了政府部门、私立学校和非政府组织的普遍认可。贝雷克特参与了2009年8月思维学校创建以来的最初试点，包括亚的斯亚贝巴与和撒那的职业培训。其中包括，培训学校的专业性发展、领导力、可视化工具等内容以及其他教育工作者和非政府组织代表致力于变革进程所参加的其他研讨会。

目录 / contents

前　言

世界各国都希望其正在实施的教育标准，可以培养出精英人才，并确保这些人才具备未来在全球范围角逐高层次生产力的能力。许多学校体系表明，为解决一般问题而研究出的教学项目，可以提高大多数学生的课业成绩，但是带有成功者标签和“大器晚成”标签的学生之间仍然存在差距，并且，由注重高阶思维的新型评价数据所显示出的，钟形曲线中的低层学生数量正在增多（Hernández & Gebeloff, 2013）。

由这些评价体系中“大器晚成”学生数量的增加而产生的后果是，评估结果被错误地解读为学生们无法进行高阶思维。著名心理学家鲁文福·伊尔斯坦（Reuven Feuerstein）证明，被人们低估（或完全忽略）的事实（通过神经学得到进一步验证）便是，学生并非不具备高阶思维和提高成绩的能力。恰恰相反，这其实是高阶思维和智力表现未得到应有的开发所必经的精神过程与“思维习惯”。

那么这个问题的根源是什么呢？怎样才能确保思维的发展，从而使学生的巨大潜力得以被挖掘、培养并被引导以实现高效能呢？

一直以来，我致力于研究这些问题，并提出一项重要认识：教育对成绩的一味追求或全球竞争使我们偏离了教育的初衷，即引导并鼓励高阶思维，以激发个体的巨大潜力。教育的初衷成为促使学校转向新格局的一支催化剂，使学校将针对高分的应试教育转变为刺激学生进行高阶思维，使他们认识到并利用巨大潜力进行自我价值的实现和以个人力量贡献世界的目标。

本书带我们探究了这些实现了教育初衷的学校。在这些学校中，教学成为学习的替代媒介，用以帮助每个学生成为从容的、举一反三的、具有批判性以及创造性的思想者，实现个人成就。基于此目的，对于思维培养的重点被放在：进行批判分析、行为比较、反思、提问、批判、评价、预测和创新上。这一重点在于通过认知工具模拟的神经模式使学习更加高效，通过实践过程培养具有自主性的思维习惯，以促进自我指导学习和达到更高的智力水平。教学实验和神经学进一步验证这些认知工具和实践，加上思维学校内部教育工作者的描述、指导，使这种愿景可以应用于每所学校普及至每一位学生。

保罗•弗莱雷（Paolo Freire）曾说，目前我们亟待解决的问题是：当我们解放所有学生，使他们成为从容、反思的思考者进行提问、批判并愿意行动，那么，我们的教育者、制度和政府是否做好了放弃控制权的准备呢？答案显而易见：我们处于全球社会化进程的开创时期，地球村的最新范式否定各国之间的竞争。在全球化社会中，各国强烈意识到对相互利益与相互依赖的需求及其带来的好处。因此，全球化社会的最新范式需要在国际范围推广思维学校，在思维学校中，学生能够辩证思考，考虑相互依赖的分歧和潜在可能性；接受过思维学校教育的学生能够充分发挥自己的潜力，并致力于推动实现全球成功协作，全球高效生产，创新有效地使用我们最具潜力和生产力的资源：大脑与思维。

伊薇特•杰克逊（Yvette Jackson），教育学博士

《教育学的自信》（*The Pedagogy of Confidence*）作者

国家城市联盟首席执行官

参考资料

J.C. 埃尔南德斯，R.葛贝洛夫（Hernández, J. C., & Gebeloff, R.）（2013年8月7日），“纽约实行严苛基准后成绩大幅下降”（Test scores sink as New York adopts tougher benchmarks），《纽约时报》（*New York Times*），网址：http://www.nytimes.com/2013/08/08/nyregion/under-new-standards-students-see-sharp-decline-in-test-scores.html?ref=robertgebeloff&_r=0

序

本书的标题可以说是全球教育界内外众多人士针对当前普遍认同的教育焦点所发出的宣言。构成本书各章节的研究资料表明，明确重点发展思维教育应成为各国优势各异的学校教育的基础。从某种意义上来说，我们的学校需要“重新制定”教育目标。我们知道，当今教育者的工作已不再局限为讲授更多学科知识，使用先进技术或更为复杂的考试制度。我们需要明确培养学生的思维能力，这样才能深化理解学科知识、构建概念并过滤虚拟网络中如此庞大的信息流。思维学校方法的最终目的在于让所有学生成为自己思维和学习的推动者。我们认为实现这个目标，不能只通过孤立的课堂教学或视觉媒体进行，必须从整体上构建学校环境，这样学生才能以相互依赖的形式参与其中，换位思考，并对自己不断发展的独特思想脉络更快地做出反应。我们也认为，通过对人类大脑了解的不断加深，每个孩子都应更加了解每个想法、感觉和行动背后大脑复杂的自发行动，并认真对待大脑。

数十年来不断有教育工作者呼吁，单独实践和研究如何教会学生为什么思考，思考什么以及如何思考的教育理念，这一理念可以追溯到20世纪末美国思维技能运动时期，乃至约翰·杜威（John Dewey）、苏格拉底时代。整个教育界对于语言和认知发展，使用批判性思维的工具，以独立和协作的方式学习，多元智能与情感智能，神经科学以及近期逐渐了解到技术和社交媒体等方面认知良多。然而，很少有人提出过系统深入的具有普遍适应性的方法以推动整个教育体系系统性转向对于学习的主要动力的显性教育：思维。目前大量研究项目、理论、例证以及提出“转变思想”这一更有说服力的口号，但实际课堂教育鲜有改变。即使在课堂中增加科技的应用，但仍然停留在传道授业上，而不是解释信息如何被处理和思考的。这本书虽然包含不同形式的研究，依然只是在记录一些学校的工作。本书作者们都是致力于系统推动、共同创造和辅导“学习”群体的教育工作者，旨在帮助整个社会“深思熟虑地”转变模式，随着时间的推移成为思维社会。

在阅读这些研究资料的同时，读者会随之产生几个核心问题：信息和知识，学习与思维，观点和语言，大脑和心智之间到底存在哪些相似点和不同点呢？请带着这些具有挑战性的问题，利用自己的教育背景作为参考框架来考虑作者提出的建议。

从更广泛的目标来讲，本书旨在介绍发展国际思维学校（TSI; www.thinkingschoolsinternational.com）的方法与适于改编的实施设计。我们这项事业由来已久，对于我们而言并不新鲜，不过本次尝试对已明确了解到的发展思路进行整合，以形成促进全校变革的连贯的、可改编的持续性方法，这对初次参与其中的人而言是耳目一新的！

本书共分11章，开篇第一章初步介绍了国际思维学校引领的在全球范围内发起的倡议——思维学校“是什么、为什么以及如何实现”。该组织中的教育工作者将

- 帮助规划思维学校的宏伟格局，
- 培训学校教师使用实用工具，可以立即着手课堂和全校教学重点的转变，
- 支持学校进行长年的持续性的可实现的设计方案的制定，逐步实现转变，并且，
- 与学校共同实施以学生为中心的模式，以提高学习成效并促进综合思维技能、探究技巧和性情的长久发展。

国际思维学校集团重视与学校师资队伍的共同努力，这样教师、管理者以及更广泛的群体才能创造并自我掌控整个变革过程。这项事业的关键在于我们致力于全世界学校的记录和交流，这样他们可以分享思维学校的“最佳变革模式”。本书便是为记录、交流和维持这个网络所作出的一项

努力。

随后的十个章节设计独特，由多名作者的研究资料反映出对于促进“思维”，有来自世界各地各具特色的独特切入点。作为编者，我们决定为每章节增加介绍性评论，用以介绍作者，让读者预先参与到对该话题的思索并加强与前后章节的过渡与联系。每章结尾，我们增加了反思问题，进一步促进读者思考，方便与同事进行文献研究。

我们也为每章节设置了一个重点词的标题，每个标题都可以成为作为教育工作者所应思考的关键问题：

第一章：我们如何在全校范围内促进思维教育的发展？

第二章：思维学校是否具有道德需要？

第三章：我们的大脑、心智以及思维如何随着时间的推移而发展？

第四章：思维学校的广义准则是什么？

第五章：是什么预示着该展开思维学校的旅程了呢？

第六章：思维学校如何继续推进？

第七章：学校制度能够实现向思维教育的转变吗？

第八章：语言和思维的共同点是什么？

第九章：如何直观地对教师的思维教育进行培训？

第十章：如何领导校际思维教育的发展？

第十一章：可以实现国家范围内的思维教育建设吗？

读者可以从这些章节中发现，思维学校方法的设计结构良好，适于改编，旨在培养学校群体中的每个人为了解决问题而成为更好的思考者，根据世界需要来作出富有成效的变革。该设计也为了让某一国家或地区的许多学校“扩大规模”，随着时间的推移通过面对面和虚拟网络等方式实现可持续发展。

现在宣布思维学校方法取得普遍“被证实”的成功，还为时尚早。不过本书展现的案例研究，学生与学校范围的成绩结果以及其他成功例证，充分表明我们正在通往成功的路上。近期的伙伴合作关系从很大层面上证明了这一说法。马来西亚教育体系目前处于五年计划的第二年，这是一个全面的全国性的努力，将其全部10 000所公立学校从讲座/死记硬背的教学模式向采用独特设计的iTHINK方法的思维学校转变。马来西亚教育局联合创新总理办公室，正在着手加入职业发展模式，在国际思维学校的支持下，整合三种以学生为主的方式，使学习者可以更深入地思考和学习理论知识。

一批教育工作者在吉隆坡的一所学校（10所示范性学校之一）进行跟踪参观，很快发现了充满前景的结果和利于可持续性发展的结构。八个月前，这个团队观察到所有10所学校中大部分教师站在学生前排讲课。学生或安静地学习或吵闹，却很少展开深入学术互动，几乎不会参与思维的交流或提高。老师会问许多低级问题，通过口头或书面重复内容，作为考试相关的信息记忆标准。这些课堂都采用以内容为驱动、以教师为中心的过时设计。实际上，这是整个马来西亚乃至全世界所采用的教育方式。不过，在这次回访中发现了转变：学生分为两人一组或多人一组，使用可视化工具共同绘制内容（这种情况下使用思维导图模型），具有高度可参与性。从学习中体会到乐趣，教师和管理人员表示这是一种180° 的大转变。显然，这些后续回访和进一步报道表明，这已不再是伪装成绩下的“示范学校”：通过发问，学生显然真正学习到了如何通过更好地思考来更好地学习。

那么思维学校是否发挥作用了呢？只有学校随着时间推移规划出自己的转变历程，这种方法才会发挥作用，而不是“局外人”对短期成绩压力采取速战速决的方法。一些学校发展相对更为迅速和深入，而其他学校可能转变较慢，所有学校要找到适合自己的变革节奏。

本书详细描述了积极结果和一些缺陷。90多所认证学校根据思维学校的广义准则创立自己的设计后，根据案例研究、评估、调查和直接回馈，从中可以发现的过程与“产品”（详见网站www. thinkingschoolsinternational.com的《思维学校报告》）。尽管很多学校重视思维学习，但并不意味着他们的学校特色和公众认同只是由思维学校这个术语决定的。

这些马来西亚的学校所发生的巨大转变表明了我们早已凭直觉所了解

的：人类优质思维早已存在于每个人身上，如学生、教师和管理者。雕像家米开朗基罗认为，石像雕塑是将岩石从固有属性形式中“解放”出来。与其他雕像家不同，米开朗基罗徒手雕刻，将人物从石头中解放出来。在雕刻《大卫》进行到一半时，米开朗基罗曾展示了许多半成品石头，参差不齐尚未成形的人像似乎要自己脱颖而出，并授予自己一个名字，如《囚禁者》……这是在他那人形的伟大传世之作成形之前我们所能看到的一切。

这可以作为“从内而外培养思维学生”的比喻。本书认为思维学校应当具有以下目标：悉心发展每个孩子的各种思维方式、能力和性情，随着时间推移，明确细化关注这些问题，同时我们要教会孩子们掌握展示他们自己随着心智的发展而不断进化的思维形式，并可以与他人的思想动态互动的工具。这与我们的时代不谋而合，以下精彩评论来自玛克辛·格林（Maxine Greene）的《解放想象力》：

> 我认为课堂上充满深思熟虑和批判精神，这体现在教师和学习者在开展合作研究中，根据自身生活环境能够找到自己的位置。（第23页）

第一章　催化剂

思维学校是转型变革的催化剂

大卫·N. 海勒

为什么思考?

过去的十几年即21世纪前十年中，我在全球旅行数十万公里，与同行的教育工作者进行合作，并向他们学习。在近期的旅行中，我去过马来西亚、泰国、日本、南非、埃塞俄比亚、墨西哥、巴西、新西兰、澳大利亚、英国以及美国，我重新感到乐观起来。旅途中不断有同座乘客、出租车司机或其他同行的人会问我相同的问题，“你来这儿做什么呢？”我总是习惯性地回答，“我来帮助建设思维学校”，这些新朋友通常礼貌地一笑而过，而有些人会大笑说，“难道不是所有学校都应该教孩子思考吗？”我告诉他们，许多机构和个人在贫困地区捐助建造了教学楼的实体，然后问他们考虑过大楼内部发生了什么：老师和学生之间发生了什么？他们毫不思索地回答了自己的问题：“我猜应该没有，学校不会教你如何思考的。多么希望以前学会怎么更好地思考啊，我们应该教学生如何思考。”

这些闲聊反映出人们迫切意识到改变不同层次教育的各个方面的要求，包括从幼儿园到大学、再到工作培训，以此来应对日益复杂的问题。在世界各大洲我都发现，面对挑战，肆无忌惮的乐观派与强硬的现实主义之间的紧张关系需要得到缓解。我也了解到，人们重新开始重视发展学生思考能力、协同解决问题能力、决策、情商，并且将应对社会变化的创业推动力作为教育的焦点。同时我也遇到与这些目标背道而驰的政策与实践。有些人会问，“为什么要变革呢？”

因为这个世界不是看起来复杂，而是的确非常复杂。

日新月异的工具和技术、社交媒体、信息获取方式以及全球化变革，让许多人充满疑惑——我们能否合理培养孩子应对高等教育和迅速变化的工作环境所带来的挑战？诚然，我们的思维和大脑也已经被提高到了令人生畏却势不可当的认知负荷新水平。学生现在将整个图书馆和不断更新的维基百科收于掌中，同时利用强大的软件进行即时交流和知识创造。这种信息超载也成为公众场合和全球媒体共同关注的话题，不仅包括教育问题，还包括我们孩子的日常体验。泛滥的信息和过多的娱乐让孩子没有时间思考，缺乏课堂上所需的优质思维。但是，尽管海量信息触手可及，为什么许多学校还停留在单项选择和死记硬背的考试方式上呢？

如果教育工作者再次将传授思维的方法作为教育重点，那么就需要在某种程度上放弃教授具体内容，这成为一些人尚未公开的担忧，有时甚至成为僵化的辩论依据。一些不同领域的领军人物和许多教育工作者认为，直接促进思维发展，能够使学生从“僵化”的内容学习转向“轻松”的学会学习的过程，陷入不可操控（无法测试）的困境。

正如协助本书完成的优秀教育者所做的努力，本书的中心前提是我们已经能够同时完成上述两个目标。本书反复强调的主题具体包括以下三点：

1．世界日新月异的变化需要教育范式做出相应改变，应该在课堂上关注学生的应用思考、问题解决和协作决策的能力，而不是等学生离开学校后再培养这些能力。

2．最新技术与知识的获取并非只有优点，学生和教师如果不能在同一时期掌握必要的技能，那当他们面对超负荷的技术与知识时就会受到打击，从而产生负面影响。

3．教授如何思考与讲解内容并非对立，而是互为补充，统一于课堂实践中。

人们误认为思维过程非常“轻松”，其中一个原因在于，这些技能的定义通常不够明确，无法具体严格地融入日常内容教学中。另外，认知发展和批判性思考尚未在学校得到系统开发，学生作为独立学习者，尚未具备元认知能力，因此无法意识到他们的思维过程。我们经常提到“调整”课程设置的观点，使各个内容板块具有连续性。目前我们迫切需要调整每个学生从学龄前到工作所有阶段中的思维发展。

鉴于我们目前所了解的大脑、思想、学习和思维的知识，将“内容”和“思维”置于两极而建设的想法不再适宜，这也是以陈旧观念来理解教育的目的。学校一味讲授更具挑战性的复杂概念和学科知识，却不促进高阶思维发展，仅仅通过测试得到“预计”结果，这一定无法成为实现我们培养多元化的学生这一高级目标的支柱力量。还有些更具批判性的说法认为，这种模式实际是随着全世界许多国家日益增长的收入差距，复制教育发展所产生的鸿沟。诚然，受教育程度与收入水平密切相关，国家富裕程度和国民生活水平的提高也离不开教育。

总而言之，采用选择题为测试形式辅以钟形曲线对分数加以评估的反馈机制已无法满足当今信息膨胀的全球社会的需要。每隔几年通过组织更加复杂的考试来实现目标，只会拉大社会中贫困人群和少数特权阶层（能够承受考前辅导和私立学校学费）之间的差距，同时削弱国内大部分人群的适应能力。确切说来，“智商”钟形曲线理念利用某种限定内容知识记忆曲线，就某个成长点对孩子进行测试，而并非考验他们作为一名学习者或随机应变的思考者的大脑思维发展，我们应当完全摆脱钟形曲线，并寻求它的替代形式。

我们教学工作持续受到零散孤立解决方法的不断推动，来提高教育水平（经过“证实”所有方法都是孤立的研究），这些方法无非是增加或删减，萝卜加大棒软硬兼施的措施，包括讲授更多内容，延长在校时间，增减班级或学校规模，根据学生考试成绩同比数据增长将教师业绩金钱化，通过吸引资金或外包学校创造竞争或者直接将学校完全私有化。最引人注目的也许是我们正不断增加选择题形式的考试的复杂程度和频率，但学生从中学到甚少。从某种程度上来说，教师不断“分解数据”的观念现在已成为“高质量”教学的准则。在我们的教育产业繁复的，作为内容提供者的市场将内容信息打包并与试题发布者挂钩，似乎通过多种平台以更快的速度传递更加个性化的内容，就能够提高学习和决策水平。然而，这些方法并不能追溯到学习的本源——人类的心智和大脑，因而也不能直接追溯到产生知识的源头：思维。

在不否定许多学校高质量工作的前提下，本书提出对教育工作进行再构造。思维学校是教育逐步发展和实现转型的愿景和实用设计，也是21世纪对学术严谨一词的再次明确定义，即作为内容学习的基础，严谨应当以思维为依据。

> 学术严谨是在全校范围内进行内容教学的同时，通过对思维过程、性格和思维探究方法明确地、系统地和持续发展地培养来达到深入地、跨学科的学习目的。

如同我们应在每个学科领域需要“学术”词汇一样，目前我们需要尽可能明确的、连续的和持久的“思维”方法与模式。在第一章及整本书中，描述了思维学校的愿景、框架和专业发展设计。不过，本书不是简单提供另一种拼凑起来的目标，而是通过可视化工具清晰介绍认知过程，通过培养思想习惯明确介绍如何进行性格培养，通过提问来清晰讨论探究过程，向读者介绍了全校性方法和课堂模式。我们期望的结果是使各个层次的学生能够综合独立安排这些过程，有意识地将这些工具不断创新并转化到学科学习、工作以及个人生活中。

我们为什么要在21世纪中重视“思维”呢？阿尔伯特·爱因斯坦（Albert Einstein）很久前通过“回到未来”的方式，声称我们现在面临的很多问题，是无法在问题产生时的那一个思考层面上解决的，诠释了我们目前进退两难的困境。

爱因斯坦建议我们使用不同的思考层面说明什么呢？苹果电脑的流行

宣传语“不同凡‘想’”是什么意思呢？他们所指的，不是我们思考“什么”，而是我们的思考方式要随着不断变化的时代需求，进行巨大转变。

我们能否定义思维？

什么是思维？这似乎是个没有答案的古老问题。我们经常提到苏菲寓言中盲人摸象故事，便是极好的类比。每位盲人摸到大象的不同部位，但没有人能够定义整头大象。我们可以升级这个寓言，变成一个故事，六个人围在桌前，试图向即将入学的孩子的父母定义“思维”，这六个人包括：哲学家、幼儿园教师、大学教授、艺术家、首席执行官和努力改变世界的社会企业家。他们可能会像六个摸象的盲人那样在谈话中有不同侧重点。若他们关注如何培养学生在人生中成为适应能力较强的问题解决者，一段时间之后就会发现他们对思维的统一理解和实际方法上观点一致。如果我们一组六人对行为认知学、课堂研究与实践和最新神经科学有所了解，他们会发现清晰定义“思维”术语的途径。认知心理学家和研究者在过去几十年表明，我们的确了解如何提升每个孩子的思维能力。

其中一个切入点是20世纪后期几十年间记录完整的思维技能运动。阿特•科斯塔（Art Costa）在综合类文章《心智开发》（*Developing Minds*）（2011）中提到思维教育界的历史、研究和范围，首次对思维进行不同定义，并展示了如何将不同途径和模式融入课堂实践中，是我们所谓思维学校的先导。在思维技能运动中，阿特•科斯塔博士和罗恩•勃兰特（Ron Brandt）介绍了将思维提升到学校建设中心地位的三种方法，科斯塔（2008）提出“学校是心智之家”的比喻。生活在学校之家的人们关注以下几个方面：

以思维为目的的教学：营造整个学校和课堂环境，支持思维发展。

讲授思维：讲授一些学生直接思考的技能和策略，和/或开展思维项目。

关于思维的教学：帮助学生意识到自己和他人的思考过程、大脑研究以及应用到实际情况和问题解决中。

现如今，我们一组六人也能根据直接影响学校现有实践的教育界领袖的理论、研究和具体应用中，总结出一些广为人知的模式和途径：哈沃德·加德纳（Howard Gardner）（多元智能）、阿特·科斯塔（心智习性）、大卫·帕金斯（David Perkins）（“智慧学校”）、马修·李普曼（Matthew Lipman）（儿童哲学）、丹尼尔·戈尔曼（Daniel Goleman）（情商）、爱德华·德·博诺（Edward de Bono）（横向思维和“六顶思考帽”）。本书中，我们将会在思维学校设计背景下，向您一一介绍这些模式。

总体来说，从认知神经学，到以研究为基础的实践和经过证实的应用思维课堂模式所支持的学习理论，都表明通过快速有效地发展所有学生的思维水平是思维学校的基础。所有学校对此过程的最主要担忧在于，如何完善并进一步整合这些定义与模式，并使这些定义和模式切合实际且能够被衡量，并持续存在于不同学习群体。我们需要促使整个学习群体提高思维能力，并在实践中发展新模式，活跃人类思维和“情商”水平。脑科学和人工智能研究将会在建设过程中提供重要的见解。

虽然人们一致认为需要教会学生“更好地”思考，但是目前尚无切实可用以改变教学过程和支持变革的方法提供给学校，这是其中缺失的环节。各行业领袖都呼吁使用孤立的“技巧”发展思维，或者寻求最新技术作为“发展思维”的答案，使用一系列看似毫不相干的“21世纪”技能组合和综合技能，但都无法提出一个整体设计。

尽管现在没有一个明确的方法，也没有统一的设计，但本书中提供了一些参考。在本书中，我们将分享：

- 思维学校清晰且易于改编的定义；
- 一段时期内学校实现转型的可持续性方法；
- 供学校使用的一系列模式所涉及的五个方面；
- 学生可以立即使用的六个实际“出发点”，以及
- 在三年内，实施三个“以学生为中心”的模式（我们所说的途径），可供学生综合使用。

下文将会提到思维学校的定义、方法、维度、实际出发点和可长期实施的三个主要模式，这些内容也贯穿本书的所有章节。（另外在第四章中，艾克赛特大学建设思维学校指南实施的14个准则、评估和可选认证由鲍勃·伯登进行描述。）这个框架的基础一部分来自指导手册《从内到外发展思维学校》（Hyerle, 2010）。思维学校建设指导手册供协调者使用，协调者们会首先与学校教师一起举行一到两天的研讨会，然后着手调查学校的需求，规划多年的系统变更设计，并参与到如何推进学校建设与为何推进学校建设的对话中。

1. 思维学校的定义

思维学校的总体推进归功于英美教育家多年来共同努力，完善思维学校所需资源，译成多种语言，以便不同国家使用。思维学校国际网络始建于六年前，是针对提高思维能力的教学方法的一个具有丰富历史的综合体。它旨在促进并支持学校使用便于设计修改的有机结构，系统关注学生在学校以及网络中的思维发展。

我们研发小组在全校范围进行试点后，发现需要对思维学校进行形成性定义，幸运的是，其中一位同事鲍勃·伯登教授（2006）经过多次修改，提出了深思熟虑的描述，并且几乎所有学校能够将其应用于自己的群体中：

> “思维学校”作为教育团体，其中的所有成员都能致力于对发生的每件事进行习惯性的细致思考。这个过程包括学习如何深入、批判性和创新性思考，并且运用这些技能和技巧共同设置有意义的课程和相应活动。学生若能掌握一系列独立思考与合作学习技能，获得高水平成就，享受学习并从中得到满足，这便是成功的结果。同时优势也不断凸显——团体中所有成员不断互动，并为对方考虑，学生和教师能够获得正面的心理幸福感。（第一段）
>
> 为实现上述目标，促进全校发展，所有利益相关者（包括学生父

母、学校董事会成员和领导）都应该完全致力于学校目标，并注重如何更好地实现目标。员工应当接受特殊培训，并将方法引入课程设置中，教授思维技能、相关认知策略与元认知策略。尽量广泛使用这些技能和策略，应当巩固课程设置的其他方面，引导行为政策和期望，在每个层次上的人相互作用和照顾的环境。（第八段）

这个定义有目的性地支持学校及其更广泛的学习社区创建自己的原则。同时，通过这个定义我们清楚认识到，这项事业并不是实施单一的思维技能“项目”或努力建设以发展思维为基础的平行课程。这是全校方法，重视每个学生与群体内其他同学和教师以及管理者的合作中，自觉使用思维内容学习的综合模式。

学习社区中关于思维学校的新思潮来自“思考”一词的多重含义，并被记录在案。从思维学校这个术语中，我们也许发现了思维的实用定义：个体精神与情绪能力、行为，通过同情和关心他人，巧妙地反映出洞察和理解世界的过程，从而提升他们的学习技能和思维的无限能力。

2. 一段时期内发展思维学校的途径

“人生就是场旅行”（Lakoff, 1980），这个众所周知的比喻可以明确用作思维学校发展的指导概念。在发展思维学校这篇文章中，这种“旅行”就像是人们可能去其他国家。想象一下，你带着一本讲述各种可能性的指南，有一位当地导游陪伴在身旁，提供景点深层背景信息并根据你的兴趣推荐更多的探索选择。同样，推动发展思维学校的人们，“指导”全校老师利用他们的文化，根据学习群体的背景，规划自身变革和发展的进程。每个学校教师并不仅仅依赖西方框架和思维的定义作为制订行动、实施计划的依据，而是与学生一同描绘适合自己学校环境的蓝图。

在最初研讨会中，我们对以下两点确信无疑——思维学校的建设如果只是一时兴起，将无法得到发展；思维学校的建设必须由学校自己规划，并在短期和未来几年发生变革。这场变革必须精心搭建，具有可持续性，并且根据每个学校情况进行调整。更重要的是，这场变革必须完全由学校群体掌控。学校向最新范例变革和明确转变的过程，也需要与开明民主思维的目标保持一致，但不仅限于“民主”的某个绝对定义。显然，这场变革与思维密切相关，但不是“思想控制”。为确保我们“思维”的真实性且不受规定所约束，我们需要在此过程中防止西方模式强加于每个学校。另外也不允许推动当地利益相关者主动变革，或授权他们加入思维发展群体的变革过程。要做到这点并不容易，因为许多“变革”经常被迫自上而下进行，或者人们某种程度上利用很少的前沿专业发展支持，随意在学校实施改革，在一定时期内并不具有持续性。尽管人们需要“使”思维成为学习的基础，可能会在许多国家进行自上而下的改革，其发展受到资金的限制，但最起码持续关注学校群体中思维的发展必须从内到外而进行。

发展思维学校的推动人士是第三级变革的催化剂。组织变革的特点通常涉及不同层次或级别的发展过程。巴伦特克（Baruntek）和莫克（Mock）（1987）提出的实践模式将组织变革分为第一级变革、第二级变革和第三级变革。读者在此要认识到，每一级变革极可能会同时发生在学校中。

第一级变革是学校关注提升现有实践和模式时所采用最普遍的途径。进行深层变革时，这会变得很棘手。这种变革对于解决不太复杂的问题、排查纷争以及满足短期需求（如提高考试分数）有所帮助，但不适合学校整体的长期变革。即使可能实现，这种变革也很难让学生表现产生重大改观。

当学校成员意识到需要做出重大变革以面临新挑战时，如我们学校现在需要适应“扁平世界”全球经济，这时第二级变革应运而生。学校可能会引进新项目、新技术、专家顾问和均衡发展的课程，帮助他们应对新挑战。虽然曾经提出了类似成为“21世纪学校”的宏伟蓝图，来应对变革，但也许因为变革意义重大，这些想法无法使学校实现复兴，完成自我引导的改造。许多变革无法整合起来：也许我们拥有更多技术、实践性学习、以问题为导向的合作性学习，甚至深入系统地使用单一“思维技能”项目，但考虑到需要积极努力和财政投资，学生学习的实际结果最终没有让学校实现转变，达成教育目标。

第三级变革发生在学校成员决定要将组织目标付诸实践的时候。这一层次的变革通过外部因素难以维持，必须由内部因素驱使，绝大部分是靠学校自己完成的。学校必须控制改革进程，但这并不是单一项目，也不是依靠魅力超凡“英雄般”的校长单枪匹马就能改变学校的课程设置，即，重视协作的领导力是必不可少的。第三级变革要求明确指出最新方向或典型范式，制订所有教育者长期参与的灵活有力的计划（而不是静态“战略计划”）。同时，还要培育各具特色的教学方法，推行依然有效的现有实践和项目。这一变革并不意味着将高质量项目和流程拒之门外！

同时，教师要保证新生进入课堂后，思维过程模式能够逐年得到提高，因此，当且仅当内容学习的范围和顺序具有一致性，教师鼓励学生参与方式具有灵活性时，才能在实践中保持一致性。

针对思维学校，第三级变革做出了进一步概述，当学校在一定时期内设计新目标时，会完善现有实践（第一级变革），引入外来专家和项目（第二级变革）。值得注意的是，第三级别变革的假设前提是学校群体中所有成员能够积极巧妙地参与到变革过程中，塑造学校风气与文化，这是思维学校建设第三级变革的背景。虽然并没有明确提出每个学校开启思维学校之旅的统一方向，思维学校的第三级变革在全校发展和发展思维学校指南中，在结构和适应性的平衡行为上提供了方法。

思维的广泛维度、开启旅程的“出发点”和三种实施途径，为教师和学校提供了这个领域所有可行方法的综合途径，让每个学习群体可以根据自己的情况灵活调整这个模式。

3. 思维的五个广泛维度

在最初开展的介绍发展建设思维学校的教师研讨会中，每个人脑海中都浮现出这个问题：那么，思维是什么呢？如上所述，这个问题并不简单。根据数千年的历史记载，对于思维的类别可以得出一个大致轮廓。我们可以使用许多方法对不同类型的思维进行分类，所以这五个维度只是总结性观点，而不是定义性或完整性观点：

（1）认知过程，有时也称作“心理活动”，具有派生性，形式上具有逻辑性。

（2）探究过程侧重提问、哲学对话、合作学习和协作解决问题。

（3）性情包括改善优质思考者的性格，培养思维习惯，发展“情商”。

（4）学习模式，通过视觉、听觉和处理信息的动觉模式以及多元智能理论。

（5）创造力，也称作“派生性”思维，能够在解决问题过程中搜索独特新奇的替代方法。

协调者要求研讨会的参与者对这个模式提出问题，并进行补充，互相讨论这个模式的不足以及这些维度如何相互影响、相互重叠。对于得出正确的定义性分类来说，探讨这些问题（什么是思维？或者说我们如何思考？）将成为这些年的发现之旅中令人着迷的事情，毫无疑问这一探讨永无止境！正如旅行指南可以起到帮助作用，却无法代替亲身经历，经历亲眼所见和所到之地的微妙。由于这些问题成为学生课堂互动的核心，思维学校之旅常年如此新奇。

以下是参与者对五个维度的简要描述：

（1）认知过程。认识存在许多不同模式，始于让·皮亚杰（Jean Piaget）的心理活动识别，如比较、分类与因果推理。这些曾被定义为逻辑活动，但这种定义严重限制我们对认知的理解。本杰明·布鲁姆（Benjamin Bloom）的《认知目标分类》（修订版）（*Taxonomy of Cognitive Objectives*）涵盖了六种认知过程（从知识到创造）和四种知识（从程序性到元认知）。（Anderson, et al., 2001）

（2）探究方法。探究方法包括深层追问技巧、问题导向学习、决策、合作学习和科学方法的应用。马修·李普曼的儿童哲学项目是如何把批判思维、提问和苏格拉底模式应用到重要问题中的一个例证。另外他还深入研究了解决冲突领域。

（3）性情。思考者“性格”的培养和调解是鲁文福·伊尔斯坦工具强化项目的重点。阿特·科斯塔的心智开发模式包括对学生坚韧、灵活等性情以及使用元认知的培养，使他们可以在无法立即得到解决方案的情况下如何着手处理问题。许多学校也关注情商或社会情绪学习的发展。

（4）学习模式。学习模式主要关注视觉、听觉和动觉学习。哈沃德·加德纳《多元智能》（*Multiple Intelligences*）虽然没有提供对智商或每种智力的衡量方法，但是为我们描述了知识是如何展现出来的。《思维导图》中可视化工具和语言是关于如何运用视觉加工和人类大脑思维的组织能力来帮助各年龄段学习者的模式。此模式（Hyerle, 2010）深入研究了认知处理维度。

（5）创造力。学生开放式、创新性和具有表现力的思维直接促进创造力的产生。如今人们研发了许多重视灵活创造性思维的技巧。爱德华·德·博诺的《横向思维》（*Lateral Thinking*）和《六顶思考帽》（*Six Hats Thinking*）提供了跨学科解决问题的一些模式。以下是"思考帽"：

白色思考帽　识别某个话题的事实和细节

黄色思考帽　关注某个话题的积极方面

黑色思考帽　调查某个话题的问题所在

红色思考帽　从情感角度看待某个话题

绿色思考帽　要求创造力、想象力和横向思维

蓝色思考帽　关注反思和元认知

在下文中介绍向学生教授其他三种模式时，学生会在学习内容、解决问题和进行决策时，自觉戴上一顶或几顶"思考帽"。

思维的五个维度互相重叠，统一于我们日常思考中，并不排斥学校内外的其他定义、方法、模式和思考方式。更值得注意的是，实施最高级的模式即使无法涵盖上述所有内容，也能涉及大部分类别。

4. 课堂策略的起点

上文提到的五个维度，引发了对思维大概分类的激烈讨论。发展思维学校研讨会的下一步工作要将教师们引至思维策略的"起点"，这可以立即应用于课堂和教师会议中。教师可以通过具体术语认识到，五个广泛抽

象“维度”如何影响课堂的基础的、实际的、日常的策略，这是非常有必要的。其中一些维度已经成为教师的常用工具。

图1.1 思维的六个起点

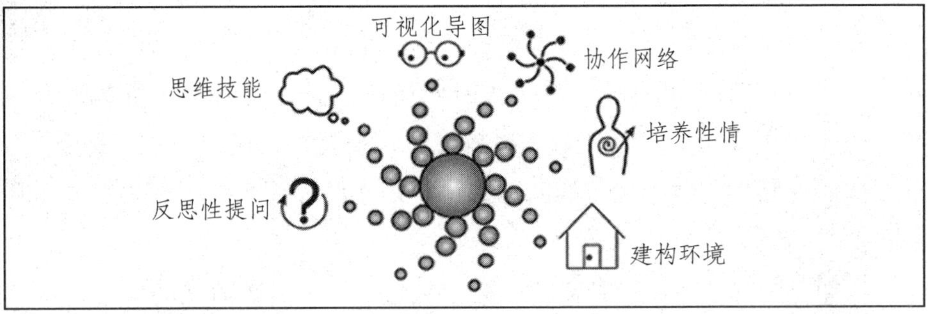

工作中塑造和使用的思维的六个起点包括：

（1）通过概念导图、归纳塔和思维导图，利用可视化工具描绘内容。

（2）比较法、因果推理、分类法、排序法和比喻法（也可由可视化工具支持）等思维（认知）技能。

（3）反思性提问，包括布鲁姆的分类学和元认知高层次水平。

（4）坚持不懈和开放思想等思维习惯。

（5）通过探究环节中精心设计的协同学习技巧和提问技巧以形成协作网络。

（6）设计一个支持“思维”环境的教学场地。

常常，参加初期研讨会的教师已经使用过其中一些“最佳实践”策略。许多教师认为他们能开展最优实践，但在研讨过程中浮现出两个重要问题：

（1）你们的学生为整合这些思维模式，并在没有教师连续指导的情况下独立或协作运用这些模式，对该过程的实践和掌握能达到什么程度呢？

（2）无论小学、中学还是大学，你们的学生对持续使用并提升思维水平，适应跨学科逐年发展能达到什么程度呢？

这两个问题是推动一个学校实行长期持续发展学生思维流畅力的支柱

力量。简单来说，学校如何在一定时期内针对全校范围培养学生思维将最佳实践转变为最佳模式，从而使学生能够熟练运用综合思维模式？

5. 三种实施途径与最佳模式

思维学校并不是仅使用几个最佳实践，在全校为思维创造更为开放的课堂，思维的五个维度对于帮助人们理解这一点，添上了浓墨重彩的一笔。另一个极端是，人们认为一些放之学校而皆准的理论，如“跨学科”学习或探究颇具“哲理性”的问题，是开始建设思维学校的有效方法，但真是这样吗？

这便是为什么思维学校研讨会最初只选取几种基于研究的模式，在实践中通过系统实施来帮助学校发展，作为示范介绍给教师。这些模式均以学生为中心。目前围绕提高教师质量和完善学生思维水平，存在许多富有价值而又强大的理论、模式和思维项目。其他大多数模式，与基于分析的模式相似，可以推动以学生为中心的教学，但教师未必能够凭借这些方法促进以学生为中心的流畅力和自律性。只有少数几个模式将核心目标定为通过独立或团队合作进行应用，将目标融入实施设计中，提升学生的思维水平，让学生明明白白地提升流畅程度。

让我们看一下美国许多学校的常见情况。布鲁姆的认知目标分类学（甚至是修订版）最初被用于以教师为中心的模式。但是这种情况并非恒定不变的，在研究过程中，学生使用这些模式自己研究问题，观察认知领域的不同类型。教师经过仔细推敲后开始使用分类学，但几乎毫无例外，所有教师都将之应用在规划课程设置，提高教师提问技能，以及确保学校课程连贯性上。有些老师会在墙上张贴布鲁姆分类学的海报，不断向学生引用相关词汇并说道，“我们分析这个分类学，然后评估我们所学的知识。”有些学生对分类学词汇的掌握非常熟练，却鲜有学生能将之作为独立模式自由使用，这便是其中关键所在：如果问学生他们对布鲁姆分类学了解多少，或能否将布鲁姆分类学应用到自己的学习中，他们往往只能呆坐着哑口无言。从最初主要关注教师的教学质量转变为关注学生思维质量，是通往思维学校的必经之路。

目前需要进行系统重点实施的三种途径，均已在大部分思维学校得到应用，并在本书中进行了更加翔实的介绍。对于每种途径，学校通常选择一个基于研究的模式，抓住这种途径的核心，并为其他思维学校提供经过实践检验的切实的和成功的应用。此处对三种“途径”总结如下：

> 思维的可视化工具，通过连续使用一系列非语言工具（视觉、空间，通常为文字），如思维导图模式，重视学生思考技能的应用（认知过程）。
>
> 专注力，学生学习时接触到可以帮助提高智力和情感行为的语言，如科斯塔和考力克（Kallick）的思维习惯模式。
>
> 探究提问，在培养探究小组、整合优质提问模式、修订后的布鲁姆分类学、六项思考帽模式和合作学习规范的背景下，关注提高以学生为中心的提问水平。

当然，还有其他许多模式或项目可供学校考虑选定实施，思维学校建设协调者会支持学校开辟自己的思路。学校通常每年或更长时间采用一种新的模式，这样学生（和教师以及管理者）可以深入体会这些模式，重视如何将这些模式进行整合，提高思维能力和学习成绩，而不是一时被许多新工具震慑住。每个模式都各有特色。这些模式应该被学生和老师应用在日常课堂活动中，并迁移到对学习成绩的提高和学科领域中。这些模式也“以工具为基础”，也就是说，学生无须购买大量纸质“项目”材料，也不必参加课外“思维”课程，就可以参与到这些学习过程中。

很少有方法能够真正具有上述特点。值得注意的是，正如后面章节中描述到的，这些模式通过不同途径促进思维，但在学生年复一年的使用中，它们作为一个不可分割的框架共同发挥作用。当学生可以流畅使用第一种模式，学校就会开始逐步使用思维广泛维度中的第二个和第三个模式，经过多年发展，开辟适合学校独一无二的途径。请记住，这并不是学习单一“技能组合”，而是让学生学会如何思考，如何把可视化思维工具整合起来，开发意向思维，培养思考性格和向深层次探究提问的习惯。

思维路径的可视化工具与思维导图模式

可视化工具，又称“非语言”符号系统，包括三个基本类别，每个类别具有特定目标，可以帮助学习者在信息、观念和体验中创建视觉模式。可视化工具反映大脑对所得信息进行建模以及建立观念与概念之间关系的能力。

如树形图中所示，可视化工具主要包括三大相互重叠的类别，在许多学校中随处可见，却常以分散的方式出现。

相关研究可参考《将信息转化为知识的可视化工具》（*Visual Tools for Transforming Information into Knowledge*）以及综合模型思维导图（Hyerle, 2009）。第一类可视化工具叫做“头脑风暴网”，用于培养创造性和开放性，又称网状构造、集群、语义映射和思维导图。第二类工具是如今在学校中较为常见的图像式思考辅助工具，用于培养内容分析和处理具体学习。这些工具通常是“预先成型的”视觉显示，引导学生系统组织信息或跟踪具体任务。第三类视觉工具被称为“概念映射”，可以帮助学生建立相互关联的非线性概念理解。概念图、归纳塔和系统思维模型都是在课堂实践推动下，依据不同理论形成的可视化工具概念。所有这些可视化工具通过特有的方式，促进学生了解信息或“真实”内容转化为动态关联知识的深层模式。

作为可视化工具的综合模型，思维导图始于20世纪90年代早期，通常应用在思维学校中。这种“语言”或模式具有统一的视觉语法，在实践中学生可以整合富于创新和活力的网络、学科学习的结构分析和内容创建映射出引导的概念模式。

学生通过白纸、白板或电脑屏幕，将信息填充于多个导图中并建立联系，进一步逐渐熟悉八种思维导图。如有必要，可以将导图绘制成一个长方形，学生在导图中记下影响或“约束”观念的“参照”，并借此思考他们如何形成想法，如何形成利用认知过程和多种思维构建理解并探索意义的决定。这种“参照系”也称为元认知框架，便于帮助学生了解他们的想法从何而来，并批判反思是谁和什么样的媒介影响了他们的思考方式，并通过观察导图中别人的思路，与同伴及其教师引发共鸣。

图1.2　可视化工具的类型

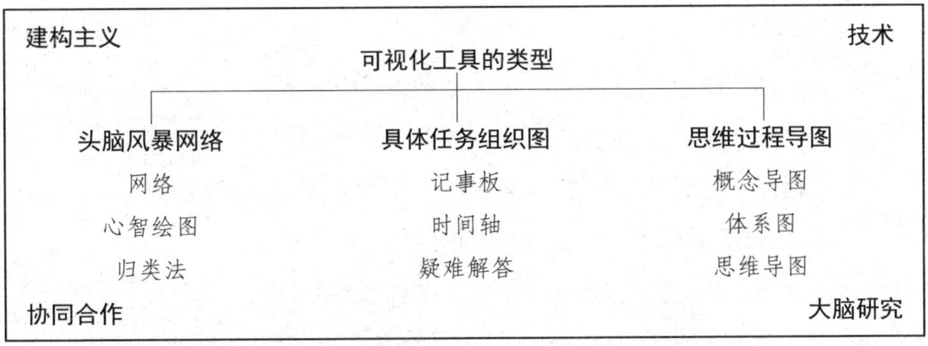

图1.3　思维导图语言介绍

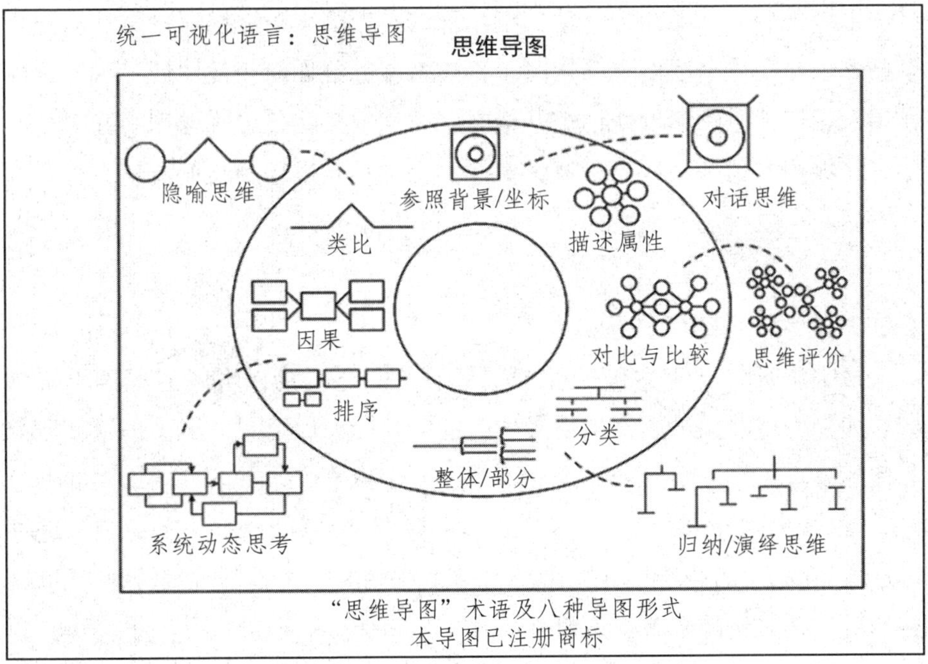

来源：海勒及阿尔法（2011）。

每个思维导图（Hyerle and Yeager, 2007）均可以反映出一系列核心问题，每个问题分别以一个认知过程（见下文黑色字体）为基础，并应用于探究过程中。以下是用思维导图来记录思维过程而产生的几个问题：

- 圆圈图：你如何**定义**这个（概念）以及在什么背景下进行定义？
- 气泡图：你如何**描述**感觉、逻辑和审美/情绪要素呢？
- 双气泡图：这些事物的相同点和不同点是什么呢？你如何**比较**这些事物？
- 树形图：这些事物如何组成一个团体或如何**分类**？
- 括号图：某个实体的**部分**和次要部分是什么呢？
- 流程图：事件发生的**顺序**或周期性步骤是怎么样的呢？
- 复流程图：**因果关系**如何？反馈如何？
- 桥形图：引导这些观念是否存在**类比**或比喻呢？

正如本书中一些章节提到的，许多思维学校中学生在学习专业语言、信息思考、深入组织阅读和写作等能力方面得到了很大的提高，并且对自己的思维更具元认知能力。他们也认识到在理解文章、撰写论文、认识复杂概念、与同伴一起解决问题时，不同思维过程如何相互协调，共同发挥作用。相较于思维学校使用的其他方法，学生接触到思维导图，并建模使用，使导图成为一种学习语言，使他们思维基础过程的长期流畅力得到极大发展。

专注力性情和思维习惯模式

为学生提供一个明确的模型来帮助他们认识难以理解的模糊思维领域，即如何培养促进思维的高品质头脑，或称为性情呢？相关理论、研究和实际方法已有长足发展。这并不是主流文化价值体系下推动的“性格教育”。认知心理学通过对人类如何处理并解决问题的研究，对思维领域进行清晰的构架。老师和家长们都会重视如何培养孩子自信乐观地处理问题，跨学科复杂概念的学习，面对学业和工作中遇到的挑战以及人生抉择。阿特·科斯塔与贝纳·考力克（Bena Kallick）（2000）在过去四十年里对此进行了系统性研究，提供充分证据，提出了性情的定义，或称思维习惯。

根据定义，难题通常指无法立即明白的所有刺激、问题、任务、现象，或矛盾、解释。因此我们关注这些处于挑战环境中的学生的表现，他们需要战略性推理、洞察力、坚持不懈、创造性和解决复杂问题的技巧。我们不仅关注学生知道多少答案，更希望了解他们在不知道答案时如何表现。在应对这些无法立即得到答案的难题时，思维习惯开始发挥作用。我们希望看到学生如何创造知识，而不仅是他们如何复制知识。人类聪明的关键因素并非只是获取信息，更在于明白如何利用信息。（第3页）

伊薇特·杰克逊（2011）在《信心教育》（*Pedagogy of Confidence*）中指出，认知过程和性情的直接思考，如习惯思维模式下的内容如何直接影响成绩较差的学生。其中突出强调了关注情商的重要性以及对所有学生进行直接教学，尤其是对感受不到信心和尚未具备优质思考者所有的坚忍不拔的毅力的学生进行直接教学。

这些描述的宗旨在于，思维的本质并非只是理性和逻辑，也不是“信息加工”，而是人与人之间随着时间推移养成相互依存的社会—情感—智力特点和态度。我们在独自安静思考时，如何在内心深处独立应对问题；同时，我们与别人进行交流时，在解决问题和做出选择时，如何共同应对。我们对于思考能力的培养越有效，学习者就有越多的机会去掌握超负荷的全球信息，并且能屈能伸、适应性强、创造知识、创新和做出更好选择时，不会轻易被打垮。

在日常学习中，老师们会发现许多学生遇到难题时容易退缩，不能以开放式和创新性思维寻找替代方案，更不会开动脑筋系统思考他们的作业，通常此时老师们会很气愤。在日常教学实践中，许多老师和学生机械地进行一套套练习和活动，几乎不会停下来反思他们是如何思考的。本杰明·布鲁姆很早以前就对这种现象有过命名：一次性思考。虽然跳跃性思维是思考时洞察力和突破的关键，但是（各年龄段）许多学习者在处理“不管想到什么”时，经常妄下定论。

那么一个学校如何以明确的方式培养更多沉思型学生呢？学校应当向学生系统介绍多种“性格”，或不断告诫学生要“更加专注”，或是只使用几种针对问题的解决策略。思维习惯模式需要随时间推移逐渐系统而又清晰地被引入课堂中，使学生对于每种性格如何直接影响他们的思维和课堂表现，能够具有更深刻的认知。

以下是十六种思维习惯的概述（图1.4）：

科斯塔和考力克认为这些性情可以作为基础成果或教育目标来理解。在发展思维学校的目标下，学生将一生的性情发展作为自己学习方法的习惯性方面，这时他们在每次上课时都会巩固这些习惯的形成。他们随着不断升级会面临更加复杂的难题的挑战，这些复杂的难题需要他们具备坚持不懈、灵活性和与其他人相互合作的开放技能。因此，长期持续重视这些性情非常重要，这些性情不能被定义为“软”技能，而是高效学习者和终身思考者的一系列相互依存的特点。

图1.4　十六种思维习惯

坚持——坚持完成一项任务；集中注意力。受挫时积极寻找其他方法以达成目标。不放弃。

控制冲动——三思而后行；保持镇静、深思和慎重。

带着理解和同情进行倾听——用心感受他人的想法和观念；尽力理解他人的观点和感情。

灵活思考——能够改变角度，找到替代方法，并考虑其他选择。

思考你的思维（元认知）——认识自己的想法、策略、感情和行为及其对他人的影响。

追求精确——总是竭尽所能。树立高标准。经常自省并寻求完善方法。

提出疑难问题——具有善于提问的态度；明白需要什么数据，并研究产生这些数据的提问策略。发现需要解决的问题。

将过去的知识应用到新情况中——获取已有知识；在所学的范围之外更高程度地转化知识。 **清楚准确地进行思考和交流**——追求口头和书面形式的准确沟通；避免以偏概全、歪曲事实和过分夸大。 **调动各种感官收集数据**——密切注视周围的世界；调动味觉、触觉、嗅觉、听觉和视觉等所有感官收集数据。 **善于创造、想象和创新**——产生新奇观点；追求流畅的思维和独创性。 **以好奇和敬畏应对**——不断发现世界令人敬畏和神秘之处，对现象和美丽保持好奇之心。 **承担风险**——喜爱冒险；发掘个人能力极限。不断尝试新事物。 **发现幽默**——发现古怪、不协调和出乎意料。能够自嘲。 **独立思考**——能够从互补情况中开展工作并向他人学习。参与团队工作。 **对持续学习保持开放心态**——承认自己所不知的事情时，具备谦虚并自尊的态度；避免自满。

来源：改编自科斯塔与考力克（2011，第37页）。

探究提问途径和探究模式循环

上文提到的途径，即思维的可视化工具和专注力性情，只是学校第一步中可选的两种方法，而且实施过程中并没有“唯一的”顺序。思维导图和思维习惯都是以学生为主的模式，利用提问技巧提高思考能力。对于尚未接触过提问过程的学校，我们引入第三个途径，对于那些已采取高质量提问来帮助学生在探究过程和基于问题的学习中内化这些技能的学校，这也是重要的第一步。遇到复杂问题，需要在“道德”和伦理背景下关注以价值为主导的解决方法时，通过系统的方式自信地提出深思熟虑且颇具挑战的问题的能力对于学习、人生和批判思维非常重要。培养以学生为中心的提问方式，更全面地重视探究，是向思维学校转变的漫长旅程中的第三个途径。

我们每天都会发问。作为教育者，我们很多人会在课堂上、职业发展背景下或教师会议中会听到自己例行发问，“还有什么问题吗？”然后很快进入下一个环节。我们可能希望（或不希望）知道我们的学生或同事是否理解我们所讲的内容，或想了解他们是否确实存在疑问。但大多数时候也许因为时间限制或习惯使然，我们不会给听众思考的时间，然后就继续进行。许多学校曾使用不同提问模式和复杂的高阶思维，然而通常这些问题具有玻璃天花板效应：问题由教师独自发起并完成，学生只是接受者和回应者。在探究过程中培养以学生为主的提问和协作学习方法需要打破这些“人工天花板”。

问题非常强大，它们可以是缓和的也可以是挑衅的。过去的数十年中提高教师提问能力的职业发展，通过使用布鲁姆的分类学作为“高阶”思维的框架，提问的重要性成为备受欢迎的关注点。另外，类似于“等候时间”这种隔离技术可以给学生时间进行反思，“核心问题”中基础课程单元开发也是对该领域有效的补充。然而遗憾的是，布鲁姆模式常常被误认为顺序模式，应像爬梯子那样一步一步前行。实际上这种模式要求许多老师接受培训，确保在学生提高阶问题时能够彻底解决低阶问题。由于这要求“涉及”的学科广泛，学科掌握的问题就会在课堂中成为支配力量。

课程设计者、发布者和考试指定人员是教学质量表现的主要推动者，他们认为在向学生提一些具有综合性、反思性、创造性和评价性的高阶问题前，学生必须掌握某一学科低级的“真实”基础知识，他们利用这种僵化观点创造教师资源。每天进行提问的教师暗示学生通过提问提高自学和思考能力，从而变得更加优秀。如果年复一年停留在低级回答上，学生逐渐意识到学习只是迎合他人对封闭式问题分清“正确”和“错误”的答案，而不是从该过程中形成善于提问的习惯。

许多教育提问技巧的相关研究和实践，已经得到教师的应用，以促进学生对学科和概念的理解，却无法提高学生全面探究过程的流畅度。整个美国乃至全世界的学校表明，课堂提问依然处于相对较低的水平，仅仅关注机械回答和考试条目，并脱离了意义建构。另外，老师可能在课堂中构建合作学习，甚至明确“小组合作”的角色和规范，但是探究过程中这些必要内容脱离了对特定学科学习的服务作用。合作学习小组不是以小组为单位完成“任务”，而应是学生独立提出问题的最佳场所。

从苏格拉底开始，提出问题就被认为是教学的关键工具。前文提到的20世纪80年代“思维技能”运动中，马修·李普曼（2008）研究提出基于其指导愿景的《儿童哲学》方法，将提问应用在群体探究更广泛的范围中：

> 我在《儿童哲学》创造的方法，并不是为孩子制定某种人生观，而是鼓励他们培养自己的人生观，对世界有自己的思考方式。这是给年轻人提供在安全的环境里自信表达观点的机会。（第32页）

罗格·萨特克里夫（Roger Sutcliff）和拉里·阿尔法通过选取应用于思维学校中几个已被证实的模式，研究出明确的、学校适用的重点途径，称为探究提问。学生学习的总体设计是探究的循环。

图1.5　探究循环

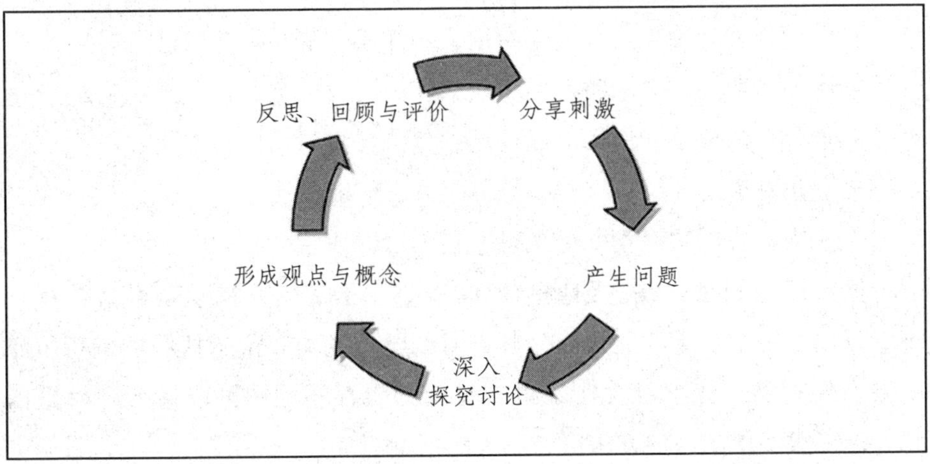

这个循环使用布鲁姆改进的分类学（Anderson, et al., 2001）《反省性思考的提问》（*Questioning for Reflective Thinking*）中的技巧（Walsh & Sattes, 2011）以及问题矩阵（又称Q矩阵）中“什么、哪里、何时、哪个、谁和为什么”的维度。

培养课堂群体或探究文化的远大目标，对探究提问来说是必不可少的。以下是阿尔法和萨特克里夫专为学生设计的《探究提问》的成果：

（1）探索并培养自己的观点和信念，并且尊重他人的。

（2）学会清晰思考，做出可靠的判断。

（3）基于理性的决定和行动，学会更加深思熟虑。

（4）在个体关注（友谊、公正、成长、爱情和更加普遍的哲学问题）、转变、个人认同、自由意志与真理之间建立联系。

（5）学会倾听和互相尊重，培养自尊和自信。

教师如何提出问题，促进学生学习过程的思考，是优质教育的关键。教育界正在经历着向以学生为中心进行提问的转变。举例来说，杰克•阿克里•沃尔什（Jackie Acree Walsh）和贝斯•丹克特•萨特斯（Beth Dankert Sattes）（2011）关于教师使用优质提问对学生产生影响的研究结果如下：

- 使他们的思维关注特定学科知识
- 使用认知处理策略，培养对内容的深层理解和长期记忆
- 提问专业问题，阐明及拓展认知
- 通过自我评估和使用形成性反馈，监督学习目标的进展
- 通过对思维的结构支持，培养个人反应能力
- 积极促进创建课堂中重视思考的学习群体

值得注意的是，这些预期结果的核心在于学校重视学生思维的背景下，以培养每个学生的能力作为其自身的学习动力。沃尔什和萨特斯研究的独特性在于，让学习者在21世纪复杂的生存环境中可以接触到海量信息，这是教师使用这种方法更为远大的目标。

很少有学习群体能够系统明确地研究如何熟练提问学生，有针对性地

培养学生的提问技能。而整个学校投入所有师资，花上数年的时间，围绕探究过程来培养学生的提问能力，则更是罕见。将探究作为思维学校基础建设的整体目标，请学生主动发问，给予他们“等候时间”或回答问题的时间，向学生提问以促进他们思维的发展，以提问形式支持学生思考生活是如何与抽象观点具体联系在一起的。更重要的是，给学生时间练习优质提问，并以开放的心态倾听。这些具体技巧，与上文提到的学生持续使用布鲁姆分类学中Q矩阵、沃尔什和萨特斯的技巧，都应当服务于探究群体中的课堂文化：思维学校。

探究提问也为《思维的可视化工具》（*Visual Tools for Thinking*）提供了广阔深入的途径，在课堂中对性情或思维习惯的成功整合也非常关键。正如前文所述，三四年后学生和教师充分掌握这些模型，并将自己的思维看做无限潜力的综合体，不再单纯模仿或受制于一种模式时，发展思维学校进程作为一种设计，才会走向成熟。

观点总结：最新深度对话

跨越国界，建设思维学校网络，促进所有学生，学校和国家的转变，是全球教育转型观念的基石，迄今为止，思维学校首次发布了基于Web网络的视频，这样人们可以确保“思维”在不受制于某种文化参照系的前提下，通过类似的途径，分享优质课堂实践。这体现了国际思维学校的任务：从一些已被证实的实践、文件、研究和不同背景下最新设计的发展中，促进了全球教育者网络的形成。

催化剂是指加入两种或两种以上的原料中，促进化学反应的媒介。正如本章及以后章节所描述的，以催化剂比喻思维学校，代表着

- 思维广泛维度和定义的宏观愿景，开始重视“全校”每个学生。
- 学校群体的专业发展，学校可以创建第三级变革的独创性系统计划。
- 通过多种途径进行师资培训，达到以学生为中心的“最佳模式”和提高全校教学的目标。

面对不同国家和文化，解决方案不是一成不变的，甚至对于每个班级和每个学生也不存在唯一解决方法。但是我们必须促进每个学生的思维能力。当前学生面临生存现状：背负着过于沉重的“知识之树”和考试压力，他们备受打击，树枝正在断裂。教育成为许多学生的负担，他们身心因沮丧而退却。许多学生坐在教室中就可以使用电脑和移动设备，他们知道放学后可以随时通过网络获得老师帮助、学习资料等。特别是当学生考试的试题是一些利用谷歌就能轻松查到的“事实”，他们肯定非常失望。这种不和谐让我们想起过去那个年代：高中生不能使用计算器，只能在纸上进行耗时的基础运算。

学生由于缺乏思考时间，不清楚如何在信息之林中开启自己的思想，他们常常会选择辍学。我们必须尊重他们的思考能力，并给予他们工具和时间去提高这一能力。许多商界人士反复强调，未来工作尚未创造，因此学生需要知道如何思考、如何适应、如何共同工作和如何沟通。同时，我们不能像20世纪简化潮流那样，简化思维为工人提供技能组合。我们没有预卜未来的能力，不过我们必须培养学生掌握人类最优秀的技能——适应性，这就是当前的课程。

最近，公立学校理事会主要官员与亚洲协会联合发布了一份文件，概括了“培养全球能力：让我们的青年参与世界”的需求。他们认为“全球能力是指，理解全球重要问题并作出行动的能力和倾向”（Asia Society, 2011，第13页）。

世界需要培养能力，正如保罗·弗莱雷所言，我们孩子的批判意识需要由内而外展现出来。正如《发展思维学校》一书作者所言，思维学校的发展能够开阔学生的视野，并完善实用主义改变学校的重点。我们一致认为，这将会实现，但我们还没有对这种转变的要求做出回应。我们现在能够为每个学生打开窗户，让他们用独特的方式认识世界，利用实际工具进行内心对话和思考，并为合作展开跨越世界文化的深层次对话。

参考资料与相关阅读

- L.W.安德森，D.R.克莱斯万，P.W.艾亚森，K.A.克鲁克香克，R.E.迈尔，P.R.宾特里奇，M.C.维特罗克（Anderson, L. W., Krathwohl, D. R., Airasian, P. W., Cruikshank, K. A., Mayer, R. E., Pintrich, P. R., . . . Wittrock）(2001)，《学习、教学与评价的分类学：布鲁姆教育目标分类法修正》(*A taxonomy for learning, teaching, and assessing: A revision of Bloom's taxonomy of educational objectives*)，纽约市，纽约州：朗文公司。
- 亚洲协会（2011)，《为全球竞争力开展教育：让我们的青年做好准备，进入世界》(*Educating for global competence: Preparing our youth to engage the world*)，检索自http://www.edsteps.org/CCSSO/SampleWorks/Educating forGlobalCompetence.pdf。
- J.M. 巴伦特克，M.K.莫克（Baruntek, J. M., & Mock, M. K.)(1987)，"第一级变革、第二级变革、第三级变革与组织发展干预：认知方法"(First-order, second-order, and third-order change and organizational development interventions: A cognitive approach)，《应用行为科学杂志》(*Journal of Applied Behavioral Science*)，23(4)，第483—500页。
- B.伯登（Burden, B.)(2006)，《什么是思维学校？》(*What is a Thinking School?*)，检索自http://www.thinkingschoolsinternational.com/the-tsi-approach-and-training/what-is-a-thinking-school/。
- A.L.科斯塔（Costa, A. L.)，(2003)，《学校成为思维之家（第二版）》[*The school as a home for the mind*（2nd ed.)]，千橡市，加利福尼亚州：考文出版社。
- A.L.科斯塔（Costa, A. L.)(2001)，《培养思维：教育资源的思维（第3版)》[*Developing minds: A Resource book for teaching thinking*（3rd ed.)]，亚历山大市，弗吉尼亚州：监督与课程发展学会。

- A.科斯塔，B.考力克（Costa, A., & Kallick, B.）（2000），“描述16种思维习惯”，改编自《思维习惯：发展系列》（*Habits of Mind: A Developmental Series.*），亚历山大市，弗吉尼亚州：监督与课程发展学会。
- D.海勒（Hyerle, D.）（2009），《将信息转变为知识的可视化工具》（*Visual tools for transforming information into knowledge*），千橡市，加利福尼亚州：考文出版社。
- D.海勒（Hyerle, D.）（2010），《由内而外发展思维学校》（*Growing thinking schools from the inside out*），斯温顿，英国：国际思维学校。
- D.海勒，L.阿尔法（Hyerle, D., & Alper, L.）（2011），《学生使用思维导图取得成功》（*Student successes with thinking maps*）（第2版），千橡市，加利福尼亚州：考文出版社。
- D.海勒，C.耶格尔（Hyerle, D., & Yeager, C.）（2007），《思维导图：学习语言》（*Thinking Maps, a language for learning*），卡瑞，北卡罗来纳州：思维导图。
- 伊薇特·杰克逊（Jackson, Y.）（2011），《教育学的自信：激发城市区学校的高效表现》（*The Pedagogy of confidence: Inspiring high performance in urban schools*），纽约：教师学院出版社。
- G.拉考夫（Lakoff, G.）（1980），《我们赖以生存的隐喻》（*A life teaching thinking*）芝加哥市，伊利诺伊州，芝加哥大学出版社；何文忠译，浙江大学出版社，2015。
- M.李普曼（Lipman, M.）（2008），《生活教我们思考》（*A life teaching thinking*），蒙特克莱尔，新泽西州：儿童哲学发展学会。
- J.A.沃尔什，B.D.萨特斯（Walsh, J. A., & Sattes, B. D.）（2011），《通过优质提问进行思考：提高学生参与度》（*Thinking through quality questioning: Deepening student engagement*），千橡市，加利福尼亚州：考文出版社。

第二章　需要

编者按

想象一下，如果你在参观位于开普敦罗本岛上，纳尔逊·曼德拉（Nelson Mandela）曾经住过的牢房，思索那将近二十年的囚禁最终如何促使他在晚年成为南非反种族隔离总统。与此同时，考虑美国现任总统巴拉克·奥巴马（Barack Obama）出生于布朗诉教育局的年代，最高法院裁定“隔离但平等”法律违反宪法，只有少数几代人幸免于《吉姆·克罗法案》（Jim Crow Laws）。一个群体压迫另一群体的关键工具一般是通过法律剥夺他们识字和接受基础教育的权利。隔离政策这种压迫形式，与奴隶制并无差异。社会从受压制状态转变为民主代表和平等准入的过程极其漫长。即使国家领导希望实现转变，他们最好的打算也许只是推迟变革的到来。

伊丽莎白·黛拉莫拉（简称丽莎）离开芝加哥西区的学校后，在南非潜心研究反种族隔离政策的影响，在那里，每个学校被允许选取国家规定的十一种语言的一种进行教学。几年后，她又研究《不让一个孩子掉队》法案在纽约城市一所学校产生的影响。该法案强制推行严格测试要求，指出其目的在于提高所有学生通过率，包括那些面临急切需求和巨大挑战的学生。本章节中丽莎利用这两次特殊的研究经历向我们提出问题，要求我们思考21世纪政策的影响。本章节强调我们要认识到，目前是教育的转折时刻，我们的抉择能犹如海啸般对学校未来几十年的发展引起波澜。丽莎引导我们了解到，由于两个国家都试图使资源匮乏的学校、高失业率与世代贫困群体中的黑人学生能在平等的基础上获得资源并不断进步，因此强制推行政策的实施，造成所谓的“意外结果”。丽莎在本章中提到，南非将多种语言选择写入法律和美国的《不让一个孩子掉队》法案，使两国的教育发展陷入停滞，成效甚微，甚至引发了黑人孩子的退步。南非学校中语言选择的混乱现象导致学生成绩止步不前。在美国，针对许多黑人学生、贫困学生和薄弱学校学生通常采用的是降低测试难度的方案，而不是提高思维水平。当今时代优质教育是成功的关键，这样的结果实在令人担忧。

平等准入问题现已成为全世界各学校教学质量的核心问题，但其目的是什么？也许是因为“优质”教师过于重视如何让学生在低级测试取得高分吧。

2001年起，丽莎历经数年对纽约布鲁克林的贝德福德—史岱文森地区一所学校进行研究，通过观察、采访，邀请教师和管理者参与讨论《不让一个孩子掉队》法案对教学和黑人学生的影响。本章启发我们思考更为宏观的问题：我们在开展基础读写教育的同时，如何传授21世纪思维学习能力呢？我们可以通过讲授低级知识来期望良好结果吗？这些问题贯穿整本书中，我们编者针对这一共同的主题，通过不同观点，以相同的途径，解答这些担忧。我们可以而且必须让每个学生在探究的背景下提出有意义的问题，进行高级思考，同时促进专注力性情的发展。如果我们不这样做，尽管学生可以平等享受到我们提供的最新电脑、教材和优质教学，然而，“智力隔离”状态将会持续下去，思维依然停留在低级水平，而不会发展到极致。

努力规避智力种族隔离

综合分析思维学校中形成21世纪技能的核心专业知识

伊丽莎白·黛拉莫拉

序

学校是各种复杂群体中最充满活力的一个，是探索更为广阔的无限复杂世界的一部分。考虑到这种复杂性，教育的核心不是也不能只是培养学生去参加考试，进入下一个年级或另一所学校，虽然美国的现状让人有了这种错觉。本书探索的思维学校建设注重培养学生为实现充满意义的生活和针对性强的自我成就做好准备，并塑造学校教育生涯以外的公民身份。这个过程既需要核心专业知识，同时还要求促进21世纪繁荣所需要的相应技能。

有史以来，思维学校的框架、实用方法以及前景等问题从未如此重要。正如托尼·瓦格纳（Tony Wagner）讲述当今教育必然的成果时提到，我们迫切需要改变目前大多数学校的普遍关注点，将思维教育作为提高成绩、增进课堂互动活跃性和塑造改变世界的创新人士的基础。在科技推动下，当今世界人们的联系越来越轻松、频繁、密切，并更具目的性，这种变化速度呈指数增长。这个过程必然会为一些人带来机遇，同时也可能存在疑惑和矛盾。因此如今提供一种培养创新性、创造性和思维性的教育，比历史上任何时候都重要。进入21世纪后，我们有义务让学生做好准备，进入一个我们从来没充分想象的未来世界。

对于引导学生掌控未来发展，思维学校认为，要想在未来取得成功，这些学生不仅需要核心专业知识，还必须具备勤学好问、充满怀疑的态度和行动，这些态度和行动能够让他们一直深入探究学科学习，并呈现出取得成功的倾向。这种成功不仅通过未来学校所必需的实际或精神层面来实现，还需要我们通过改变传统学校教育原则以适应这变幻莫测的世界来实现。

注重以思维为基础来建设和发展学校的重要性不容忽视。现在社会越来越需要高级思维与技术的使用、创新能力和通过各种合理方法解决开放式问题的协作沟通能力，培养学生的这些能力，已成为当今教育界的共识。这既是道德需求，也是我们对所有学生应尽的责任，对受到边缘化的学生更应如此。当前美国大部分地区所强调的《各州共同核心标准》（*Common Core*）对所有学生提出了前所未有的更高标准。然而，其结果是绝大多数学生无法顺利毕业，更谈不上取得优秀的成绩，为升学奠定基础。在我们多元化的社会中，与享有特权的同辈相比，许多拉美裔、非裔美国人以及其他类似的“少数”群体和贫困人群学习成绩相差甚远，可以说他们不仅经济上贫困，而且教育程度低下。这并不是因为我们没有努力改变这种现象，而是我们在努力培养所有贫困学生和“少数”群体学生适应21世纪的工作和生活时，采用了错误的观念。

作为一位教育工作者和美国公民，长期以来我一直在关注美国与其他国家之间的全球学习分化以及“少数”群体和贫困人群与其他享有特权同龄人之间的内部差距。久而久之，我逐渐发现这些差距，而且发现出于善意的教育政策所导致的意外结果，会让事态更加恶化，这些教育政策从某种角度上试图解决问题，却引发了其他问题。

在二十多年的教育从业生涯中，我倾注大量精力研究学校内外环境模式的差别，而这些差别最终促进或阻碍孩子在公立学校学习期间乃至以后获得成功。反思几十年来美国和世界各地的学校经验，我希望通过此书努力探索年轻人如何为成为21世纪有用公民做好准备，本文中两个密切相关的问题尤为突出。

第一次经历是2004年夏的南非之行。我打算通过这次旅行，了解曾受种族压迫的南非在反种族隔离时期享受的教育机会。实地考察、研究和采访表明，现有教育制度虽然出发点是好的，但也引发了一些预料之外的挑战和意外结果。当时刚刚获得解放的南非，制定法律，推行“选择”政策，该政策允许每个学校群体有机会选择南非后种族隔离时代十一种“官方”语言之一进行教学。虽然该政策最大限度上追求公正和机会均等，却无形中引发一系列问题和挑战。

第二次经历便是在纽约布鲁克林贝德福德—史岱文森地区，为了我的博士论文而进行的深入研究。这一经历多年来一直萦绕在我心头。这一论文某些程度上源于我早年在芝加哥西区的教学工作，当时我在一所学校找到一份工作，做一年级的老师，相比我曾受到的教育和师资力量，这所学校资源匮乏。在博士研究中，我深入关注一所学校，调查《不让一个孩子掉队》法案对领导能力、教学和学校中大部分贫困学生或“少数”群体学生学习的影响。我再次发现，这项法案虽意图良好，但随之而来的意外结果最终没有达到应有的效果。在这种情况下，《不让一个孩子掉队》法案本意是希望提高教学水平，缩小学业差距。然而法案最主要的影响却是，学校教师和管理人员并不是去缩小差距，而是被迫测试差距程度。

无论是在南非还是美国，教育和政治对深层突出的制度问题作出的响应似乎引导教育者努力推动学校将注意力放在良好的读写能力和高阶思维上。实际上，他们的所作所为恰恰相反。我发现虽然这两种情况所处背景不同，政策或相关实践出于好意，却显然造成停滞状态，需要几代人才能改变。本章节中我们首先探究南非之旅，然后回到美国，研究两者相似之处，以及思维学校如何提供切合实际的前进途径。

意外结果

南非国民党主席弗雷德里克·威廉·戴克拉克（F. W. de Klerk），后任南非领导人，于1992年宣布了种族隔离“试验”的终结。与此同时，包括“黑人”“白人”和“有色人种”在内的南非人民发现，他们进入了一个希望与恐惧并存的新世界。此前南非人民认为他们大致分成两类：一类是少数白人公民，享有特权，另一类是多数黑人和有色公民，却不被承认是合法公民。在种族隔离几十年中，超过90%的人口不能把英语和南非语作为母语，但被少数南非白人使用的这两种语言凌驾于其他土著语言之上。教育制度的设计旨在保证南非少数人的特权地位。一旦打破种族隔离政策的分离和不平等后，有个迫在眉睫的问题亟待解决，即在新世界中如何让所有儿童都可以接受教育，以培养平等公民权利呢？

许多人认为教育制度是推动向“新南非”转变的重要因素。种族隔离时代结束之前，学校通常被作为黑人“发展落后的工具”（Abel, 2003，第129页）。种族隔离制度下，家庭和群体破碎分离，分散在全国各个小镇，这样刻意打乱非洲部落和当地社区，从而降低不同部落联合反抗压迫者的可能性。孩子们会发现他们置身这样的学校中：同伴和老师会讲九种当地语言中的任何一种，但大多数不是他们的母语。黑人学校中使用非洲语教学，会不断提醒老师和学生是谁在统治他们的国家。语言、文化和权力联系得如此紧密，因此1996年南非共和国宪法的基础条件之一，就是希望为所有公民提供机会，保证语言特权代表整个国家，代表教育界在内的所有领域。考虑到公平对待所有人群，南非官方语言最终指定了十一种语言，其中两种是英语和南非语，其他九种是非洲黑人土著的语言（Smith，1993），而不是选择某种全国统一的语言。从表面来看，"宪法确立后，多语种现象在南非后隔离时代得到丰富的发展"（Abel, 2003，第128页）。

新宪法确立后，许多其他法律政策开始在南非的各行各业中得到制定和实施。其中与宪法联系最为紧密和最为突出的当属1997年的《语言教育政策》（*Language in Education Policy*）。该政策鼓励学习者对母语认知发展的同时，发展其他语言能力（Abel, 2003）。全国教育课程体系，即2005年课程体系，进一步保障了每个学生选择语言进行专业学习的权利（Abel, 2003; Buthelezi, 2002; Republic of South Africa, 2002）。每个学校使用何种语言进行教学，由其所服务的学校群体来决定。

经过多年压迫后，选择权成为南非黑人的重要问题。许多学生目前学习的课程体系，摆脱了过去公然存在的种族主义，并且选择语言为教学提供了额外契机。然而，由于任何一个学校的学生群体中都存在九种官方语言，因此在选择何种语言进行教学时带来了挑战。所以学校群体选择任何一种语言进行教学，都会让一些学习者比其他人更占优势。最终"南非学校数量与日俱增的同时，许多学生经历着非母语学习"（Abel, 2003, 第30页）。

政策的出发点也许是好的，当前涵盖2005年课程体系的《语言教育政策》是用心良苦的决策者付出努力的体现。《语言教育政策》试图为这些群体提供在学校选择语言进行教学的特权，但其中一个意外结果在于，即使各个语言在所有学校均有所体现，但大部分学校还是选择英语作为教学语言，而不是其他十种当地语言。

通常情况下，这些选择基于以下一个或两个原因：1. 通过不再选择南非语（白人和欧洲裔南非人的语言），表达对压迫历史的不满。2. 英语是权力和机会的象征。通过我的访问，学校群体选择英语作为教学语言后，很快发现自己陷入困境中：缺乏英语教材，教师英语水平参差不齐，课堂中许多学生的母语与老师及其他同学的母语截然不同，教师和学生的英语都非常不熟练。

政策选择带来的意外结果，深深吸引着当时身在南非的我，并且在我作博士研究时不断闪现在脑海中，如今在美国我们的学校努力培养学生成为21世纪公民，也面临着同样的问题。

美国的智力种族隔离

南非革命性地推翻种族隔离制度，美国五十多年前民权运动和其他追求均等的努力所带来的教育影响，两者之间虽然不是完全相同，却存在有趣的对比。显然，以前社会政治背景下的不公平现象，会因机会“均等化”需求和社会所有成员的平等受到限制。“隔离但平等”的观念已经不符合逻辑，也不适用于任何国家。为“少数派”学生和低层社会经济群体学生提供高质量资源与教育机会的平等准入，与南非的侧重点不谋而合。两国教育和政治领导人改变现状遭遇的失败具有相似点，虽然他们都有良好的意图。拉尔森警告（personal communication, June 15, 2004）说：“政策在实践中以有意或无意的结果而告终”，这既适用于美国，同样适用于南非。

美国公立教育史上曾有许多关键时刻，让我们意识到政策对实践的影响。19世纪，美国公立教育逐渐重视向学生提供基础学术教育，希望培养适应社会的公民（大多数是白人）。20世纪，学生的发展被定义为“致力于教育所有美国人，不分种族、性别、社会阶层和民族”（Gardner, 2010, 第9页），经过几十年的变革，所有地区的学生才能接受高质量教育。

21世纪以来，我们正在面临另外一个重要关键时刻——如何让学生在不牺牲19世纪和20世纪提倡的学业基础的同时，具备本世纪获得成功的技能。当前教育者和决策者之间存在巨大分歧：一些人坚持利用考试分数把“核心知识与专业技能”系统结合起来，形成严格的问责制，而另一些人认为应当基于培养21世纪技能的系统范例，开辟一条新道路。也有些人同时呼吁以上两方面同时进行，但发现很难在其中找到平衡。重视与经费直接挂钩的高额奖金标准化测验，无法广泛提高教学能力和学习水平，这点也越来越明显。另外如同南非曾经的经历，美国历史上也一度产生了更为不利的新问题：教育制度需要从缩小成绩差距的“应试教育”，迅速转为重视发展21世纪技能。由于教师和行政领导者受到考试低分“大棒政策”的威胁，所有地区越来越多的儿童落后于全球其他国家。总而言之，学校高阶思维和创新的发展因为低级考试体制而被搁置。

由于课程体系非常注重核心学业知识，并通过标准化考试来衡量，思维学校基础中对21世纪技能的有意发展被排除在外，受制于这样的课程体系中的学生，很可能无形中成为某种智力种族隔离的牺牲品。这些学生无法从刻意培养认知与批判思维方法、性情以及丰富的探究提问中获益。这种情况下，受害者通常被迫接受狭隘有限的课程体系，这类课程体系得到大棒政策高奖金测试的支持，重视学科知识学习。这些学生知识丰富，却缺乏21世纪技能，与之形成鲜明对比的是，本国其他以及世界上享有特权的同龄人正在为21世纪的人生做准备。那些享有特权的同龄人指的是，拥有学习核心专业知识课程体系的机会，同时还有意识地培养应用认知与批判思维的过程和性情，能够很好地适应21世纪充实高效的生活的学生。

许多人认为显性教学对于掌握21世纪成功公民必备技能非常重要（Bellanca & Brandt, 2010; Johnson, 2009; Lemke & Coughlin, 2009; Partnership for 21st Century Skills, 2006; Trilling & Fadel, 2009）。再次讨论到美国学校教育面临的关键时刻，凯伊［Kay（2010）］这样说道：

> 社会新契约有所不同：只有那些拥有知识和技能的人不断协调变革，并通过对新情况的适应来改变自己，才能获得成功……缺乏21世纪技能，人们只能从事低薪和低技能工作。熟练使用21世纪技能是我们这个时代的最新公民权利。（第17页）

我在南非的研究表明,《语言教育政策》付诸实施是出于好意，却带来不公平的意外结果。2002年与2009年，我有机会对美国教育进行更多相关深入研究，这项研究也穿插其中。2002年，我开始作博士研究，跟进《不让一个孩子掉队》法案（美国教育部，2002）对服务于有色贫困学生的城市学校的教育机会和成绩所产生的影响。

同样，类似南非实施《语言教育政策》的好意,《不让一个孩子掉队》法案高度宣扬，重视帮助成绩较差的学生，缩小“成绩差距”。根据统计数据，详细介绍非裔美国人和拉美裔人，尤其是底层社会经济背景下的人，为什么成绩较差。正如南非实行的政策，联邦教育政策带来的意外结果开始在美国显现，最好情况下，仅是维持了有色贫困学生和享有特权的白人学生之间的差距没有拉大。虽然国家教育进展评估结果显示，自1975年的首次考试管理以来，亚群体分数有所提高，但各种族和社会底层群体之间仍然存在巨大差距。1975年、2004年和2008年的国家教育进展评估对阅读和数学测试结果的分析表明，黑人或拉美裔学生和白人学生的差距并没有得到显著改变（国家教育统计中心，2008）。显然自《不让一个孩子掉队》法案实施以来，并未达到其预定目标。成绩较差学生的教育机会并没有得到改善。相较于享有特权的同龄人，对这些学生的教学或课程变革没有得到进一步发展。

切斯特·费恩（Chester Finn）与丹尼·拉维奇（Diane Ravitch）（2007）最初倡导《不让一个孩子掉队》的推行，如今却表达出对《不让一个孩子掉队》中课堂测试和课程体系的担忧。他们这样写道：

> 我们已贸然将美国学校变成备考技能工厂，除了考试分数以外其他都无关紧要。这并不是美国所需要的，也不是对教育问责制的充分认识。我们需要学校培养学生在全球生产力中脱颖而出，并且全面参与到我们社会、文化和经济中。

保罗·弗莱雷（1970）担心，不同行业的人接触到不同教育模型，同样，费恩和拉维奇（2007）也认为社会差距的拉大和原有不公正现象的恶化，导致学校应对《不让一个孩子掉队》提高标准化测试成绩要求时，发现“……富家子弟学习哲学和艺术、音乐和历史；而他们的同龄贫困学生只能在考试纸张上涂泡泡”（第二章，第三段）。

在《不让一个孩子掉队》法案的保护伞下，对成绩的重视在教师实践和学生与教师体验中发挥了怎样的作用呢？这是我研究中的引导性问题。我主要通过三种方法搜集数据：观察学校和课堂、采访城市学生、教师和管理人员、分析相关学校材料的文档，深入了解《不让一个孩子掉队》法案如何影响教学和有色贫困学生的学习。为了找学校进行案例研究，我来到纽约市区的一所公立小学，这所小学里有许多有色贫困学生。该学校的学业优异（学校、校长和教师们的名字因隐私原因在这里采用昵称）正是城市学校努力改善成绩，并让教师和学生成为成功的典范。大多数学生是比较贫穷的有色人种，来自不同背景的教师经验丰富，与大多数城市环境下的公立学校形成鲜明对比。在研究过程中，入学新生298名。学校位于著名的布鲁克林地区贝德福德—史岱文森，当地称之为贝德—史岱。与纽约市其他地区不同，贝德—史岱并没有著名的地标、大桥或博物馆，却因巴瑞·斯泰恩（Barry Stein）将此地描绘为“最大的贫民窟”而闻名（1975，第1页）。

标准化考试结果表明，在过去的三年里学校各年级和各群体每年都有进步，但“障碍学生”群体只有依靠法律的安全港条款才能实现年度进步。“安全港”在这里是指如果亚群体没有实现年度进步，但在前一年不够“熟练”学生中的前10%，会被列入“熟练”范围，这些亚群体可以在安全港条款（美国教育部，2002）下实现年度进步。学校员工对于他们的成就非常自豪，因为他们提高了学生各方面成绩，并免于被列入城市的“待改造学校”名单。这种与考试分数挂钩的状态变化，便是他们庆祝的原因。不幸的是，这也导致学校经费减少，学校资源更加匮乏。

校长罗瑞娜（Lorena）通过培养学生考试能力以外的其他技能，致力于满足学生需求，但正如她所说的，这样也难逃其影响：

孩子考试成绩优秀很重要，这基本上决定了学校的排名。因为我不希望别人看到我们学校就说，“看吧，他们就只关注考试分数”，这种说法确实非常令我困扰。（Dellamora, 2009）

《不让一个孩子掉队》的基础在于，假设所有孩子都会成功，消除成绩差距，学校能够利用标准化测试实现目标并衡量差距。《不让一个孩子掉队》政策在当地被强制推行，迫使罗瑞娜在“普遍主义政治”下进行管理，“普遍主义政治”要求所有学校的学生以及亚群体必须参加考试并接受评价，并以此决定学生、教师和学校的命运。

通过对许多老师的深入采访，我清楚地意识到，尽管人们一致赞同一些考试，但过分重视考试会使教师在世代贫困、非母语学习和有特殊需求背景下的学生，无法顾及学生的核心需要，这种现象称为“多样性惩罚”，原因在于学校中学生多种多样，需求较多，无形中需要大量资源和关注，这是以考试为中心的模式无法反映出来的。一位叫做詹森（Jason）的老师深入观察学生的学习需求，发现这些需求无法通过《不让一个孩子掉队》进行评估，因此也不能通过所有重要考试来衡量。《不让一个孩子掉队》要求所有学生熟练通过标准化测试，并且通过率是学校教育成功的首要指标。虽然二年级并未被强制使用标准化测试，但詹森被要求，每周对孩子进行《不让一个孩子掉队》所要求的“阅读优先”项目考试。詹森认为作为老师，他所关心的方面并不能通过考试来衡量：

这是很多无形的东西。比如有个学生佩德罗，我注意到，他犯错误或者是打架的时候总会告诉我真相。他总是告诉我他的想法，总是愿意冒险，或是看起来愚钝，或者犯了错误。说出真相非常重要。知错就是个好习惯。我认为观察哪个孩子愿意犯错误是很重要的，因为犯错可能蕴藏着创新。而所有这些考试中，我们无法看到孩子的天赋何在，无法看到孩子的创造性和天资所在。我们希望他们适应非常艰难的处境。考试无法衡量这些重要事物。考试怎么会衡量诚实、创造性、承担风险、犯错呢？考试没法衡量的。（Dellamora, 2009）

詹森试图发现这些考试的价值，声称考试时间占用了“原本阅读的时间”。提到考试，他多次表示“没什么用处”，并表示“我认为它们没什么相关性”。詹森认为教师的作用应当是增加学生受教育的机会，除内容学习中必要技能以外，教授重要的性格技能（思维学校模型中的性情）。詹森没有继续不断测试学生，而是倾向于花费更多时间培养他们的社会技能，根据观察，在学生读写时“加大干预”。另外，在思维学校设计中，重视深度加工和高级思维是提高阅读理解和写作技能的关键。他认为，相比被动接受印制资料和考试材料上的知识，自己的观察具有重要价值。詹森对这些强加性内容无法满足学生需求倍感沮丧，又被价值不大的考试所压迫。他发现自己处于两难的困境中，这样说道，“我组织考试是因为不得不这样做。”课堂上他耗费大量时间准备考试和进行考试，尽管他努力抽出时间，争分夺秒地教授他认为学生所需要的知识，这样他能摆脱强制性的课程体系，这种课程体系要求培养学生参加即将到来的考试。詹森指出他担心过分强调考试只能衡量有限内容，贬低自己职业判断，对此他提出了对考试的否定陈述。

> 我希望明确考试的价值。我确实不这么想，但考试就是这样不够完整。在我看来，这种不完整非常危险，因为我们是在培育孩子。（Dellamora, 2009）

在高额奖金测试时代和《不让一个孩子掉队》的阴影笼罩下，对美国教育部来说，每周电脑打印材料的数量，比詹森的观点更重要。

在高年级中，我们找到了五年级教师卡拉（Kara）。她和学生每年被迫进行三到四次标准化考试。所有学生需要参加社会研究、英语语言艺术和数学考试，所有英语学习者需要额外加试——纽约州英语为第二语言成绩测试。每隔不到两个月，卡拉班级中就有一场考试近在眼前。

> 我讨厌备考，考试一点作用都没有，浪费时间，我希望可以取

消。不只是浪费时间，还根本达不到预期效果。本该富有成效的时间，都浪费在了考试上。（Dellamora, 2009）

卡拉毫不犹豫地表达出对考试的失望，考试迫使她的大部分教学时间偏离了深度学习、思维提高和学习适应社会的过程。在重视高奖金测试以前，卡拉曾因她和学生共同研发的独特技术项目受到国家奖励。其他老师听闻卡拉的成功故事后，纷纷来学校学习卡拉及其学生的经验。遗憾的是，现在她的课程设置中不再有这样的机会。学校前任校长和管理者曾认为其他学校的参观者前来观摩卡拉课堂的成功，分散了教学和学习精力，便不再允许教学职业内部的互相交流。卡拉的学生在考试中被孤立起来，而卡拉作为教师也被困在其中。

《不让一个孩子掉队》通过系统推行标准化考试，衡量学生学习与教学效果。然而在卡拉的课堂上，她的创造性教学被为标准化考试备考的课程所取代，并且学习通常服务于考试。卡拉也努力寻找时间，穿插自己的创造性方法，例如她曾经即兴向孩子们讲解软饮料中化学物质进入我们身体所产生的危害。卡拉详细分析芬达瓶上的标签，讲解大部分成分对年幼儿童的影响时，她的学生凝神倾听。这种探究方法是思维学校设计必不可少的部分，鼓励学生就生活中的重要问题进行提问。很多次她用充满疑惑的愧疚表情看着我，在桌上一摞考试袋和利用课堂影响学生的健康进而鼓励学生改变生活的问题之间，非常矛盾。根据我对全国学校的研究经历，这种心理冲突成为2014年焦虑的来源。

考虑到增加备考及备考在课堂教学中日益重要的地位，这些考试的有效性会受到质疑。如果考试的目的在于衡量学生学业成绩和教学效果，那么直接备考是否对评估课堂的掌握程度更加有效呢？学业优秀学校中标准化测试以及成千上万学校不再衡量学生的学科学习，而是衡量备考计划的质量，不幸的是，这直接导致了学生、教师、学校和地区领导受到作弊的诱惑。

因此，备考和考试占用学科学习的宝贵时间，否认了这些考试衡量学生学习的根本目的。由于考试会带来高额奖金，学校教师发现教授学生实际需要的内容、技能和策略的时间越来越少。相反，对于仅仅是为了备考而无法学习考试本该衡量的技能，他们倍感压力。《各州共同核心标准》的推行预示着从仅重视表面的学科学习向重视思维转变的可能，这给重视考试的现状带来全新改变。虽然仍鼓励学校使用替代性措施评估学生进步水平，但学校和教师绝大部分依然使用单一措施判定成绩。这种压力不会影响对提高考试能力和分数的关注，而是会分散《各州共同核心标准》尝试改善教育机会的注意力。

《不让一个孩子掉队》基于假设所有学生在相同水平上学习，根据不同年龄，通过重视学业成绩就可以消除成绩差距。这个政策还基于高级假设，即通过建立高标准、聘用优秀教师和实行标准化测试的学校和学生问责制（美国教育部，2005；美国教育部，国家教育统计中心，2003），可以实现成绩的极大公平。根据研究我发现，《不让一个孩子掉队》的假设和规定，与该政策希望提高学生现实生活及实际需求毫无关联。结果，学业优秀学校中的教师努力平衡成绩至上政策的需求和学生需求，只不过资金问题使校长和教师，无法奢侈到注重专业成就。

许多亚群体组成的种族和经济多样化的学校，可能更加落后。例如在费城许多地区大型多样化学校无法实现年度进步，而在25个单一小学校中，24个学校能够轻松实现年度进步（Socolar, 2004）。一些人认为这种“多样性惩罚”作为该法案的必要组成部分，能够引起人们对成绩差距的关注，进而提高多样化学校的教学、资源、机会和成绩。另一些人却不这样认为。“反对《不让一个孩子掉队》‘多样性惩罚’的人们表示，这是鼓励学校和辖区隔离学生，减少个人办学所代表的亚群体数量。这也会鼓励人们低估学生或进行再次分类，防止再次计算亚群体的数量（第3页）。”

针对课堂中实际活动的研究表明，特贫学校与微贫学校环境中的教师实践和压力差距加大。根据穆恩、卡拉汉和汤姆林森（Moon, Callahan, Tomlinson）（2003）的研究，特贫学校环境中的教师为了提高学生成绩，需要花费至少75%的时间备考，他们对提高学生考试分数的压力更大，更容易受到职业威胁。如果该法律的目标在于提高全体学生成绩，缩小成绩差距，那么必须重视成绩是如何决定的。根据《不让一个孩子掉队》，成绩通过考试分数得到较好衡量。许多研究者认为，成绩不能也不应该仅仅通过考试成绩进行定义，然而这却是《不让一个孩子掉队》法案的基础。通过强调考试的重要性，《不让一个孩子掉队》影响了教育的许多方面。教学效果的评价如果单纯依赖闭卷考试中学生成绩的数据导向，就会降低对所有学生的期望。如果法案希望提高所有学生的机会，特别是有色人种的贫困学生机会，我们需要更深入研究教育工作者如何解读这项政策以及对成绩的看法，并且这些解读又如何影响《不让一个孩子掉队》所服务的儿童教育。

关于研究成绩差距的相关文献越来越多，阿萨·希利亚德（Asa Hilliard）、格罗利亚·拉森·比林斯（Gloria Ladson-Billings）及其他研究者认为，成绩差距是一个不恰当的标签。希利亚德（2003）声称，成绩差异相当于有色贫穷儿童和享有特权同伴之间存在的“机会鸿沟”。希利亚德表示对于提高学生成绩的努力，需要针对他们人生机会的差异，正是这些差异限制了他们的成功机会，他表示“公立教育的批判者，忽略了公立教育对于解决收入不平等和学校资源分配不公的目标所付出的努力”（第141页）。根据希利亚德所说，如果人生机会不平等的问题无法解决，那么提高贫困群体中儿童成绩的希望微乎其微。

同样，拉森·比林斯（2006）反对“成绩鸿沟”的标签，她认为“全面关注‘成绩鸿沟’推动我们寻求短期解决方法，却不能解决长期潜在问题”（第4页）。根据拉森·比林斯的观点，成绩差距最好被看做长期“教育负债”问题，这个问题源于美国历史上曾对少数群体和贫困公民的不公正待遇。

种族和社会经济阶层的成绩差距不仅继续存在，而且过分重视考试对教学和所有学生的学习产生更加消极的影响。过分强调考试和数据不仅是局部现象，而且在学校和课堂层面以及整个联邦都有所表现。儿童教育的艺术似乎在责任和成绩的驱动下消失了，这种驱动让联邦政策把学校变成备考和考试分数的工厂，成为令人畏惧的指标。从某种程度来说，这种做法实际上已经让孩子落后了。

愈来愈大的差距：20世纪与21世纪对知识的不同定义

对于培养21世纪学习者，我们必须要重视本世纪正在推行的政策，并且思考如何让这些政策最终在实践中达到应有的效果。哈佛大学教育学院哈沃德·加德纳（2010）教授以多元智能理论而闻名，对于美国学校历史上这一关键时刻想到，“此时此刻，我们不能再像以前那样继续下去，我们必须考虑基本变革是否恰当”（第9页）。尽管许多人仍然认为公立教育的首要任务是培养专业学科知识，但是越来越多商界、教育界和政府领导人以及家长和学校群体认为，公立学校课程中应当注重培养21世纪技能。特里林（Trilling）和法德尔（Fadel）（2009）认为，“过去的几十年里世界发生了翻天覆地的变化，日常生活中学习和教育的作用也发生了彻底变化”（第23页）。他们引用了贾德·戴蒙德（Jared Diamond）《崩溃》（*Collapse*）一书中的观点，“成功的关键在于懂得根据时代变化，应当坚持一些核心价值，抛弃或替换另一些核心价值”（第433页）。

与全球学生一样，美国学校里的学生现在也面临重要转折点。由于学生正在迈入的新世界，与我们过去的截然不同，美国公立教育体系有责任从现在开始，立即为学生提供语言环境，培养他们成为积极有用的公民。未来就是现在。当前是美国公立教育历史上的关键时刻，“教育者再次面临严峻挑战：这次挑战是要为学生培养21世纪技能。批判者反对这个观点，他们认为强调批判性思维和解决问题等能力，会削弱包括历史和文学在内重要学科的教学工作”（Brandt，2010，第9页）。

如果这些批判观点盛行，核心学科知识就会优于21世纪技能发展，或者故意压制21世纪技能发展，那么美国学生就会沦落为被学术课程限制的牺牲品。2006年国际学生评估项目的结果显示，美国学生成绩数据让人震惊——在40个国家中，美国学生数学排名第35位，科学排名第31

位。与2003年国际学生评估项目的结果相比，美国学生水平降幅明显。同时还发现，在所有种类中，美国学生解决问题能力的水平最低（Darling-Hammond & McCloskey, 2007）。美国公立学校的毕业生既不能与国际上同龄学生相提并论，也无法与时俱进。美国传统课程已不能满足21世纪未来公民的需要。

凯伊（2010）提出要整合学科知识与21世纪技能，尤其对那些认为发展21世纪技能会代替或危害学科知识学习的观点提出反驳：

> 传统的严苛意味着只掌握内容（核心学科），但这远远不够。知识和信息瞬息万变。学生既需要学科知识，又需要掌握应用知识并转化为以实用创造性为目的和根据内容和环境变化保持学习的能力。（第23页）

凯伊继续分析了20世纪与21世纪学习需求的明显差异：

> 在美国，我们会告诉学生100次相同的事情。在第101次时，我们会问他们，是否记住曾经说了100次的这些事情。然而在21世纪，真正严苛的考验在于学生能够观察他们从未遇到的事情，并且知道该如何处理。（第23页）

相关争论一次又一次暴露出来，我们确实要培养学生，让他们在21世纪生活得充满意义，看似存在一条非常清晰的道路。可能莱姆克（Lemke）与库格林（Coughlin）（2009）提出的方案最好，他们分析未来我们学校及年轻学习者面临两种可能存在的选择：

> 我们或者发挥知识的民主转型与参与学习、全真式学习和多模式学习力量，为学生提供服务，或者……我们继续当前实践，偏离时代潮流。（第59页）

第二种选择极有可能造成教育渎职。若让21世纪学习者屈从于不适合未来生活的教育，这是无法接受的。家长、教育者和决策者有责任确保今日的学生便是明日的公民。他们需要完成这个转变的知识和工具。

本章后面部分对“知识”进行定义，我们需要让学生了解21世纪技能的含义，并提出一种在学校容易实施的强大“工具”，可以有效保证学习者在学科知识和21世纪技能之间的均衡发展。

什么是21世纪学习？

为了培养学生在21世纪拥有充实高效的生活，我们首先必须明确当今世界中以科技与全球人类互动为核心对公民有什么要求。《不让一个孩子掉队》法案将注意力转向重视科技素养，却没有完全提出21世纪生活、学习、成功所需要的全部能力。

几大优秀集团已经提出21世纪技能框架，包括北部中心地区教育实验室、Metiri集团、经济合作与发展组织、国家自由教育与承诺委员会和21世纪技能合作关系（Dede, 2010）。

这些机构中，21世纪技能合作关系提出的框架最为详细，被广泛认为是这项事业的领导声音，因而在此将其详细讲述一下。

《合作关系框架》（2006）指出了培养21世纪技能的四大重要类别和支撑结构，包括核心学科与21世纪主题、学习和创新能力、信息、沟通和技术素养在内的传媒与技术能力、生存技能和职业技能。21世纪支撑制度有利于帮助学生掌握在21世纪具备创造性生活的技巧和能力。学校只有通过摒弃旧制度，从具体操作、教学法和哲学层面上接受新制度的基础，培养学生21世纪技能，即通过发展思维学校才能实现上述结果。

图2.1 21世纪技能合作关系框架树形图

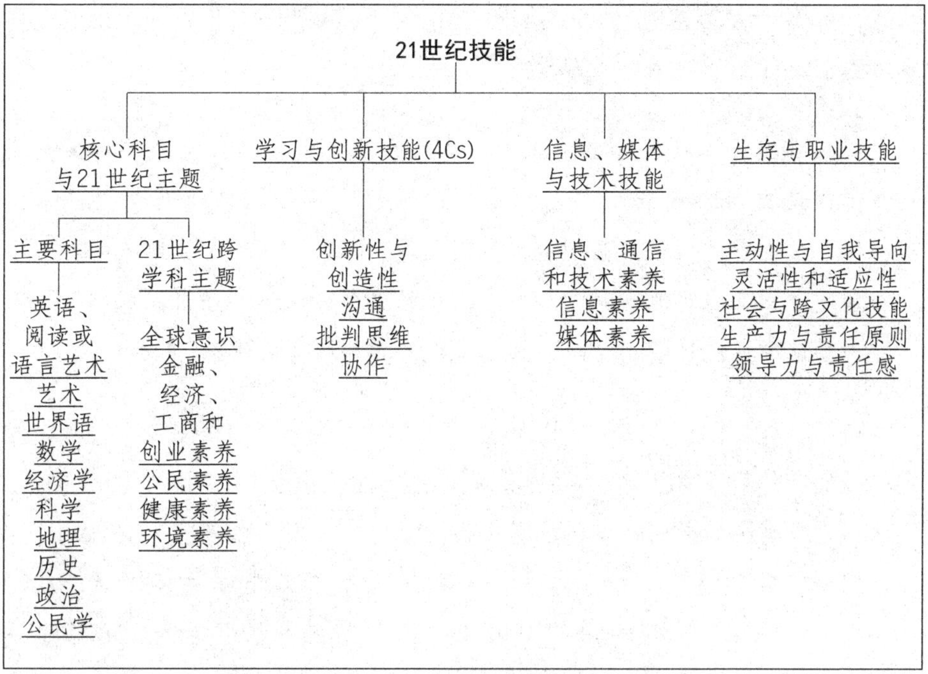

来源：改编自21世纪学习框架（n.d.）；华盛顿：21世纪技能合作关系，作者：http://www.p21.org。

思维学校综合途径

思维可视化工具、专注力性情和探究疑问

思维学校专注于培养学生解决问题的性情，尊重更多深层反思性知识。思维学校提出独创性的平衡，融合了21世纪中成功应对挑战所需要的核心专业知识和学习性情的重要性。本章提到包括思维导图在内的思维模式，可以促使当前许多狭隘关注学科知识的学校，转向更多关注21世纪技能的培养，而21世纪技能可以使我们避免成为智力隔离的牺牲品，积极消除成绩差距。想象一下，如果存在思考和学习的统一可视化语言，教师和学生在明确意思的同时，超越渗透到课堂学习中的11种官方语言，南非后

种族隔离下的不同学校又将是何种景象呢？这种技能组合有利于克服各种障碍，那么1992年德克勒克统治期间南非种族隔离时代末期也不会出现这些障碍了。如海勒（2009）所说，

> 可视化工具也可应用于不同文化和语言中，也许会成为人类制度中促使更为广泛民主参与新水平的关键。从传统文化到新型“可视化”文化中，由于不同学校、不同群体、不同行业和不同国家的人们希望通过相互观察他人对多种参考架构的思考和认识，寻求互相理解，而视觉语言最终可以用于统一距离遥远的多样化学习群体。（第19页）

特里林和法德尔（2009）以某位老师为例，这位老师提出以学科教学为主的模型转化为重视思考技巧模型时，让我们清楚地认识到这一点，“我不再认为教学是讲授学科知识，而是传授给学生相关思维和技能”（第39页）。

另外，勃兰特（2010）认为，“有效教学包括培养学生使用技能获得知识”（第9页）。一般说来，可视化工具，尤其是思维导图，能够做到“提高个体接受新知识以及与已知知识相关联的速度和效率”（Marzano, 2009, 第8页）。现在需要“破除孤立信息和知识的陈旧观点，在研究和课堂中应当意识到，与50年前相比我们的观念截然不同，对学生的期待也是全新的”（Hyerle, 2009, 第9页）。

思维导图和思维习惯（Costa & Kallick, 2000）的同步发展，从内部促进21世纪技能的培养。21世纪技能框架合作关系的五大类别，在致力于培养语言、学习和思维的人们引领下，有利于迅速提升学校和课堂中的熟练程度，以下各部分都充分说明，思维导图可以用作培养和获得21世纪技能的工具。

21世纪技能得以正式命名，《各州共同核心标准》尚未明确将认知技能作为当前学校课程体系的必要补充，在此之前，熟练使用思维导图的学生已经展现出这些方面的天赋。使用思维导图，即使是最基本的，本身也要求学生具备21世纪技能中所包括的内在复杂思维。更为复杂的导图更是要求学生具备合作、质疑和探究能力，全面覆盖21世纪技能的使用。以下各部分列举了包括小学、初中和高中里的一些例子。

1. 核心科目与21世纪主题

新科技带来的互相联系，让我们的世界越来越小，同时也更加复杂。因此，21世纪知识包括历史上传统学校课程里尚未体现的内容。世界瞬息万变，要求一些新知识成功引导我们在不断变化的地球上生活。当今和未来，学生需要21世纪核心学科的坚实基础，加深对全球问题、金融知识、健康问题以及环境意识等领域的理解。由于我们的生活越来越复杂，与他人联系更加密切，因此了解这些领域日益重要。

合作关系中提到的核心学科与《不让一个孩子掉队》法案具有一致性："英语、阅读或语言艺术，数学、科学、外语、公民学、政治学、经济学、艺术、历史和地理"（www.p21.org）。但如果教学和学习仅仅停留于此，那么学生就会变成前文提到的智力隔离受害者。与其他21世纪学习框架的组织类似，合作关系认为，新千年中取得成功所需的绝不只是学习。人们忽视了全球意识、金融、经济、商务和创业知识，公民知识、健康意识和环境知识在内的学科领域，或是人们认为这些没有必要。学生一旦离开家庭，开始承担应有的成人角色，成为民主社会的有用公民后，理解这些领域对大学、职业和独立生活的成功至关重要。这些学科领域目前尚未得到学校的重视。

合作关系框架下技能的分类注重21世纪学生必备的基础学科知识。前文针对21世纪技能所列出的核心学科如今在学校得到极大重视。除了加入核心学科的现有全部技能外，21世纪学校需要考虑到，学生应当如何根据核心学科知识并将其进行更广泛应用的方法。21世纪学习者再也不只是关心纯粹核心学科的学习，他们需要用复杂方法思考内容的技能。使用思维导图会帮助学生有效获取、记忆并提取核心知识，在布鲁姆分类学的复杂范围里游刃有余（Anderson, et al., 2001）。由于导图像大脑一样存储信息（Wolfe, 2011, 第8页），学习者可以将更多思维精力用于所学到的信息中。由于使用思维导图需要学生可视化展示思维，他们会自动以高度严谨的方式应用内容，而不仅仅是简单回忆。21世纪学习的目标不再只是获取核心知识，而是能够应用这些核心知识。

学生迅速意识到这些工具的价值，并自行选择使用工具作为支持自我学习的资源。一个学生使用导图进行高阶生物测试的学习，表现了对导图最为直接有力的使用。这个学生就读于芝加哥附近的史蒂文森公立高中，多年来熟练使用思维导图，自己创造了几百个导图，涵盖了她整个高中生物教材。这些导图不仅帮她回忆重要知识，也通过可视化认知模式展示信息，帮助她立即处理需要更高分析水平的信息。

图2.2 学生笔记：高中AP生物课教材树形图

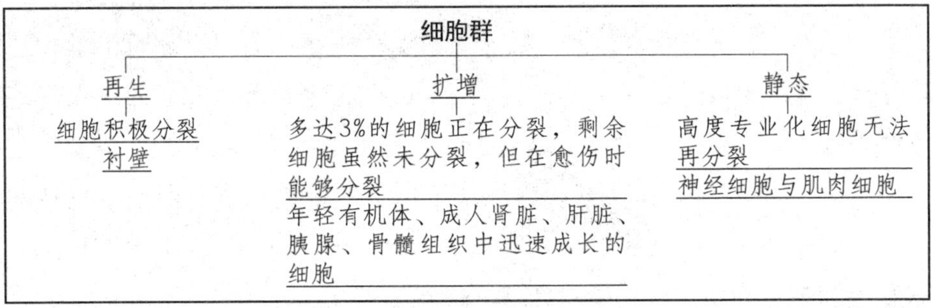

图2.3 学生笔记：高中AP生物教材双气泡图

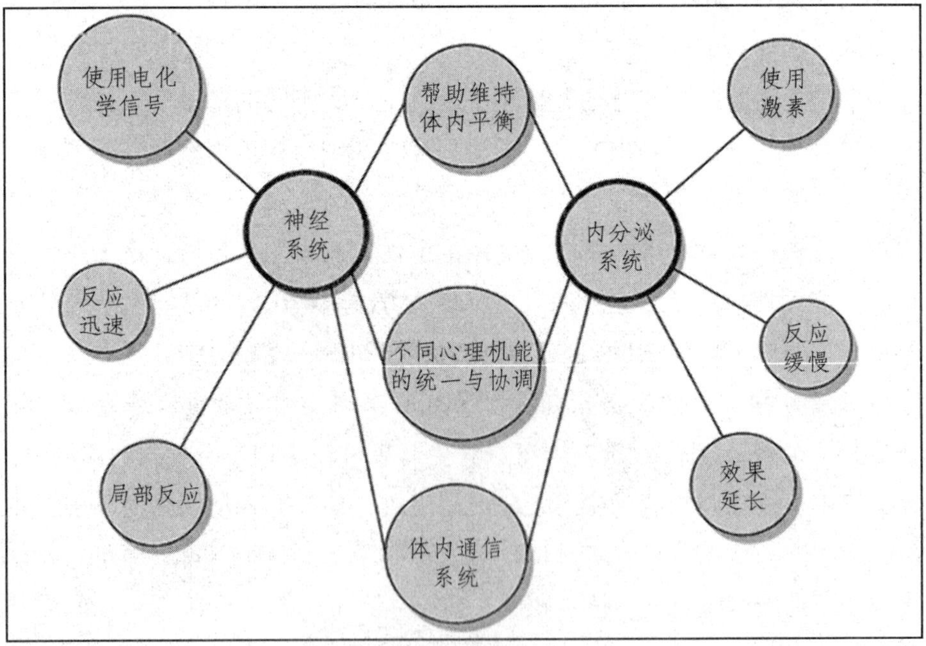

图2.4　学生笔记：高中AP生物教材流程图

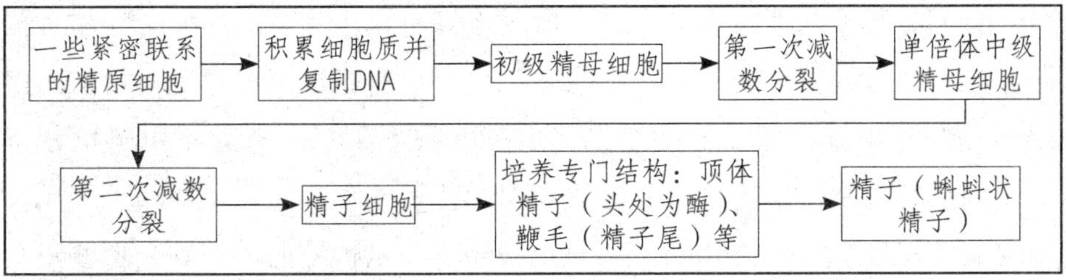

另一个关于学生对健康意识进行复杂思考后使用导图的例子也吸引了我的注意力，这是由纽约市布朗克斯高中的一位体育老师提出的。这所学校是该市其他学校辍学或退学学生的最后聚集地。许多学生年龄过大，并且都曾受到学业和校外生活的巨大压力，才进入这所学校注册学习。思维导图已经成为支持这个学习群体的工具，学习者按时出勤，就可以修完毕业所需的学分。

有一次参观学校时，我发现学校主过道有几十个巨大展示板，上面贴满了学生在健康课上所完成的研究成果。当我穿过走廊时，其中有个导图吸引了我的注意。这个导图位于展示板的中心，是个树形图，其中一个主干延伸出三个分支，一直到纸张边缘。当我注视着这幅类似于十字架的奇怪导图时，老师向我走过来。我们讨论这个导图时，她叫来这个学生解释一下他的逻辑，为何不将过长的类别拆分为许多更小类别。而事实上，如此的设计非常有目的性。这个学生曾对当地常见的各种毒品进行研究——酒精、烟草、大麻、可卡因和海洛因都包含在导图中。树形图的枝干展示出不同毒品引发的严重后果。其中，主干所代表的海洛因所引发的后果比其他毒品更为严重。对于他为何不把每个后果的枝干拆分为更细的分类，这个学生激动地说道，“但是，女士！这是……！海洛因是坏东西，先生！人们应该知道，女士！人们应该知道！”使用树形图不仅帮他更好地思考研究，可视化工具也能让他清楚地强调自己想传达给别人的信息，这就是21世纪技能思考的确切表现。这个学生并不满足于生搬硬套所学信息，而是能够利用这些信息有所作为，并通过深度思考的方式展现出来。

2. 学习与创新技能

除了对学校课程体系内容进行大量修订，合作关系（2006）还注重框架下的学习与创新技能，即思维能力，也需要重新定义。21世纪学生不仅要学习专业知识，还需要知道如何保持学习新信息，摒弃不可置信的知识，创新高效地使用自己所掌握的知识。特里林和法德尔（2009）引用艾尔文·托夫勒（Alvin Toffler）所言，他认为“21世纪的文盲并非那些不会读写的人，而是不会学习、不会摒弃和不会继续学习的人”（第33页）。死记硬背核心学科知识不再符合要求。如今的学生需要掌握“把信息转变为知识”的技能（Hyerle, 2009）。

新一代学习与思维技能包括批判思维和问题解决能力、沟通技能、创新创造能力、合作能力、信息和传媒知识技能以及情境学习，但学校中并未教授这些技能。这种《思维习惯》（Costa & Kallick, 2000）极大偏离那些传统学校教育的理论。“传统的20世纪K-12教学强调运用预先消化信息，强化对常规问题的熟练解决，培养发现复杂问题的技能，而不是在复杂环境中筛选经验数据”（Dede, 2010, 第53页）。现在《各州共同核心标准》要求学生不仅要熟练回答问题，还要具备熟练提出问题的能力。

21世纪获得成功的关键在于超越学科知识的能力。学习者不仅需要掌握内容，也要能够使用内容并且持续学习。21世纪对个体提出关于沟通、协作、思考和解决问题的一些新要求。熟练使用思维导图的学生能够很快学会如何通过口头和书面方式，利用导图表现学科知识，使学生分享观点时更加容易。每个导图的基本设计轻而易举地促进了学科分享——口头表达或书面陈述与导图的结构保持一致。

第七章中，德希亚图和摩根分享了一个如何将导图作为高级思维工具的例子。在他们的辖区内，思维导图的应用经历了“我们需要什么导图？”到“我们需要什么思维来解决问题、深化或培养统一理解以及创造新知识呢？”的演变。这一转变表明元认知（思考我们的思维）在思维导图的使用中承担了重要角色。这种元认知对于21世纪批判思维和问题解决是必不可少的。可以预料到，这种元认知也会很快体现在标准化考试中，用以衡量学生成绩。在不久的将来，《各州共同核心标准》将被普及到各州，新型考试要求学生主要通过批判性思维和创造性问题的表现性任务来展示知识，将取代以单项选择为主的传统考试（www.parcconline. org; http://www.k12.wa.us/SMARTER/）。这些表现性任务要求学生在发现解决问题的方案时，不仅要在解决过程中展现解决方法，还要解释他们的思考过程。

3. 信息、传媒和技术

合作和沟通技能在21世纪也显得不同寻常。互联网将人们联系起来，如果没有互联网，有些人之间绝不会产生联系。突然之间，各州、各国乃至全世界的距离缩短成几排按键。全球互联互通对社交和沟通提出新要求。突然之间，我们需要去理解那些与我们信仰不同的人，并与他们共同相处。约翰逊（2010）在论证如何向学生清晰讲授合作的重要性时说道："如果一个老师没有使用合作式学习或是仅仅告诉学生要'合作'，那么这个老师不可能胜任这个工作"（第237页）。

培养这些技能的学习环境和当今大部分课堂截然不同。麦克泰（McTighe）与赛义夫（Seif）（2010）参照潘恩塔［Pianta et, al.（2007）］进行了大规模研究。这项研究通过观察737个科学课堂中1000个五年级学生发现，大部分小学教学围绕具体课程或作业单中学习分散的技能。学生91%的时间用来听老师讲课或者独自完成作业，通常是低级作业清单。在研究中，"四分之三的课堂都可以说是'无聊单调'的地方，缺乏注重批判推理或问题解决能力"（McTighe and Seif，第154—155页）。如果课堂的目标在于为学生的21世纪生活做准备，那么这些课堂就是罪恶昭彰，不可宽恕。

换位思考，即从多重视角考虑问题的能力，是当今相互依赖的世界中进行有效沟通的另一个重要要求，由于互联网和其他沟通技术的应用，21世纪越来越多的人开始与其他人交往，换位思考比过去更加重要。从狭隘关注学科本身转变为考虑相同内容如何引发不同观点，这种转变对在相互关联的世界中做出充满意义的事情来说非常重要。在应用思维导图时刻意利用参照系，可以对抽象和难懂的观点进行具体化表达。通过绘制每个思维导图的框架，学习者思考这些内容如何根据不同观点有所变动或保持不变，就会面临超越自身大脑地图和可能已经形成的各种假设，这会在不知不觉中影响他们的想法和行动。

4. 信息、通信和技术素养

合作关系框架（2006）中一个分类是信息、通信和技术素养。21世纪学生要想在由技术推动的世界中获得成功，需要具备不断发展的精确知识。技术硬件迅速更新换代，并且引导信息触手可及的技能与21世纪之前接受教育中使用的技能截然不同。德德（Dede）（2010）对这些需求强调道：

> 由于信息、通信和技术素养的广泛普及，人类历史上第一次被自己获取、管理、整合和评估的大量数据所淹没……许多资源脱离目标、不够完整、前后矛盾甚至结果偏颇。在输入数据泛滥成灾的情况下，将信号从噪声中分离出来的能力，与合作能力一样，虽然不是21世纪技能的深度部分，但是典型部分。（第53页）

海勒（2009）强调了对于引导突如其来的大量内容时，培养使用搜索引擎的技能。他认为“我们现在都已经意识到，学生的一个强烈需求是过滤互联网大量信息的能力”（第51页）。遗憾的是，根据莱姆基和库格林（2009）的观点，“作为见多识广的消费者，聪慧的学习者，创意制作者和有效的交流者，大多数儿童和少年不知道如何使用技术”（第59页）。我们应该努力为了应对这种21世纪现象行动起来。如果我们没有行动，那么就“无法帮助学生发展成为全球公民，理解技术随之带来的权利和义务”，反而“是对我们学生的一种伤害”（Fisher & Frey，2010，第227页）。

这个分类代表了其中一个迅速成长的21世纪新典范。技术更新速度加快，甚至从发明到用户使用过程中就会落伍。21世纪技能不仅是能够熟练使用技术，而且要了解如何负责使用技术并筛选数据。早在2009年，我曾在纽约布朗克斯一所中学教课。向学生介绍导图时，我注意到有个老师在我预先排练的课堂中与副校长发生争辩。我提出采取即兴课堂，选择了我认为对学生比较容易的导图和话题：利用圆圈图表现学生所了解的巴拉克·奥巴马。我认为这个任务比较容易的两个原因如下：1. 圆圈图是头脑风暴的工具，因此在示范课前我不需要集中策划就可轻易实施。2. 这个学校中非裔美国学生占多数，考虑到近期选举和学校中大量巴拉克·奥巴马的海报，我认为学生能够很容易获取相关内容，填充导图。

课堂进行得很顺利，我们学生立即开始分享当时媒体广泛关注的巴拉克·奥巴马的事情，但很大程度上是没有事实依据和捕风捉影的说法。学生对自己提供的内容确信无疑。而老师和副校长开展社会调研，由于大多数信息与学校里的海报以及课堂上学生分享的内容相矛盾，看似歪曲了学生提供的事实。我继续利用学生提供的信息填充导图，然后转向参照系，假设根据学生的信息来源，可以更加深入观察学生对这个话题的思考。他们的"来源"包括"电视"等的统一说法、"每个人都知道"和"他就是这样的"。这时，教师显然要花费时间去教会学生辨别不同来源、观点以及屏幕或网络上提供的媒体信息造成的影响。成为精明消费者的能力和培养作为批判媒体消费者负责询问的习惯，是学科知识领域中必不可少的。明确信息来源，批判分析这些来源，进而决定其相关性、准确性和偏颇性，是本章所讨论的必要转变的其他实例。从不同来源获取信息远远不够。互联网和其他媒体渠道中有许多学科的推动人士，却没有监督机构进行验证，所以如果不进行批判和筛选来源就单纯接受信息，是不负责任的。

5. 生存技能

合作关系框架提出的最后一个21世纪技能分类是那些必不可少的生存技能，虽然教学法中并未包含此类别，但该框架呼吁把对这些技能的培养战略性地融入学校课程中。这些基本生存技能包括领导力、道德、责任感、适应性、个人创造力、个人责任、人际技能、自我指引和社会责任感。

合作关系框架中生存技能的分类针对"全球竞争激烈的信息时代下指导

复杂生活和工作环境”（www.p21.org）所需要的技能和知识。这些技能代表了个体自行选择个人行动的集体行为，这些个体行为和行动会影响到个体的成功和集体环境中的成功参与。许多学校中将复流程图用于特殊任务，邀请学习者思考在社会背景下，尤其是学校环境中自身行为的因果关系。我分享两个例子，说明复流程图用于帮助学生学习自我约束课堂行为。

在纽约布鲁克林PS 169的一个特殊教育双语课堂中，幼儿园老师进行导图的典型介绍，第一周就讲解了复杂的复流程图。考虑到学生可能面临的行为挑战，她做了三张复流程图，挂在门边。每张流程图展示了学生不同行为的因果关系。每个因果导图的中心地方分别有一句话：“我表现良好”（搭配着个大大的绿色笑脸），“我需要解决这个问题”（搭配着大大的黄色哭脸）和“我要良好表现”（搭配着眉头紧锁的红脸）。这个表格犹如信号灯一样悬挂在教室门边，位于所有学生的右侧，每幅图下面都有个口袋。每天一早，所有学生的名字都在“我表现良好”的口袋中。如果学生表现不好，老师会直接走到导图前，通过解释行为的因果关系，让学生知道他们的行为如何变成了黄色或红色区域。

我也注意到中学环境中成熟学习者也使用类似技巧，这种环境中发现学生不恰当行为的因果关系更加责任重大。在I.S. 330，学校因城市环境设

图2.5　幼儿园教室中的复流程图

立，副校长特里·索兹（Terry Swords）使用一系列导图作为工具，帮助学生反思他们的行为。被叫到办公室的学生需要使用流程图确认自己行为的多个原因和结果。学生需要站在自己以外的角度，也就是从班级和同学的角度列出至少两个原因和结果。完成导图后，学生思考他们的选择，然后作个新流程图，体现出若没被叫到办公室，事情的发展顺序。

图2.6　学生纪律申请表流程图

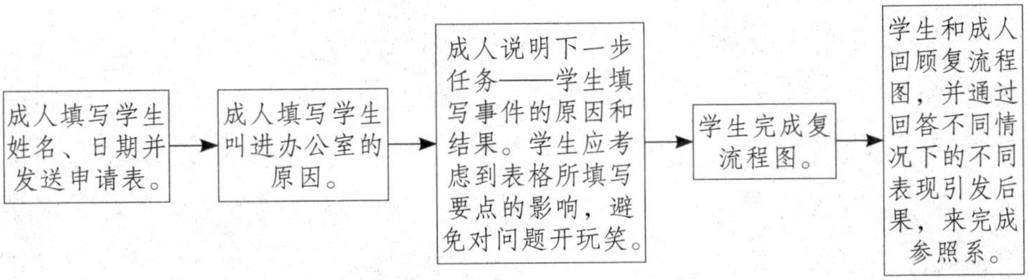

图2.7　中学学生纪律申请表复流程图

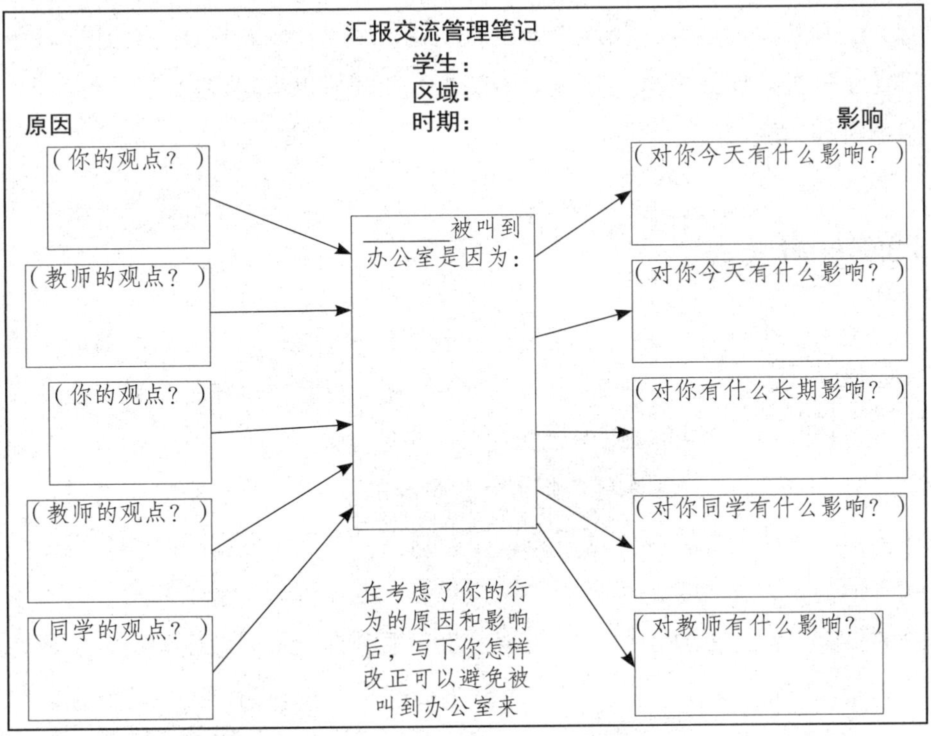

图2.6和图2.7的例子有助于提高学生的思维水平，这样他们能够与看似相同实则相差甚远的人群，进行恰当的社会交往。此处再次说明，清晰使用思维导图的参照系，可以帮助学习者从多角度仔细思考自己的经历，从中培养并增强更为重要的洞察力。

结束语

显然，我们的学校处于历史上的关键时刻。今天，我们的学生在学校生涯中通过即时信息、短信和推特，比我们提早一步进入21世纪。我们现在需要追赶他们，并认真努力地为他们提供在这个世纪中茁壮成长的技能。我们有责任帮助学生应对校外生活时，使用21世纪技能和工具，重新考虑每个公立学校的基本章程。

为了避免全球教育界智力隔离的风险，缩小并取消许多学生中持续存在的成绩差距，需要我们教育观念上的巨大转变。重新考虑每个学校充满活力的独特章程，也许我们应该重新制订每个学校的建设基础，让学校依照孩子思维长期发展确定章程。由此，勇敢迎接21世纪带给我们和年轻公民的挑战和机遇！

问题探究

第八章中，新罗谢尔小学原校长伊戈尔•约瑟夫（Yigal Joseph）认为，“永远记住，孩子并不是考试分数。对于一个有素养的公民来说，仅仅能够阅读是不够的，思考才更重要。”迈克尔•富兰［Michael Fullan（2003）］曾表示，“草率的清晰性是件危险的事情”。黛拉莫拉针对《不让一个孩子掉队》法案及其他政策选择，提出一些严重问题：这些政策无法实现他们自身发现学生潜力的目标，却引发意外结果。清楚表示核心价值观和信仰是创造充分一致系统的第一步。思考自己每天做出的决定，或者学校每年制定的政策，这些选择反映了哪些价值观和信仰呢？这些抉择与你自己或学校信奉的价值与信仰存在哪些一致性呢？

当前对于人们如何在21世纪取得成功盛行的观点是否与影响教育实践的地方、州立或国家政策选择具有一致性呢？

黛拉莫拉认为，世界变化速度“呈指数增长”，如果只是想到每天依赖的移动电话等，很难相信这种观点。实际上，称之为“电话”已经过时了。现在一般使用“移动设备”，这个模糊术语表达，这些技术将会继续发展，有待我们发现。我们周围所有事物都会被重新定义，有时仅仅因为不能服务于更好的生活。她认为传统教育原则，不适合培养学生适应这个瞬息万变的世界。如果未来已经起航，我们需要如何重新定义教育呢？用什么方法进行定义呢？为了真正推动教育向前发展，确保所有学生有望在21世纪获得成功，需要制定什么政策抉择呢？

参考资料与相关阅读

- L.艾贝尔（Abel, L.）（2003），“南非多语环境下阅读教师面临的挑战”，摘自E.阿鲁阿（E. Arua）《非洲全民阅读》（*Reading for all in Africa*），第123—127页，纽瓦克，特拉华州：国际读书协会。
- L.W.安德森，D.R.克莱斯万，P.W.艾亚森，K.A.克鲁克香克，R.E.迈尔，P.R.宾特里奇，M.C.维特罗克（Anderson, L. W., Krathwohl, D. R., Airasian, P. W., Cruikshank, K. A., Mayer, R. E., Pintrich, P. R., Wittrock M.C.）（2001），《学习、教学与评价的分类学：布鲁姆教育目标分类法修正》（*A taxonomy for learning, teaching, and assessing: A revision of Bloom's taxonomy of educational objectives*），纽约市，纽约州：朗文公司。
- J.贝兰卡，R.勃兰特（Bellanca, J., & Brandt, R.）（2010），《21世纪技能：重新思考学生如何学习》（*21st century skills: Rethinking how students learn*），第4—5页，布卢明顿，印第安纳州：解树出版社。
- Z.布特莱齐（Buthelezi, Z.）（2002年6月），《研究者们，小心你们的假设！南非教育的特殊案例》（*Researchers, beware of your assumptions! The unique case of South African education.*），国际读书协会多语研讨会所作的报告，爱丁堡，苏格兰。

- A.科斯塔，B.考力克（Costa, A., & Kallick, B.）（2000），《发现探索思维习惯》（*Discovering and exploring habits of mind*），亚历山大市，弗吉尼亚州：监督与课程发展学会。
- L. 达令-哈蒙德，L.麦克洛斯基（Darling-Hammond, L., & McCloskey, L.）（2007），“全球学习评价：在国际上具有竞争力意味着什么？”（Assessment for learning around the world: What would it mean to be internationally competitive?），《卡潘》（*Phi Delta Kappan*），90(4)，第263—272页。
- C.德德（Dede）（2010），“对比21世纪技能框架”（Comparing frameworks for 21st century skills），摘自J.贝兰卡，R.勃兰特（Bellanca, J., & Brandt, R.）（2010），《21世纪技能：重新思考学生如何学习》（*21st century skills: Rethinking how students learn*），第51—75页，布卢明顿，印第安纳州：解树出版社。
- E.黛拉莫拉（Dellamora, E.）（2009），《谁会在乎这些孩子呢？“不让一个孩子掉队”对贫困青年教育机会影响的案例研究》（*A case study of the impact of No Child Left Behind on educational opportunity for impoverished youth*），（博士毕业论文，纽约大学）
- J.戴蒙德（Diamond, J.）（2005），《崩溃：社会如何选择成败兴亡》（*Collapse: How societies choose to fail or succeed*），纽约市，纽约州：维京出版社；叶臻，江滢译，上海译文出版社，2011年。
- C.E.费恩，D.拉维奇（Finn, C. E., & Ravitch, D.）（2007年8月8日），“竞争力种子”，《华尔街日报》（*Wall Street Journal.*），检索自http://www.hoover.org/publications/digest/13870387.html。
- D.费舍尔，N.弗雷伊（Fisher, D., & Frey）（2010），“培养学生掌握21世纪技能”（Preparing students for mastery of 21st century skills），摘自

J.贝兰卡，R.勃兰特（Bellanca, J., & Brandt, R.）（2010），《21世纪技能：重新思考学生如何学习》（*21st century skills: Rethinking how students learn*），第221—241页，布卢明顿，印第安纳州：解树出版社。

- P.弗莱雷（Freire, P.）（1970），《被压迫者教育学》（*Pedagogy of the oppressed*），纽约市，纽约州：哈德与哈德书业；顾建新，赵友华，何曙荣译，华东师范大学出版社，2001。
- 迈克·富兰（Fullan, M.）（2003），《变革的力量——深度变革》（*Change forces with a vengeance*），伦敦，英国：劳特利奇出版社；中央教育科学研究所译，教育科学出版社，2004。
- H.加德纳（Gardner, H.）（2010），“未来的五种思维”（Five minds for the future），摘自J.贝兰卡，R.勃兰特（Bellanca, J., & Brandt, R.）（2010），《21世纪技能：重新思考学生如何学习》（*21st century skills: Rethinking how students learn*），第131—165页，布卢明顿，印第安纳州：解树出版社。
- A.G.希利亚德（Hilliard, A. G.）（2003），“没有神秘：消除非洲学生与优秀学生的成绩差距”（No mystery: Closing the achievement gap between Africans and excellence），摘自T.佩里，C.斯蒂尔，A.希利亚德（T. Perry, C. Steele, & A. Hilliard），《年轻人、天才与黑人：提升非裔美国学生的成绩》（*Young, gifted and black: Promoting high achievement among African-American students*），第131—165页，波士顿，马萨诸塞州：灯塔出版社。
- D.海勒（Hyerle, D.）（2009），《将信息转变为知识的可视化工具》（*Visual tools for transforming information into knowledge*），千橡市，加利福尼亚州：考文出版社。
- D.海勒（Hyerle, D.），执行制片人，《密西西比河理念》（*Minds of Mississippi.*）（2010），www.thinkingfoundation.org。
- D.约翰逊，R.约翰逊（Johnson, D., & Johnson, R.）（2010），“合作学习与冲突解决：必备21世纪学习技能”（Cooperative learning and

conflict resolution: Essential 21st century learning skills），摘自J.贝兰卡，R.勃兰特（Bellanca, J., & Brandt, R.）(2010)，《21世纪技能：重新思考学生如何学习》(*21st century skills: Rethinking how students learn*)，第201—219页，布卢明顿，印第安纳州：解树出版社。

- P.约翰逊（Johnson, P.）(2009)，“21世纪技能运动”(The 21st century skills movement)，《教育领导》(*Educational Leadership*)，67(1)，第11页。
- K.凯伊（Kay, K.）(2010)，前言，摘自J.贝兰卡，R.勃兰特（Bellanca, J., & Brandt, R.）(2010)，《21世纪技能：重新思考学生如何学习》(*21st century skills: Rethinking how students learn*)(第13—31页)，布卢明顿，印第安纳州：解树出版社。
- G. 拉森-比林斯（Ladson-Billings, G.）(2006)，“从成绩差距到教育债务：了解美国学校的成绩”(From the achievement gap to the education debt: Understanding achievement in U.S. schools.)，《教育研究者》(*Educational Researcher*)，35(7)，第3—12页。
- C.L.拉森，C.J.奥万多（Larson, C. L., & Ovando, C. J.）(2001)，《官僚主义色彩：多元学校群体中政治平等》(*The color of bureaucracy: The politics of equity in multicultural school communities*)，贝尔蒙特，加利福尼亚州：沃兹沃思出版社。
- C.莱姆基，E.库格林（Lemke, C., & Coughlin, E.）(2009)，“变革推动者”(The change agents)，《教育领导》，67(1), 第54—59页。
- R.马尔扎诺（Marzano, R.）(2009)，前言，摘自D.海勒（Hyerle, D.）(2009)，《将信息转变为知识的可视化工具》(*Visual tools for transforming information into knowledge*）第2版，第8—9页，千橡市，加利福尼亚州：考文出版社。
- J.麦克泰，E.赛义夫（McTighe, J., & Seif, E.）(2010)，“实施支持21世纪技能发展的框架”(An implementation framework to support 21st century skills)，摘自J.贝兰卡，R.勃兰特（Bellanca, J., & Brandt, R.）

（2010），《21世纪技能：重新思考学生如何学习》（*21st century skills: Rethinking how students learn*），第149—173页，布卢明顿，印第安纳州：解树出版社。

- T.R.穆恩，C.M.卡拉汉，C.A.汤姆林森（Moon, T. R., Callahan, C. M., & Tomlinson, C. A.）（2003），“国家测试项目对贫困学生高度集中的小学产生的影响——好消息还是坏消息？”（Effects of state testing programs on elementary schools with high concentrations of student poverty—good news or bad news?），《当前教育问题》（*Current Issues in Education*），6(8)，检索自http://cie.ed.asu.edu/volume6/number8/。
- 国家教育统计中心（2008），《全国成绩单：长期趋势（2008年）》（*The Nation's Report Card: Long Term Trend 2008*），检索自http://nces.ed.gov/pubsearch/pubsinfo.asp?pubid=2009479
- 21世纪技能合作关系（2006），《21世纪学习框架》（*Framework for 21st century learning*），检索自http://www.p21.org。
- R.C.潘恩塔，J.贝尔斯基，F.莫里森，国家儿童健康与人类发展学会（Pianta, R. C., Belsky, J., Houts, R., Morrison, F., & the National Institute of Child Health and Human Development）（2007年3月），“教学：美国小学课堂中的学习机会”（Teaching: Opportunities to learn in America's elementary classrooms），《科学》（*Science*），第315页。
- 南非共和国（2002），《南非年鉴2001—2002》（*South Africa year book 2001—2002*），检索自http://www.gcis.gov.za/resource_centre/sa_info/yearbook/2001-02.htm。
- F.史密斯（Smith, F.）（1993），《谁的语言？什么力量？》（*Whose language? What power?*），纽约市，纽约州：教师学院出版社。
- P.索科拉尔（Socolar, P.）（2004冬），“教育法对多元学校更加苛刻”（Education law is tougher on diverse schools），《公立学校手册》（*Public School Notebook.*），旧金山，加利福尼亚州：巴斯出版社。
- B.斯泰恩（Stein, B.）（1975），《重建贝德福德—史岱文森：贫民区群体经济发展》(*Rebuilding Bedford-Stuyvesant: Community economic development in the ghetto*),剑桥市,马萨诸塞州:群体经济发展中心。

- 国际思维学校(2011),《由内而外发展思维学校》(*Growing Thinking Schools from the inside out*)。检索自www.thinkingschoolsinternational.com。
- B.特里林,C.法德尔(Trilling, B., & Fadel, C.)(2009),《21世纪技能:为我们所生存的时代而学习》(*21st century skills: Learning for life in our times*),旧金山,加利福尼亚州:乔西•巴斯出版社;洪友译,天津社会科学院出版社,2011。
- 美国教育部(2002),《不让一个孩子掉队法案(2001版)》(*No Child Left Behind Act of 2001*),华盛顿特区:美国教育局。
- 美国教育部(2005),《不让一个孩子掉队》(*No Child Left Behind*),华盛顿特区:美国教育局,检索自www.ed.gov/nclb/accountability/achieve/edpicks.jhtml?src=ln。
- 美国教育部,国家教育统计中心(2003),《教育统计文摘》(*Digest of education statistics*)(2003),华盛顿特区:美国教育局,检索于2月:http://nces.ed.gov/programs/ digest/d03/index.asp。
- T.瓦格纳(Wagner, T.)(2012),《培养创新人士:改变世界的年轻人素养》(*Creating innovators: The making of young people who will change the world*),纽约市,纽约州:斯克瑞伯纳出版社。
- P.沃尔夫(Wolfe, P.)(2011),前言,摘自拉里•阿尔法(L. Alper),《学生使用思维导图取得成功:学校范围中成功使用可视化工具的研究、成果与模型》(*Student successes with thinking maps: School-based research, results, and models for achievement using visual tools*),第204—216页,千橡市,加利福尼亚州:考文出版社。

第三章　大脑——心智

编者按

伊丽莎白·黛拉莫拉为我们提供了关于学校转向以发展学生思维为基础的全球政治需求和个人需要的全球观点，而本章中金姆·威廉姆斯把注意力放在了更小的复杂世界上：大脑。通过过去几十年对神经科学的研究，随着对大脑发展的理解迅速增多，我们现在明确知道了人类大脑具有动态塑性，以无法想象的方式进行演变和适应。我们在高速运转的大脑的驱使下，通过思想和身体在世界上进行互动，进行复杂和美丽的舞动。本章试图在我们每个人的一生进行动态观察的小测验，尤其关注直接促进学校思维的观点，这种思维方式开发着大脑思想的有限能力。

万千世界中，人类具有独特能力，即一生中不仅会思考，还可以思考我们的思维和感受。金姆·威廉姆斯利用大脑研究，让我们了解到该书出版时，新研究将会淘汰一些参考资料、推论和假设。目前互联网上陈旧的新闻被删除，如同我们大脑一样，不使用神经网时，残迹就会消失在思想深渊中。

过去几十年我们如何走到这一步，让人感到诧异。现在奥巴马总统提出一项挑战——画出人类大脑，这可以与肯尼迪总统将人类送到月球的任务相提并论。这项挑战超出所有神经科学家的当前信念，因为大脑科学研究尚处于初始阶段。除了宇宙本身，人类大脑是我们所知最复杂的有机物，对其尚且一无所知。

作为一位跨界研究的教育者，金姆不仅通过一生中大脑发展以及缺乏趣闻与及时应答产生停滞来引导我们，而且吸引我们思考——该如何直接促进在家庭、学校和工作中的思考。值得注意的是，她将实际大脑网络与最终驱动学习的自觉思想认知模式联系起来。她敏锐地观察到，神经科学家已揭示出大脑的两个基本结构：分级结构和瞬息处理，反映在认知过程中的分级、“树形”分类和顺序“流”。然后她将大脑思维模式和基于思维导图的潜在设计结合起来。金姆还对人类大脑、思想和身体的情绪驱动程序，影响和支配我们智力行为以及影响歇息的思维习惯进行关联研究。当然，我们让所有学校重视培养提问思想时，认知和情绪相互交织。大脑天生好奇，婴儿的思维便有所体现，他们会随着婴儿床上方悬挂的移动物体而转动。（当然，许多移动物体是分级结构，并且连续旋转重复的图案。）我们现在明白不能等着教育来结束空白状态，而要做“婴儿床中的科学家”。

如果现在倡导的是培养大脑每时每刻都在学习的“思维”儿童，那么我们是否应该关注如何在学校每天的交流中直接培养这种自然能力呢？我们的学生是否完全了解自己的基本思维模式呢？我们是否能让他们解决问题并且在这个复杂的“平坦”世界中为了改善社会，自己做出改变人生的决定呢？金姆为我们提供了一系列起点，来思考我们整个人生，体现学校作为大脑和思想进行思考的实践之地。

大脑映射和映射的思想

金姆•威廉姆斯

学校中的思维

作为广大社会的成员，家长、教育者、研究人员、商界领袖以及近期政客和媒体观点表示，我们希望并且需要教会孩子进入成年离开学校后，如何独立思考。这好比一只年幼鸟儿离开巢穴后就要能够飞翔：今天学生们正在踏入指尖即可随时触发大量信息的工作环境。社会需要大量能够组织、分析、整合和评估信息的人才，他们可以进行革新并创造解决方案。自从我们能够即时获得“信息”后，就不再需要在大脑中记忆大量信息，而是关注如何有效利用信息创造新知识。

然而，我们是否在家里或在学校有针对性地清楚教会孩子思考策略呢？我们是否将培养思维能力作为学校的基础，系统贯彻直到学生成年呢？当然，对学生透过问题进行思考的需求不断增加，对我们所有人而言定义思维这个术语像是罗夏墨迹测验一样，特别是当我们将新兴神经科学研究应用到图像中。范例正在发生改变。信息技术、全球化、对创新人才的需求和引人入胜的大脑研究正在吸引着大众的注意力。

然而在当今标准化测试的时代下，学校人员仍然局限于确保学生学习州立标准（现为“共同核心”）所列出的内容，并据此接受评估。几十年甚至美国教育开始后的几百年以来，人们一直把关注点放在个脱口即出的头韵词——3R，即阅读、写作和算术上。这些成为“基础课程”，教师希望跳出这个框架，因为他们知道过去在公共讨论中失败率极高。学校似乎承担所有责任。然而在公立学校历史中，社会普遍接受这三个领域是教育的关键点，并且对此缺少真正辩论。我们将称之为“3R”范式。美国学校建立以来，追溯到1647年曼彻斯特地区首部法律，既定目标很简单：学习足够知识，能够阅读《圣经》，了解足够算术，能够计算并交税。

另外，美国学校也注重建设和培养学生性格、学习民主和培养下一代民主公民，使他们能够做出明智的决定，确保民主运转。这就是社会研究（贯穿于美国历史和民主品格培养）为何被列入核心学科领域的原因。除了社会研究，我们的公立学校也加入了其他核心内容领域——即使这些额外内容领域最近才得到认可。1958年苏联发射人造卫星时，美国以《国防教育法》这份联邦倡议予以还击，为学校提供资金，提升数学、科技、外语和职业技术教育水平。这些不同领域开始发展为更多正式课程，在学生在校期间得到极大重视。

对于“21世纪学习”的所有关注，当今大多数美国和全球的学校仍然将他们大部分注意力和评估放在培养学生“内容”知识上，包括以下领域：英语（分为阅读和写作）、数学、科学、社会研究/历史以及少许点外语、体育和艺术（包括音乐）。评估时依然重视“核心内容”领域，包括阅读、写作、数学、科学，较小程度上重视社会研究。然而大多数责任标准关注阅读、写作和数学。

让我们走出历史，考虑现在所处的时代和位置。虽然大部分学校和辖区的使命宗旨都涵盖了促进智力发展和/或认知成长，以及培养社会、情感和生理基础，但是这些领域却因为遵从主导制度，顾及学科知识与每个学科领域中技能（如阅读、写作和算术）的教学和测试，这些领域本身却被忽略或简化。提供给学生日益复杂的内容信息和概念，就会直接影响他们的思考能力和问题解决能力，这已经成为主流假设。主流观念体系，是如果教师停留在注重每个学科领域的“基础知识”，那么反思性高阶思维就会自然形成。这种观点既不正确也已过时。当然，认知发展（以及社会、情感和生理变化）确实会“自然而然”出现。世界上每个孩子在规范教育内部或外部通过个人交往、人际交往、家庭交往和社会交往，在某种程度上（数千年以来就具备这个特点）成熟起来。通过一系列所谓的学习网络，包括家庭关系、同伴交流、规范教育、工作参与和宗教场所，所有人都会自然而然成熟起来。

在白板上书写

大脑总是在学习，连它自己都无法控制。大脑像是心跳一样，按照其规律一直学习，即使我们睡觉时也如是。当我们睡着的时候，大脑会对白天的记忆进行巩固。大脑活动的这些模式直接与认知模式有关，认知模式也许是无意识的，看似无法接近，但是作为所有学习者的自觉思维模式时，就会变得清晰起来。通过思维导图或培养智力习惯，如坚持不懈、开朗活泼、富有同情心等，以可视化模式向学习者介绍基本认知技能，经常使用无意心理过程的学生就会变得明显起来，也因此得到提高。强调孤立

“事实”的具体学科学习或者测试时，这些过程就会隐藏其后，学习者几乎不会意识到元认知，也不会积极持续地参与“学会如何学习”。他们只是在有限的机会里“学习”学科知识，揭示他们自己思想中的思考模式，这些思考模式隐藏在大脑网络模式中。我们需要从“掌握学科知识”向涵盖“反思如何学习新知识”转变。约翰·杜威（1993）很早之前就指出，人们不是学习经验，而是应该通过反思已有经验进行学习。

大脑的认识过程也让我们明白思想如何发挥作用，告诉我们在不同形式的思维学校中，关注教授学生如何意识到并自觉应用转化他们在学科领域和不同人生阶段中的认知模式、思想性格和探究过程，这是打开终身学习之门的关键。同时，几百年来的认知科学研究为我们展示了关于此领悟的巨幅画卷，被记录在艾莉森·哥尼克（Alison Gopnik）、安德鲁·梅尔佐夫（Andrew Meltzoff）与帕特里夏·库尔（Patricia Kuhl）（2001）对大脑和思想的综合研究《婴儿床中的科学家》中：

> 与了解到的大脑相比，我们实际上更了解思想是如何形成的。人们倾向于认为大脑的变化某种程度上肯定会导致知识上的改变，也就是说，婴儿18个月时一些生理变化会让婴儿以全新方式理解事物。事实恰恰相反，婴儿大脑的变化源自他们所学习到的新事物。（第266页）

思考一下，学龄前儿童、学生和成年学习者（教师和管理者）如何“学会学习”，提高思考水平，包括认知过程、性情和探究行为，以及这如何直接影响未来更加重要的学习，大脑功能如何丰富起来。我们每个人都有独特的综合认知力，大脑随着年龄发生改变时，认知力得以构建和出现。然而只有当我们拥有一些认知力时，才能掌握薄弱学科，使这些学科的成绩得到提升。

在过去的一个世纪里，受过正规训练的心理学家和教育者坚持静态白板观点：对智力进行单一静态定义，或者普遍称之为聪明。我们每个人的大脑似乎生来就是个空白的神奇画板，等待外界其他人将网络刻入我们大脑中。现在这种观点发生了改变。神经科学家已经发现曾经未知的“黑箱”，现在我们能够观察到大脑在子宫内时就已开始运转。现在我们的认识大有不同了。

大脑中的思想

在我们了解大脑发展，学习时的暗示和直接促进思维水平之前，让我们先简单了解一下“大脑”和“思想”的区别，这对我们的讨论非常关键。在此探讨中，大脑指代我们颅骨中神经元、神经递质和大脑物质（脑白质和脑灰质）。思想指的是大脑工作时我们经历的事情，即自主经验和无意识经验，因为大脑参与了创造新的神经组织、增加血液流动刺激不同大脑区域等工作。在教与学的过程中，我们首先要重视前额叶皮层（理智所在）和边缘系统（情感所在）。

杰夫·霍金斯（Jeff Hawkins）（2004）在其《人工智能的未来》（*On Intelligence*）一书中，基于我们所了解的大脑皮层如何工作，提出了大脑的统一模式。他认为大脑皮质功能的所有区域很大程度上以同样的方式工作，接受感官信号后，将其翻译成一系列电脉冲，以序列模式存储起来。他写道：

> 按照设计，每个皮层区域都试图存储和提取序列。但这样来描述大脑仍然太过简单。大脑皮层区域自下而上的输入是由数以万计的轴突承载的输入模式。这些轴突来自不同区域，包括各种模式。每千个轴突中存在的模式数量可能比宇宙中的分子数量还多。我们一生中其中一个区域只能看到这些潜在模式中很小一部分。（第133页）

大脑对我们经验中的信息进行排序成为模式，然后存储和提取这些模式。霍金斯认为大脑皮质分层运作，对信息进行分类，并根据信息的复杂度和新鲜度在上下不同分层（共有六层）中传递信息。例如低级大脑皮质通过感官（如视觉）接受新信息，无法识别为已知模式，就会把模式传递到上层，直到能够识别。如果接收了无法识别的模式，就会到达海马体，在海马体中作为新模式进行存储记忆，或者被当做不重要的信息予以忘记（例如没有进行情感联系）。

霍金斯理论在理解我们如何根据模式创造新记忆这方面有所欠缺，这一点他也承认。他表示自己关于大脑和神经网络的理论只关注了大脑皮层，忽视了边缘系统（年长的情感大脑），因为他的目标在于建立类似于人类大脑皮层的智能机器，不包含情感部分。然而，作为学习者，选择我们所处理和学习的事情，大部分取决于大脑的边缘/情感系统。因此许多研究者认为，为了保留记忆，我们肯定需要一些情感联系，安东尼•达马西奥（Anthony Damasio）将之定义为"躯体标记"。

诚然，大脑进行学习时的过程要比神经网络的排序和分类更为复杂，然而这两个大脑过程作为思想的有意识过程，即认知过程，如同模式。研究人们如何分类是行为、语言、生物和哲学研究调查最典型的标准之一。有趣的是，分类是人类大脑和思想的核心工作原理。第二个标准是顺序推理。我们从这些大脑和思想过程中所经历的，体现在思维学校系统使用的其中两个思维导图中：代表分类的树形图和代表序列的流程图。第三个思维导图，即代表预测和因果推理的复流程图，帮助我们处理产生于简单序列观念中的因果推理。从让•皮亚杰到当今的发展心理学家，已经证实三个认知过程直接关系到定义语境中事物的能力、描述使用感官的能力、对比/比较能力、部分到整体的推理能力和利用类比与比喻进行思考的能力。皮亚杰（1969/2000）将这些过程确认为"心理活动"，每个过程相互独立，是学习的中心能力。皮亚杰也表明，这些基本过程只有在学习背景下才得以使用于复杂性更高的情况里，因为在一生中的无数次思考和解决问题时，这些过程能够协调结合起来。皮亚杰等心理学家从来没接触过最新神经学研究，但他们的行为/认知研究却揭示了大脑和思想的基本思考模式。当然其他理论家，如西格蒙德•弗洛伊德（Sigmund Freud）和B.F.斯金纳（B. F. Skinner）也没有接触过神经学研究，也能通过我们对人类发展"古老”的看法，提出历久弥新的观点。在《婴儿床上的科学家》一书中，作者们针对我们现在对大脑、思想与学习的研究发现，提出对立观点：

> 弗洛伊德和斯金纳的发展理论是错误的……弗洛伊德把儿童看做激情的典范，看做被欲望和饥饿驱使的生物，他们对世界最基本的观点是深深扭曲的幻想。斯金纳认为儿童是终极白板，被动地等待强化程序来塑造。（第44页）

相反，他们这样认为：

> 最新发展研究表明，关于儿童的这些历史共识纯粹是错误的。儿童并不是白板，有着肆无忌惮的欲望，更不是天生预言家。婴儿和儿童能够进行思考、观察和推理。他们思考证据，得出结论，进行试验，解决问题，并寻求真相。当然，他们并不像科学家一样自发地完成这些行为。（第35页）

当我们通过极为复杂的分层和排序矩阵“加工”所获取的信息时，我们的大脑和思想形成记忆，进行学习。在人类生命周期中大脑和思想运转方式会发生细微变化，但是神经元的排序和分层功能以及执行某个认知任务的大脑区域始终保持一致（即便是依赖发展或年龄增长会发生效率的变化）。研究者仍然在调查发育中的大脑对学习的意义。理解自己的认知特点，对与我们一起学习和工作的其他人，是大有用处的。在规范的学习环境中，我们希望学生自觉地注意到，反思他们的思想如何在认知上（过程）和行为上（元认知）完成的。下一部分将调查研究者所研究的发育中大脑及其对思想的意义，在家庭、学校、工作和其他环境中的学习。我们要记住，在不同环境、语言、文化和学校中，大脑、思想和身体的统一是每个儿童学习转变的关键。

大脑的发育之路

培养意志坚定思考者的意义

大脑令人着迷、优雅而又复杂。我们对大脑复杂性的了解只是略懂皮毛。不过，认知神经学最新研究以及几十年来教育心理研究表明，我们可以创造自学与教育他人的新途径，从而更好地利用我们的大脑。让我们开启大脑发育的短暂旅行，认识大脑对于从婴儿到儿童、青少年、成年人和老年人思维的意义。我们学会如何思考的第一步始于——家庭。然后进入发展思维的下一个地方——幼儿园、小学到中学教育。最后，我们考虑进入工作场所和退休后大脑发育的动态。

幼儿发展

大脑发育始于子宫，并在婴儿和幼儿阶段迅速发展。大概在25岁左右大脑完全成熟，并在成年期乃至老年期继续参与神经发生（形成新的脑细胞）。费尔和施拉格尔［Fair and Schlaggar（2010）］通过对文献的查阅，表示“人类从出生到成年，大脑发育大幅增长。成年人大脑大概是婴儿大脑的四倍。大脑发育并非是直线增长的，其发育最快的一个阶段是在足月出生到六岁左右，当时可以达到成人大脑体积的95%”（第320页）。他们搜集到的证据显示，十岁时大脑体积与成年人相同，尽管此时大脑尚未完全发育成熟。人类大脑发育存在几个关键时期，显然在子宫中和婴儿发展时期尤为重要，但我们的大脑在一生中都会生长。费尔和施拉格尔指出儿童突触（脑细胞/神经元的联系）的数量大约是成年人的1.4倍到1.5倍。我们进行学习，大脑发育，此时突触会更有效率。

毫无疑问，从妊娠晚期（30周）到2岁期间是大脑生长和发育的显著阶段。针对大脑此阶段的研究表现出“大脑皮层中突触接触数量迅猛增多”，简言之，婴儿和学步期儿童正以迅猛速度，塑造神经元联系并建立突触模式，这种速度可能超过发育期的其他阶段。但是学步儿童和婴儿并不像大龄儿童、青少年和成人一样，拥有相同的认知能力。另外，在婴儿时期，我们经历“婴儿失忆症”，即我们不记得两岁前的所有事情。专家目前仍在努力解释这种婴儿失忆现象。为什么婴儿大脑经过训练能够记住事物呢？是否发生了什么心理变化，从根本上阻止婴儿进行记忆呢？这一点仍是未知的。不过我们的确了解婴儿大脑的大量知识。《婴儿床上的科学家》一书将认知和大脑科学联系起来，作者称：

> 婴儿不断探索事物的属性。六七个月大的婴儿会利用他们所能控制的各种感官（当然也包括味觉），对新物体进行系统研究。一岁左右的婴儿会有条不紊地变换施加于物体的行为：他们可能会用玩具汽车轻轻敲打地面，聆听发出的声音，然后试着用力撞击地面，再去用力撞击柔软的沙发。十八个月大的孩子听到噪声时，会去查看是否发生意外的事情。而且正如我们所见，儿童会不由自主地把不同物体堆积成不同造型。（第87—88页）

我们能否更加清楚地教育这些年幼儿童培养他们的思维呢？他们能够排序吗？能够研究因果关系吗？能够进行描述吗？能够进行比较和对比吗？有关婴儿的研究文献表明，以上问题的答案是肯定的。婴儿确实在这些方面具有与生俱来的认知能力。我们可能不会在婴儿阶段干预或“编排”思维，但是出生时的婴儿确实在思考。他们的确能够通过对比和比较，辨认出妈妈的声音和其他人的声音。他们能够区分属于自己文化的单词发音，不能识别不属于母语的一些声音（Kuhl, Tsao & Liu, 2003）。婴儿以因果关系为生（如吮吸乳头就会喝到母乳，哭出来就会有人帮忙）。婴儿会模仿动作的序列模式。这些认知过程和思维导图中的模式似乎同根同源，都是大脑与生俱来的。库尔及其同事提出，科学家和婴儿之间的对比，能够帮助我们通过认知发展，重新理解大脑发育：“科学家是成功的学习者，因为他们使用着专为儿童设计的认知能力（第239页）”。“我们认为这些特征鲜明的人类认知情感，包括焦虑的苦恼和辩解的信息，是自然认知系统运行，使我们在年轻时进行学习的标志”（第251页）。

在儿童早期大部分大脑区域中，出生后就不再产生新的神经元。相反，大脑发育包括建立和再次建立神经元之间联系的持续过程。细胞之间的新突触不断形成，而其他细胞会被修剪掉。在我们一生中，分层网络的“修剪”发生在我们学习新事物时，从根本上说，大脑会进行“使用或丢弃”的选择，决定是否修剪。八个月大的儿童大约有1000万亿个突触（神经元之间的联系），随着生长发育，成为高效率思考者，大多数突触被修剪掉。针对这个年龄的婴儿语言学习的研究显示，如果婴儿没有接触过某种语言，他们就丧失了听到某种语言中关键发音的能力。库尔及其同事针对婴儿所进行的研究显示，如果这个年龄讲英语的婴儿接触到日语发音，他们能够继续识别日语发音，但是如果从来没有接触过这些发音，他们的大脑就不会加工这些声音。他们从许多不同文化中的各种语言发音反复多次发现这一现象。

早期学习经历对防止突触被过度修剪非常关键，也就是说，大脑会淘汰不再使用和发展的区域。“现在外科医生尽早在婴儿期就移除先天性白内障，因为他们知道如果等儿童长大后，他的眼睛和大脑之间的神经联系就不能正常发育，他就再也无法看见了”（Kuhl, Tsao & Liu, 2003, 第6段）。神经学家现在仍然努力准确地确定修剪的原因，以及这些连接和再次连接是如何发生的。这种观点也需要对婴幼儿早期思维发展进行调查。

情感发展和健康的依恋关系也会影响大脑发育。学习与大脑的情绪中枢密切相关，所以如果情绪中枢无法正常发育，学习就会变得困难。根据北卡罗来纳大学“初学者计划”等纵向研究，我们了解到面临贫穷、缺乏亲子互动和低质量教育风险的那些儿童，可以通过针对性干预提高智商。这些早期干预影响深远，能够持续到成年时期。与参照组相比，这些实验参与者表现出明显的认知优势（Ramey, Campbell & Blair, 1998）。然而，在幼儿时期，良好的针对性干预能够对认知发展产生影响。既然这样，我们是否要干预呢？

幼儿在使用思维导图和以认知加工为主的其他可视化工具时，无意中参与认知过程，尽管他们没有明确认识到。他们能够排序、观察因果关系、进行比较和类比、空间推理、描述和分类，根据语境进行定义。他们通过学习后，能否认识到他们大脑参与这些活动呢？当然可以。幼儿是否能学习思维基础知识，在成人帮助下认可并培养自己的技能呢？在学习语言时，通过成年人一致的语言和支持帮助下，他们可以培养自己的技能。

正如科斯塔与考力克创作的《思维习惯》提到的那样，随着对新知识的学习，事情就会变得有趣起来。学习环境中应当充满惊奇、敬仰和幽默。丹尼尔•平克（Daniel Pink）在《驱动力》一书中指出，为了激励学习者，活动应当具有三部分：自主性、掌握力和使命感的可能性。令人愉悦的化学物质让大脑感到有趣或快乐，来自成功的掌握力以及使命感的可能性。让我们观察当儿童独自面对玩具时，他们如何选择。他们喜欢“玩耍”。儿童喜欢玩耍，是因为玩耍是自发性的，他们可以从所作所为中（如攀爬架或视频游戏）掌握知识从而变得更加优秀，而且他们有目标（交朋友，甚至是兴奋引起内啡肽冲动等）。根据观察，在没有成人干预的情况下，儿童会重新定义游戏规则，确保游戏继续进行，虽然存在显而易见的“胜利者”。正如莎士比亚所言，游戏是小孩子的工作。换句话说，游戏是对自我以及与他人进行“动态探究”和“问题解决”的行为。（这是视频游戏充满诱惑甚至让人上瘾的一个原因：挑战的机会，总是有获得掌控的机会。）在我们一生中，从儿童开始，我们可以通过游戏提高思维水平，这是重要一课。学习任务不应该是令人痛苦的。如果让人感到痛苦，那么学习者应该缩短学习时间。这就是我们大脑如何进行连接的。

作为“数字土著”，婴儿大脑经常被要求做认知任务，这与上一代（数字移民）存在巨大差异。正如普林斯基（Prensky）（2005）所言，与更“传统速度”的数字移民相比，数字土著使用更快的“收缩速度”在观点和科技小玩意之间来来回回。另外，数字土著倾向于参与更多的“并行处理”，能够一次同时处理多个电子设备和交互作用，也许这对形成“思考我们的思维”能力更为重要。传统的“数字移民”愿意参加更多的线性加工和线性思考，倾向于以教材为主的学习，但是数字土著首先会寻找联系，观察图形。也就是说，数字土著不采用数字移民的“教材至上”策略，而是寻求教材中嵌入的图画、视觉再现和图形（Prensky, 2005）。尤其是现在，这代数字土著渴求可视化再现——他们已经习惯了可视化再现。在正式学习情境中，如果忽视这种认知期望，将会引发错误，导致迅速脱离实际。大量认知科学研究表示，大脑以视觉为主导。当然，每个思维（认知模式）导图（动态视觉网络）中的循环、普通和动态视觉展现模式因此能够发挥许多年轻学习者视觉大脑的优势，这些年轻学习者现在都是数字土著。

学龄前儿童是否已经像数字土著一样思考呢？罗宾·泽文伯根（Robyn Zevenbergen, 2007）在其文献综述中得出结论，答案是肯定的！在《数字土著已到达幼儿园》一文中，她论述了教育的意义，认为教育者有时候无法认识到这些差异，但是如果我们关注这些差异，将会在学习中获得巨大收获。她提出“幼儿教育的设置需要为新一代学习者重构教学法和学习机会”，他们“与上一代相比，受到数字技术的渗透影响，在截然不同的社会环境中长大成人”（第19页）。

家中的早期思维

对于在家中、托儿所和学前班的婴幼儿来说，这意味着什么呢？首先，我们知道早期干预至关重要，幼儿大脑具有强大的可塑性和适应性，我们对幼儿大脑发育的影响是永久性的。我们知道在早期幼儿时期，大脑迅速而疯狂地删除记忆。我们知道这个时期情绪中枢和情感发展开始发育。那么我们能做些什么呢？我们需要帮助年幼儿童认识到大脑正在进行的思维，为他们提供认识某种思维类型和每种思维类型适用的时机的技能。另外，我们需要评估幼儿的认知力，顺应每个认知区域的发育。我们可以通过游戏和参与的方式，直接发展他们自己的认知过程。我们需要让学习变得有趣。通过使用丹尼尔·平克的激励建议，以上这些是可以实现的，让掌握契机和目标意识自动指导经验。对年幼儿童说出认知形式（例如，“这是排序，这是描述”）有一定帮助，这样当他们上学时，就会认识到他们的思维，更具有目标意识和元认知。

为此，我和同事们研发了一系列早期幼儿和初级基础的儿童故事，在我们进行试点的思维学校中供家长和成年人使用。通过表演经典的“农场动物”剧本，我们让八个动物分别代表八个具体认知过程。我们把这些动物叫做“思维朋友”，他们在农场中与农民伯伯一起工作，创造他们自己的学校，共同思考并解决问题，进行“学会如何学习”专题内容的学习，如天气、兽医。

作为特定术语，思维朋友是生活在农场中的八个动物角色，每个动物分别有自己的性格，代表单一的基本思维/认知技能（排序、定义、描述、因果、对比/比较、分类、排查物体的部分/空间推理和使用类比）和风格。当学生与思维朋友进行互动时，他们学会辨认并思考自己的思维（元认知）。这些关于他们思维的明显课程让他们随着年幼大脑的成熟，成为更加熟练的思考者和成功的学习者。同时，儿童会更加习惯于其他不同的思维途径。教育目标也被非常清楚地呈现在家长和教师面前：

- 学生将会认识到他们日常生活中自己和他人使用的不同思维过程，尤其是排序、定义、分类、描述、对比、类比解释、因果事件和整体事物的部分
- 家长和教师能够评估儿童的认知力和薄弱点
- 学生更具有目标性，基于认知或思维而不是基于内容
- 学生通过故事内容，形成早期数学技能和科学概念
- 学生将通建立早期识字阅读能力，初步理解小说和非小说文本
- 学生能够使用参照系，解释他们知识的来源和观点的依据

首先，向幼儿介绍每个角色及其个人认知力。随着幼儿逐渐熟悉角色，更加了解他们的个人认知风格，故事会变得复杂起来。思维朋友开始思考，一起通过努力提高和扩大自己的思维，内容学习，问题解决和社交情绪方法来建立关系。除了角色以外，儿童学会鉴别观点的复杂性，所采取的不同角度和共同工作的价值。

下面介绍八个主要角色以及他们各自的基本认知优势：

策划者农场主——在故事中对认知/思维的贡献是他设计难题并观察观点选择。策划者农场主调查农场周围情况，并在某个故事或剧本中研究“设计”主题、问题和难题。他帮助思维朋友们了解如何知道他们的知识，揭示影响他们观点的因素，并阐述这些体验中的结论和深刻见解。

排序者贪吃蛇——其认知/思维优势在于排序。贪食蛇按序排列事情，重点关注观点、事情、数字、字母、事件等的排序。

定义者小狗——其认知/思维优势在于进行定义或理解语境。狗狗重视定义或理解特定情境或语境。针对某个概念或相关问题，他会根据自己所知集思广益，从而得到答案。

比较者小鸡——其认知/思维优势在于对不同人物、不同动物、不同地点和不同事情的相同点和不同点进行对比和比较。

考绩者奶牛——其认知/思维优势在于排查原因和效果，她能够排查行为和事件的原因和效果。

描述者驴子——其认知/思维优势是描述。他利用形容词和五个感官，描述人物、地点和事情的属性和特性。

分类者小猫——其认知/思维优势是分类。她能够对观点、事情、事件、经历和动物进行分类和集合。

分部者小马——其认知/思维优势是排查整个物体的各部分，并考虑物体如何适应空间。

关系者公鸡——其认知/思维优势是排查观点和事情之间的类比或相似关系，即他帮助确认不同观点之间的“相关因素”，并由此扩大这些观点的含义。

因为我们在日常生活中，并不是使用某一个思维过程来解决问题，所以这个指南中最后三个故事展现出思维朋友与策划者农场主共同工作。值得注意的是，经过数周乃至几个月后，每个角色已经被通过故事介绍给了孩子们。例如，在介绍排序贪吃蛇的故事中，贪吃蛇与策划者农场主通过思考最佳排序，来规划农民在农场一天中的所有优先事项。在高级故事中，思维朋友开始“一起思考”如何定义和描述兽医，将兽医与人类医生进行对比和类比，对兽医进行不同分类，分析打针的原因和结果（不会太疼）。最后，排序者贪吃蛇提问，动物们应该按照怎样的顺序排成一列，等着打针！

在这些故事中，思维朋友协力思考解决问题，开始发展其他动物所代表的思维技能。农民为共同用思维方式贡献解决方法的朋友们“设计”问题。最终，策划者农场主体现其中一个科斯塔与考力克《思维习惯》元认知性格：他帮助所有思维朋友，思考他们的思维，通过合作探究的提问进行互动。除了一起解决问题，他们还学会欣赏其他人的思辨能力和共同合作的重要性。他们也认识到，每个人都有过人之处，都能够提高思维过程，每个动物都能为集体作贡献！

这只是如何清晰揭示认知过程的其中一个例子，认知过程与大脑使用的基本过程一起，共同以更为复杂和潜意识方式进行工作。儿童在这样的互动中，不仅学会了与农场动物、大气或兽医相关的词汇，而且学会开始转化思维语言，应用到所读的其他故事中。他们学会了如何在集体合作中协调这些过程来解决问题，最终，他们反思自己作为思考者和学习者的实力，以及需要改善的地方。

我们身在何处：儿童、青少年和内容为主的学校

幼儿进入学校后，他们就会被各种认知任务团团围住。突然间他们也需要独立思考。他们需要处理社交和学业认知需求。随着我们认识到工作记忆如何与永久记忆产生联系，影响多重任务，“认知负荷”的整个领域正在显露出来。这对儿童来说很有震撼力。引导儿童意识到他们的思考是在特定的挑战性环境进行的，对此能够有所帮助。

进入学校后，儿童大脑要做的比较具有挑战性的任务便是学会阅读。

关于童年时期大脑如何学习阅读以及阅读任务中的一些困难有着大量的研究。好消息是，研究表明，经过适当的早期干预，那些苦苦挣扎的读者（包括失读症在内的阅读障碍者）实际上可以重新开始阅读，他们的大脑可以像正常发育的普通读者一样阅读（参考Sally Shaywitz and Benita Blachman的著作）。

童年时期的大脑经历了神经发生和修剪时期，以及随后的突触髓鞘形成（使神经信号传递更快更有效）。有些儿童神经细胞髓鞘传输比其他人快，因此他们的认知能力也比其他人强。课堂中年级稍微大一点的儿童通常具有速度优势，因此与年纪小、认知慢的成熟学生相比，更有可能参与并回答问题。这种循环能够让那些认知速度较快发育的儿童更占优势。

阅读涉及许多复杂的认知形式。对于思维导图中潜在认知过程，学习必须能够认识并确认语境中的字母，描述它们的声音，对比和比较不同字母及其声音，对不同字母排序组成单词、句子、段落等，对不同类型的字母、发音、单词、词块、词性等进行分类，认识不同类型字母、单词、写作等之间的类比/关系。因此，导图提供了一系列以学生为主的可视化工具，比如上文论述的思维朋友，这些可视化工具成为把思维过程转化到实践中的自主支持机制。

影响儿童学习阅读方式的不同形式，可能会在任何时候都发生崩溃。例如，我曾经一起工作的一个孩子具有很强的空间推理能力。因此她试着通过观察整个单词形式和形态猜测词意，而不是根据语境中每个字母的发音，对每个发音进行排序。一旦发现认知上的难题，我们能够帮她根据发音按序排好字母，阅读单词和短语。当阅读水平增强时，她能够记得整个词块，并根据这些词块进行排序。我们可以对早期儿童采取上述策略，即使用认知特点决定使用思维导图时的认知优势。

学校中的青少年大脑

青少年大脑发育领域被研究者和决策者广泛关注。针对2004年*Roper v. Simmons*案件探讨少年犯死刑的可能性，引发一片讨论，讨论青少年大脑研究意义所在，如何全面开发青少年时期的大脑，以及大脑是否应对其行为负责。青少年的大脑尚未完全成熟。一直以来，研究表明青春期标志着大脑的迅速发展。

> 灰质是大脑负责加工信息和存储记忆的区域，青春期阶段，由于神经细胞之间的突触连接数量增多，灰质规模迅速增大，特别是大脑前庭。然而在青春期筛选过程开始，不再使用或不需要加强的联系开始退化（也就是“要么使用，要么丢弃”假设）。女孩在11岁，男孩在12岁左右开始这种删减行为，一直持续到20岁早期或25岁，特别是在前额皮质层中，这个区域涉及“高级”功能，如规划、推理、判断和控制冲动。美国国家精神卫生研究院的杰伊·吉德（Jay Giedd）博士称，真正的认知进步应该伴随着突触联系数量的减少。髓磷脂是神经元表面具有绝缘作用的脂质物质，在青少年时期，髓磷脂如同电线表面的绝缘体一样，数量也在不断增加，提高了神经细胞处理电子信号和有效发挥作用的能力，这种状态一直延续到成年时期，后来在大脑“高级”区域，如前额皮层，也出现这种情况。（Schaffer, 2004, 第3段）

删减和髓鞘形成贯穿整个青少年时期，影响青少年大脑的运转方式。阿比盖尔·贝尔德（ Abigail Baird ）及其同事（2005）表明，青少年大脑的决策方式与成年人大脑的决策方式截然不同。例如，当问及“与鲨鱼一起游泳”是“好主意”还是“坏主意”时，成年人利用情感大脑立即回应，速度远远超过青少年大脑。青少年会利用更为理性的大脑思考这样的问题，提出各种回复，耗时更久。例如在重点小组中，学生可能会这样评论回复“好吧，如果你和朋友一起，也许和鲨鱼游泳是个好主意”。很明显，青少年大脑在完全达到成年人的成熟度之前，仍有许多培养空间。

虽然人们已经充分了解到早期幼儿时期（3岁左右）突触联系的峰值，但进入青少年前产生突触（突触发生）的峰值却鲜为人知。在划时代的“儿童和青少年时期大脑发育：纵向磁共振成像研究”中，吉德等人（1999）调查了年龄在4.2—21.6岁的145个健康男孩和女孩。他们假设，青春期之前的时期到青春期“可能预示着重要发育阶段，青少年所经历的环境和事情，引导他们在青春期进行选择性突触淘汰”（第863页）。从根本上说，由于这是大脑生长和修剪的关键时期，因此这一时期的大脑体验非常关键。

认知和认知描述评估

在学校中，尤其是思维学校的环境下研究流畅使用思维导图、思维习惯以及合作探究中提问技巧的过程，教师和学生可以有效地学会使用形成性评价工具，评估学生的思维和内容学习。我们称之为双重评估，因为学生和老师可以同时关注内容学习及认知优势，通过改善搜集和创造认知特征的方式来加强优势，进一步培养相对较弱的认知区域。从理论上来说，这些认知特征可以用来实施差异化教学，提高所有学习者的思维和学习。

正如本书所体现的，使用思维导图这种可视化工具，除了展示学术语言和内容概念，还有其他好处，经过一段时间后能够评估认知优势和需要提高的领域。为了有效使用导图，作为评估学生优势的策略，学生必须熟练使用所有八种导图和参照系。如果没有较高的熟练程度，很难确定学生在某个思维任务的表现是否因为导图使用不熟练，还是由于认知技能缺乏，或是仅仅因为某个区域尚未发育。教师需要为学生提供足够机会，展示所有八种技能形式，在各个区域尽可能多地搜集证据。跨学科协作也能提供助力，因为学生思维也会受到学科的影响。教师在收集学生的导图时，他们会考虑一下三个树形范畴，来确定学生应选择某个导图，是否正确使用导图以及在导图内展现思维的程度（见图3.1）。

如果在这三个类别下，学生的得分是“从来没有”或者“很少”，那么他的认知方面存在问题。收取能够体现学生这些方面最佳思维的作业样本。创造“思维组合”，这样学生可以选择他们最具代表性的思维导图。

一旦确定并开始纠正问题，就要收集体现提高的证据。思维组合和认知描述也可以用来对所有学生实行差异化教学，特别针对有特殊认知需求的学习者。如果学生具有严重的认知障碍，即使干预也进步很小，那么有必要对这些学生进行专门辅导，以满足他们的需求。学校的心理医生和特殊教育的老师熟悉需要帮助和改善认知技能的学生，然而大部分任课教师虽然熟悉这方面内容，但基本上还是会重视具体内容学习，因此他们可能不知道如何在这方面进行调整、评估和帮助学生。这种情况下，许多学生未被列入需要“特殊教育”的行列，依然在补课中，因为他们认知优势和不足从未得到评估，因此也没有被直接解决和提高。

例如，我曾经悉心辅导过的一名大学生，就有严重的非言语型学习障碍。虽然他一直在努力加强对因果推理的理解，但还是在这方面苦苦挣扎。我们仍然使用复流程图构建他的因果推理能力，关注“原因”或“结果”，但很少在同一个导图中同时出现原因和结果。有时我们尝试对他大学历史课中的挑战性阅读作导图，而不去关注事件的原因和结果，我们将信息按照“好”“坏”“可能变坏”和“可能变好”等放入树形导图。这一尝试的结果是，他非常擅长使用树形图进行分类（我认为这在社会学学生中并不常见）。然后我们在这些积极结果和有问题的结果中使用复流程图，建立多个流程，观察“效果”。

图3.1　使用思维导图评估认知挑战的树形图

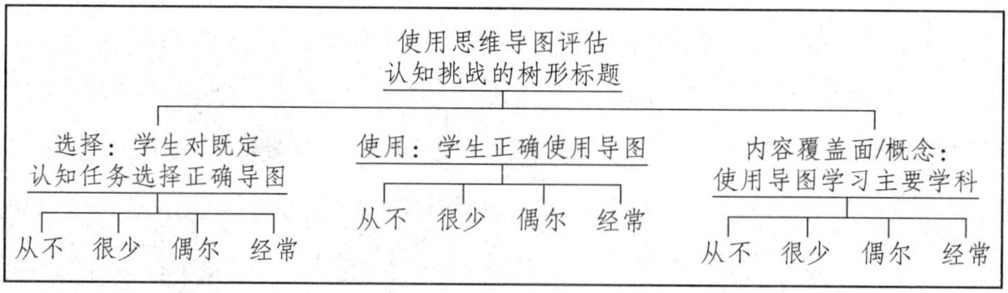

另一个与我一起工作的大学生，具有特别优秀的社会学思维，但一再重修统计学课程，因为他总是很难理解公式。我们利用他的排序优势（使

用流程图）和分类优势（使用树形图），利用语言而不是数字，对统计学中的关键点进行排序和分类。这样他很好地从概念上理解观点，能够解释这些不同的公式是做什么用的，以及该在何时使用这些公式。他遇到问题时，就会使用流程图利用单词进行排序，对适合统计学理论框架的公式类型进行分类，他成长为班级中最优秀的学生，老师愿意让他向同学解释复杂概念。这些例子表明，我们可以利用学生的认知优势，帮助他们改善认知不足。通过诊断、干涉和随后的评估，让思维导图发挥作用。

成人期：教师、领导和家长的大脑也在变化

整个成年时期乃至老年后，大脑会持续学习，产生新记忆。最新神经学研究发现，成年人会在去世前一直进行神经发生（形成新的大脑细胞）。费尔和施拉格尔（Fair and Schlaggar）（2010）通过对与大脑成熟相关的大量文献的研究，认为“大脑发育是动态的。大脑区域之间的交流随着年龄变化不断发生改变，根据大脑区域对某个特定任务的贡献做出各种各样的调整”（第327页）。这个发现提供了希望——我们可以继续加强认知优势，提高认知不足的部分。使用认知描述，确认这些优势和不足，对成年人和学生都有帮助。作为教师、管理者、团体成员或家长，我们在帮助年轻人学习和成长的同时，也在学习和成长。当我们交流时，理解自身认知优势对个人和职业的持续发展有帮助，可以从根本上提高我们的思维。例如，如果教师或家长在分类和排序方面具有认知优势，他很有可能以其他六个方面为代价，过度依赖侧重这两方面的认知任务。认识到这种认知偏见能够帮助老师和父母全方位地发展自身认知技能，反言之，也有利于帮助培养他们的孩子或学生们的这些认知技能。正如我们上面所探讨的思维朋友的例子一样，我们需要重视每个孩子各方面的认知过程。寻找学习者的认知优势并利用这些优势，或者发现认知不足（常称作缺失模型），并试图提高这几个认知过程，让学习者无须在其一生中应用认知过程时进行大量的推演。

作为成年人，我们都在某种程度上扮演着领导者的角色，比如在工作中，或为人父母或是作为看护者。我们如何将领导者这一角色发挥到最佳呢？研究发现，如果小组中领导者接受过思维导图模型的训练，思维导图有利于提高小组的生产力、效率和清晰度（Alper, Williams, & Hyerle, 2011）。领导者作为熟练的思考者，能够确认特定任务中所需要的思维类型，然后选择正确的导图，与小组或个人进行协作思维，从而解决问题、规划项目，甚至做出最艰难的决定（参阅第十章拉里 • 阿尔法与大卫 • N. 海勒的此项研究）。领导者能够利用自身优势，通过招募具有互补优势的人们，来帮助完善其他方面。例如，如果说某位领导者擅长排序和分类，但不擅长空间推理。也许学校新增一项计划。领导者可能会希望招募擅长空间推理的人们作为团队成员，帮助其完成空间实体设计。思维导图的应用鼓励人们进行团队项目时实行协作式领导，利用各自认知优势解决问题，参与规划。在相同思维环境下一起工作，许多人的智力可以由一位熟练思考的领导者所统筹。结果可想而知，使用思维导图的领导者表示，他们团队的工作更加有效和高效，整体思维水平得到提高。

学校中所有参与者能够自主参与到对他们思维的提高，保持对于提高这种努力的认知和大脑研究的意识，这些研究都认为我们每个人拥有一系列独特品质，这种观点是思维学校前景的核心。思维过程、性情和探究的相互作用，是教师、管理者、董事会成员和家长共同努力的基石。如果我们很好地利用人类大脑的复杂性，我们就需要将重点转向成长的这几个方法，转变当前学生的死记硬背；教师低级的提问和课堂设计；以及领导学校的是职位权力，而不是通过共同思考的合作。

老年时期：继续保持大脑活跃和提高记忆力

老年时期面临最大的认知挑战便是提高记忆力。有时候认知困难发生在记忆提取时（如“我知道，但是我想不起来了”）或者形成新记忆（如“我要记得在回家路上取牛奶”）。不管是哪种情况，培养对所需的认知的深刻理解和发挥自身认知优势可以对记忆力有所帮助。

首先，认识到何种思维可以用来提高记忆提取或形成，这是有效的第一步。这种挑战和偏好取决于某人的认知描述。不过，无论认知任务相对简单还是复杂，使用思维导图创造或形成新记忆，能够对确定所需思维和创作相应的导图形成记忆，起到帮助作用。例如，举个常见认知任务的例子，去杂货店。不止一个老师告诉我们：他们使用树形图，用来分类条目（如农产品、猪肉、奶制品等），也会根据他们一天中的顺序，包括去杂货店购物，创造思维的流程图。当然，购物比较是比较常见的挑战，特别是购买汽车或房子这种大件，或是帮助女儿或儿子选择大学的时候。绘制双气泡图能够帮助许多人考虑决定。佛罗里达州的一位教师利用所有八个导图，全面理解了她的婚姻！其他好处是思维导图能够帮助我们在形成观点时，将这些观点转化为记忆。

针对记忆提取，思维导图有一定帮助作用，因为大脑能够记住模式，特别是与图片相关的模式。当你环顾房间时，用大脑抓拍快照后闭上眼睛，你能像相机一样，基本上可以在脑海中重现图片。（参见坦普尔·葛兰汀（Temple Grandin）《用图像思考》一书，学习更多人类大脑神奇的视觉记忆能力）思维导图也是同样的道理。一旦手绘或利用软件创造导图，并进行学习，各年龄段的大部分学习者闭上眼睛就能重现图画，提高记忆提取水平。黛博拉·伯克（Deborah Burke）的“舌尖”现象（即我们记不起来所知道的名字、想法或观点的时候）研究表明，随着我们年龄的增长，这些经历是负责加工处理记忆的神经联系衰弱导致的结果。她同时提出在这些情况下如何改善我们记忆提取的建议：建立联想和联系。通过规划你所尽力回想的事情，观察其中的联想模式重新启动这些微弱联系，思维导图也能够建立这些联系。当然，你可以使用谷歌在毫微秒中就搜索到。但是我们不能像谷歌一样搜索，而是记住代办事项中熟人名字、重要日期、条款等，思维导图能够帮助激活微弱的联想网络。

思维学校：思考中的大脑

思维学校的平衡支点在于以下几个问题：如果我们要侧重教授学生如何思考（重视思维而非具体内容知识）来建设学校会怎么样，那将会是什么场景，会不会有所不同，学生可能发生什么结果，对于未来民主参与者有什么意义？

让我们想象一下，如果学生首先学习思维的基本共性，即思维导图模式（以及思维习惯、探究策略）所概述的认知共性。在过去的25年中，思维导图理论、研究和实践已经得到较大发展，可以通过访问网站www.thinkingfoundation.org 进行参考。几十年来，这些认知策略得到了心理学家的描述和支持。遗憾的是，虽然思维导图的实施以整个学校为基础，却没有在各个学校的学生中得到应用。虽然学校辖区重视附属学校组织形式下思维方法的持续性，但这没有形成规范。学校应该在儿童教育中继续加强思维技能的培养，即海勒所提到的持续认知发展。通过性情、探究提问、哲学方法（儿童哲学）和其他高质量方法的模型来促进思维发展，便是这种情况。

结束语：思维家庭、思维学校和思维世界

想象一下，未来针对性思考在我们家庭、学校、工作场所等地方占据主导地位，我们的思想学会确定某种环境中所需的不同类型的思维，使用针对性思考（既不是个人也不是协作）决定最佳选择或结果等。我们对于所思考的事情，更具有反思性和元认知能力。我们能够更加高效，更具目的性和富有成效。我们能够在一生中高效使用大脑，提高大脑的利用率。

我们需要首先定义我们的思维，然后利用统一的语言表示思维，最终决定特定环境中的最优思维。我们可以成为目的性强、富有成效的协作思考者。如此一来，将有无限的可能。我们可以创造思维家庭、思维学校和

思维世界。在本章开头我们探讨提到，促进思维发展不能等到学前班或幼儿园的第一天。每个人的思维与生俱来，与睁开眼之前的第一缕呼吸共同存在，这时大脑已经忙着连接和删除了。另外，当我们展望未来时，如果家长已经作为思维学校之旅的成员，学会了如何思考自我和他人，思维已经在怀抱婴儿的家长的观念中得到充分发展。

问题探究

从字面意义和象征意义上来说，学校教育通常是建立在内容基础上的。尽管不完全是内容，（威廉姆斯指出一段时期里内容如何实现转变）但依然是学校的重点或是建设基石。“学校教育”作为内容可以轻而易举获得，其中的含义是什么呢？如何将学校的字面意义和象征意义的墙壁转变成为学习的机会而不是阻碍呢？

威廉姆斯表示，“服从驱使的制度”通过特殊方式影响教学，进而削弱了学习。通过什么方式评估学生学习或展现理解，来改善而不是阻碍学习呢？

正如威廉姆斯所言，如果“大脑学习像心跳一样连续不断”，那么通过怎样无意识的方式能让目前通常在学校形成的经历影响大脑呢？目前关于大脑如何工作的理解，如何用来转变学校教学结构，从而让学生们成为更优秀的人得以应对当前世界的机遇和挑战呢？

参考资料与相关阅读

- 拉里•阿尔法，金伯利•威廉姆斯，大卫•海勒（Alper, L., Williams, K., & Hyerle, D.）（2011），《使用思维导图发展整合领导力》（*Developing connective leadership using Thinking Maps*），布卢明顿，印第安纳州：解树出版社。
- A.贝尔德，J.福格桑，C.班尼特（Baird, A., Fugelsang, J., & Bennett, C.）

（2005年4月）《你想过什么？关于青少年选择的功能性核磁共振成像研究》（*"What were you thinking?" An fMRI study of adolescent decision making*），认知神经学会年会海报，纽约市，纽约州。

- J.杜威（Dewey, J.）（1933），《我们如何思维》（*How we think: A restatement of the relation of reflective thinking to the educative process*），波士顿，马萨诸塞州，D.H.希斯出版社；伍中友译，新华出版社，2010。
- D.A.费尔，B.L.施拉格尔（Fair, D. A., & Schlaggar, B. L.）（2010），《大脑发展与中枢神经系统可塑性》（Brain development and CNS plasticity），摘自D.博苏克，L.R.贝塞拉，E.布尔莫，R.J.哈格里夫斯（D. Borsook, L. R. Beccera, E. Bullmore, & R. J. Hargreaves），《中枢神经系统成像药物发现与发展：疾病与疗法的意义》（*Imaging in CNS Drug discovery and development: Implications for disease and therapy*），第319—335页，纽约市，纽约州：施普林格公司。
- J.N.吉德，J. 布卢门塔尔，N.O.杰弗里斯，F.X.卡斯特罗，H.刘，A.兹登伯斯，J.拉帕波特（Giedd, J. N., Blumenthal, J., Jeffries, N. O., Castellanos, F. X., Liu, H., Zijdenbos, A., . . . R appoport, J.）（1999），《儿童与青少年时期大脑发展：纵向磁共振成像研究》（*Brain development during childhood and adolescence: A longitudinal MRI study*），检索自 http://www.math.tau.ac.il/~dms/Longitudinal/brain_MRI .pdf。
- A.哥尼克，A.N.梅尔佐夫，P.库尔（Gopnik, A., Meltzoff, A. N., Kuhl, P.）（2001），《婴儿床中的科学家：早期学习可以告诉我们哪些思维知识》（*The scientist in the crib: What early learning tells us about the mind*），纽约市，纽约州：哈珀柯林斯。
- J.霍金斯，S.布拉克斯莉［Hawkins, J.（with Blakeslee, S.）］（2004），《智能时代》（*On intelligence*），纽约市，纽约州：霍尔特书业；李蓝，刘知远译，中国华侨出版社，2014。
- 大卫·海勒，金伯利·威廉姆斯（Hyerle, D., & Williams, K.）（2008），

"认知年代中的双重评价：思维导图用于评估学科学习和认知过程"（Bifocal assessment in the cognitive Age: Thinking maps for assessing content learning and cognitive processes），摘自于拉里•阿尔法（L. Alper），《学生使用思维导图取得成功：学校范围中成功使用可视化工具的研究、成果与模型》（*Student successes with thinking maps: School-based research, results, and models for achievement using visual tools*），第204—216页，千橡市，加利福尼亚州：考文出版社。

- P.K.库尔，F.M.察奥，H.M.刘（Kuhl, P. K., Tsao, F. M., & Liu, H. M）（2003），"婴儿期外语学习经历，语音学习中短期接触与社会交往的影响"（Foreign language experience in infancy: Effects of short-term exposure and social interaction on phonetic learning），国家科学院（National Academy of Sciences），100(15)，第9096—9101页。
- J.皮亚杰，B.英海尔德（Inhelder, B.）（1969/2000），《儿童心理学》（*The psychology of the child*），纽约市，纽约州：基本书业；吴福元译，商务印书馆，1980。
- D.P.平克（Pink, D. P.）（2009），《驱动力：在奖励与惩罚都已失效的当下如何焕发人的热情》（*Drive: The surprising truth about what motivates us*），纽约市，纽约州：河源出版社；龚怡屏译，中国人民大学出版社，2012。
- M.普林斯基（Prensky, M.）（2005），《数字土著：他们的想法如何不一样》（*Digital natives: How they think differently*），检索自http://coe.sdsu.edu/eet/articles/digitalnatives//start.htm。
- C.雷米，F.坎贝尔，C.布莱尔（Ramey, C., Campbell, F., & Blair, C.）（1998），"提升高危儿童的生命历程"（Enhancing the life course for high-risk children），摘自J.克兰（J. Crane）《发挥作用的社会项目》（*Social programs that work*），第184—199页，纽约市，纽约州：罗素•赛奇基金会。（注：初学者项目网站更多统计资料详见http://www.fpg.unc.edu/verity/）

- A.谢弗（Schaffer, A.）（2004年10月15日），“头部悬案：罗珀与西蒙斯问青少年与成人的大脑有何不同”（Head case: Roper v. Simmons asks how adolescent and adult brains differ.），检索自http://www.slate.com/articles/health_and_science/medical_examiner/2004/10/head_case.html。
- 金伯利·威廉姆斯，拉里·阿尔法，大卫·海勒（Williams, K., Alper, L., & Hyerle, D.）（录用等待发表），《思维朋友：培养儿童思维的教师与家长指导手册》（*Thinking friends: A teacher's and parent's guide for developing thinking in children*），莱姆，新罕布什尔州：思维设计。
- R.泽文伯根（Zevenbergen, R.）（2007），“数字土著已到达幼儿园：幼儿早期实践的意义”（Digital natives come to preschool: Implications for early childhood practice），《幼儿教育的当代问题》（*Contemporary Issues in Early Childhood*），8(1)，第19—29页。

第四章　准则

编者按

在前两章中，丽莎·黛拉莫拉和金姆·威廉姆斯针对未来学校教育提出了颇具挑战的“连锁反应”观点，我们是否继续将学习目标建立在讲授和测验知识的基础上，即我们所谓的学科领域学习，却忽视了目前我们已经了解到的21世纪学习需求与神经学研究。试图改变这种陈旧观点的许多创新看似是孤立的：包括提出一个“新”项目，加大监管和评估教师的力度，缩小班级规模或学校规模，改善学生使用的技术，促进私立学校参与竞争和创新，将“以大脑为基础的”研究应用于实践，重视教师的“最佳实践”，基于新标准或“共同核心标准”研发相应的课程和学习单元，让教师担任领导职务。学校和制度希望实现上述创新，并且取得一些成就。但是这些试点、失误或成就通常只是与现有的21世纪学习模式进行对比，而不是深入探究全球教育迅速变化的景象。如果整个学校仍然主要关注“学科学习”，那么我们只是完善陈旧内容，而不是让学校向新模式转变。

替代方案是什么呢？英国艾克赛特大学荣誉教授鲍勃·伯登以职业生涯的大半致力于这个问题的研究。作为阅读障碍领域的世界领军人物，他的研究主要集中关注基于认知教学、学习和评价领域的演变。鲍勃的大量国际著作传达出对文化语境的尊重，认为文化语境是个人成长、课堂实践和整个学校变化的框架。鲍勃对思维的许多方面以及与思维相关的实际课堂方法的实践和理论进行了深入了解，这是我们对思维学校的全面定义和制定准则的基础。很少有人去尝试，甚至贸然定义看似散乱的内容。鲍勃对“是什么构成了思维学校”这个问题给出了确切答案。鲍勃提到的十四条准则可以应用于世界任何学校，这既不是样板，也不是清单，只是为希望绘制蓝图的学校提供反思性框架。这听起来很奇怪吗？事实上不奇怪，因为鲍勃还表示，认证过程是持续发展的旅程，而不是终点。

思维学校方法的准则

鲍勃·伯登

序

> 迄今为止，发展“思维学校文化”最大的好处体现在对小学生学习态度、学习动机和学习责任感的影响上。我们常常惊讶于他们思维共享，（老师）也不再假定小学生的学习能力。随着教师对放弃控制更加自信，让小学生拥有更多选择，能够越来越多地融入学习中。
>
> 你必须全身心投入，这是针对全校的方法，否则不会有作用……（Affley，第2页）。

21世纪的第一个十年成为全球学校课程计划和教学法迷你革命的开端。由于已经厌烦了国家课程设置的过多约束性要求和持续不断的考试这一不公正要求，许多英国及其他国家的教师已经意识到，认知学习方法作为改变基础教学的替代方案，具有转型的本质。马修·李普曼（儿童哲学）、爱德华·德·博诺（横向思维）以及鲁文福·伊尔斯坦（工具强化）等杰出人物的观点，曾一度被认为是教育思维论的“边缘”，如今越来越多的人认识到他们的观点是关于思维和学习之间基础联系的宝贵观点。

同样，美国哈佛大学零点计划团队得到大卫·帕金斯和哈沃德·加德纳（多元智能）的领导，受到阿特·科斯塔（思维习惯）和罗伯特·斯滕伯格（三元思想）著作以及其他类似思想的启发，他们提出的革命性理论，渗透到许多教育机构中，同时对国际文凭组织关于这些课程的改革产生广泛的国际影响。然而，所有这些杰出人物似乎都是单枪匹马，甚至可以说是缄默无言。

试图把思维技能引入学校并不新鲜。早在20世纪80年代中期，就有报告强调学校需要培养更多的独立思考者和问题解决者，这个需求在近年来不断出现在全球研究中。

从20世纪70年代晚期到90年代早期，美国一直存在“思维技能”运动，这股浪潮的高峰是皮亚杰的“建构主义”，这在《心智发展》（Costa，2001）一书中得到完整记录。这本成书涉及十几名教育领袖、大学教授和教育实践者，描述了他们对明确发展学生思维水平的理论、研究和实践。卡罗尔•麦克尼斯（Carol McGuiness）（1999）得到英国政府资助进行调查问卷，也得出类似结论，这表明将综合思维技能融入主流课程体系，是可行的。

然而，针对这些方法的有效性研究，充其量只能得到模棱两可的结果。“思维技能”这股浪潮分崩离析，典型场景便是“转型”教师最初的热情在他人的冷漠或彻头彻尾的敌意中逐渐退却。因为除了优质教学，还缺少确凿证据显示正式接受学习结果或长期采用认知方法，是改革学校的推动力。这些方法以及其他方法在某种程度上都体现在教师每天的实践中。因此，从某种意义上来说，加大对思维过程方法的研究和实践，产生的影响虽然不够深远，但是非常广泛。人们越来越意识到，包括情商和合作学习在内的多元智能，需要重视思维性情或思维习惯，通过概念导图或思维导图等可视化工具，使用一些图示法，支持不同学习形式。由于教师尝试让学生从元认知角度参与分析、整合、评价和思考的过程，使用布鲁姆的认知目标分类学作为设计课程的框架，并且向学生提一些超越他们实际能力的问题，是这项任务的核心。

那么，什么才是“思维”学习者呢?

鉴于历史背景比较短暂，我们有必要回答这个基本问题：什么是“思维”学习者呢？首先，让我们排除下面这个答案：根据定义，思维学习者指任何学习者，因为学习者不得不思考。实际上，学习和思考都是复杂活动，两者定义并不是特别清晰。更多学习是无意中进行的，也许我们无法意识到。但是本章节对此不做深入细致的研究。重点在于，与其他类型的学习相比，一些学习显然更值得推敲。例如，传统中以“死记硬背”的方法学习乘法表，如乘法或基础，与学习这些乘法表背后的原则进行比较。也许确实存在“仔细推敲”程度的不同，但这是一个愿望，以这样一个高端的概念，让强化思维学校和学习者的想法得到连续的支撑。

其次，在思维学校中培养思维学习者，能够共同分享低阶思维和高阶思维之间的巨大认知差异。在劳瑞恩·安德森（Lorin Anderson）对布鲁姆认知目标分类学（记忆、理解、应用、分析、评价和创造）的2001年修订版中，主要分类法在课堂中更为常用，即使没有明示。培养思维学习者的许多方法通常是先研究布鲁姆分类学，尽管很少有人记得这些是认知目标。

强调有意义地使用这类方案和术语非常重要，目的在于让学习者更加清楚地认识到教师提到的任务水平。例如，年幼儿童可能苦恼于“应用”或“分析”这种词语，但是如果这样问，“我们在这节课堂学到的知识是否对我们生活或思考方式产生影响呢？”或者“我们从这节课堂学到的知识主要内容是什么？他们之间如何相互联系呢？”这样可以较好地鼓励他们拓展思维。最后，不仅让学习者完成自己的作业或进行深刻思考，而且要让他们无论在学校体制内还是体制外，在面临任何新的学习体验的情况下，培养认知立场。

思维导图的语言和其他可视化工具广泛应用于重视学生思维发展的学校中，可以有效提高学生参与意识。这是其中一个例子。学生使用相互联系的信息，在纸上绘制图形，让八种基本思维过程进行可视化再现，每个思维导图清楚地定义基本认知过程，以及如何统一应用于阅读、写作和在各学科中的思考中。例如，观察类比（使用桥型图）通常具有创造性，尤其是将想法应用到不同语境中时；将部分和整体联系起来（使用括号图）

显然包含分析过程；描述事物的具体属性和质量（气泡图），利用这些特点作为标题（使用双气泡图）也包含分析过程，通过指导生成评价。每个导图的周围增加可视化“参照系”，为学生提供了具体工具和可视化元认知空间，来确认和探索影响他们知觉的事件，并从其他同学的观点，书本或网络上体现的，材料中发现的更多观点进行理解。

值得注意的是，本杰明•布鲁姆对于情绪范畴（情感意识和发展）和认知水平产生了浓厚兴趣，再次通过“评价”（兴趣体现或欣赏）到“描述特征”（根据特殊值或看法作为特点的一部分），对他们从低阶（“接受”或只是参加）进行排列。思维学校同样很重视这个范畴，目的在于培养小学生“对作业的浓厚兴趣，以积极态度面对学校，享受学习并对学习充满自信”（下文中十四条准则的第十一条）。人们甚至会说，思维学习者的这些价值和信念特征，构成了卡罗尔•德韦克（Carol Dweck）所谓的成长心态（Dweck，2006）。这些价值源于智力可以得到开发的观点，也就是说，大脑具有强大的可塑性。认知挑战是实现这一目的的手段；应对这些挑战贵在努力和坚持；积极看待错误和批判，并将之作为学习的机会。

培养这一领域和认知水平的另一方法是要重视科斯塔提出的十六种思维习惯（包括冒险精神、坚持不懈和开放性）。我们发现，阿塔•科斯塔提出的思维习惯模型被应用于许多重视思维的学校中，因为思维习惯模型称为学习者和老师培养性情方面的新词语，直接影响他们如何解决问题、如何协作、如何应对意义模糊的最新信息和问题。生活在网络通信高度发达的复杂世界中，不同国家、不同文化和讲述不同语言的人们通过短信、脸书和网络电话一起工作，这些性情是必不可少的。最近出版的《社会化大脑的力量：教学、学习和独立思考》（*The Power of the Social Brain: Teaching, Learning, and Interdependent Thinking*）一书（Costa & O’leary, 2013）针对独立思考这个思维习惯，全面研究在注重培养耐心、坚持、清晰沟通和同情心这些性情时，学生们应如何提高他们的思维能力。盖伊•克莱斯顿（Guy Claxton）提出学习阶段中八种个性力量和美德（包括想象力、勇气和实验法），这是实现认知过程和情绪性格共同支撑思维学习者的交集的另一个模型。儿童哲学模型包括批判和创造、关爱和合作思考，可以应用在专注“探究团体”中，其影响从学习慢慢扩散到课程体系。这些思想品德看似令人望而生畏，实际上以思维学校为目标的学校，已经将它们视为原则。他们开始明确讨论这些性情，自觉将这些品德作为群体内培养所有学生优质思维、完善相互依赖的协作思考的反思性指示。

显然，我们应该重视学习者展现批判和创造、关爱和合作思考的能力。不过，我们最终要重视反思性思维的实践。这是思维学习者的重要品质，将他们与被动学习者区分开来。反思性思考者/学习者能够积极独立反思学习过程和课堂内容。起初学习者只是发现自己喜欢的学习风格或模式，不过会逐渐加深对自我的认识，特别是自己的性情，并加深对学习团体中与其他人关系的认识。

学校可以从多个方面鼓励这种深化过程。例如，他们可以利用良好的人际社交教育/研发课程，注重“自我意识”的培养。

如果学校希望通过关注“思维”或“学习技能”的课程，深入探讨这些观点。最理想的方法是通过反思（或复习，与修订有所区别）能够在所有课程中占据一席之地，每位教师都能利用“等候时间”（或“思考、配对、分享”）来巩固学习的内容，并不定期反思学习过程。通过这些方式，学习者能够逐渐认识到在自我学习中的创造性角色。

简而言之，思维学习者的理想状态如下：认识到“学习”是为了自己（而不是为了父母或老师！）；不过，这种积极过程更多地涉及与教师和其他人持续合作，进一步形成更好的理解；最后随着提问、共享和反思等基本性情的发展，他们的理解会越来越精确。

艾克赛特大学认知教育中心在思维学校中的角色

艾克赛特大学认知教育中心建立于2005年，对思想研究存在若干目标。作为英国最具声誉的教育系，艾克赛特大学成为将思维技能引入未来教师课程的理想之地。同时，英国学校也希望获取认知专业发展及研究中发现的最新信息，成为集散中心，感兴趣的学校可以相互联系，分享观点和经验。最后，学校明确，要在大量学习和行为成果中，寻找评估这些思维方法影响的目标，从而帮助学校提高效率。最后这个目标引导我们开展研究，通过发现如何以及为何要将思维技能引入课程体系中，前途广阔却影响甚微。

我们首先分析这么多思维技能方案为什么要么有始无终，要么直接以失败告终，通过分析我们认识到，原因不仅在于项目、模式、理论或实施方法。经过五十多年对认知变化的出色研究，伊尔斯坦的结构化认知改变理论，成为认知变化所构建最为深刻的理论框架之一。其基础是李普曼的《儿童哲学》以及起源于杜威和苏格拉底的探究群体模式。大量实例研究表明，德·博诺的《横向思维》方法和《六顶思考帽》中创造性工具与技巧，在全球范围的商业组织和学校中取得了显著进步。阿塔·科斯塔和盖伊·克莱斯顿论证了重视性情的效力。大卫·N.海勒提出思维导图的认知过程模式，其成效已经得到各学校的大量记录，研究也已得到证实。如果这些方法是有效的，那么问题的根源在哪儿呢？

思维“项目”专注于教授儿童“学会学习”，我们认为阻碍项目顺利实施的原因完全在于制度。许多方法本身并没有错误，而是学校引入的方法存在问题。首先，吉奥吉德（Georgiades）与菲利莫尔（Phillimore）（1975）多年前曾提出“英雄创新者的神话”。在这篇具有极高影响力的文章中，他们指出创新通常由富有热情的个体提出来，也许是刚刚参加完会议或课程归来的教师，希望将自己刚刚得到的热情施加给反应迟钝的观众，包括持有怀疑态度的同事。用生动的一句话来说，作者们这样评论道，“组织者像恐龙一样，把英雄创新者当成早餐吃掉了。”（Georgiades & Phillimore, 1975）因此，失去支持和滋养，甚至遭遇到其他同事彻头彻尾的敌意，创新也就不可避免地失败了。在布拉格（1989）的研究以及伯登与尼克斯近期对学校将思维技能引入课程体系的案例探究评价中，这一点也得到了验证。在伯登与尼克斯的研究中，我们可以发现，通过解释性评价，一些关键因素阻止了思维技能方法的顺利实施。显然，尤其是在大型高中学校，专制型领导无法赢得教师们的信服，因此几乎必然会失败。如果主要利益相关者对于教学/学习过程的性质持有不同的观点，学生们可能会对他们接受到的矛盾信息感到困惑。同时，如果不具备高水平技能的教师，试图讲授思考技能和策略，那么学生不可能会被说服。

其次，英美两国对教师达到各种各样外在施加的目标（更加注重标准化测试结果）提出越来越多的要求，教师很少有时间和机会进行创造性课程规划，或者深入反思和创新。只有对注重规范化评估方式不断重复信息的国家课程体系失望时，教师才会泛泛了解一下以过程为主要方法的教学。然而尽管认知（他们常说的思维技能）方法看似可以提供更有前景的替代方法，但是孤立提倡思维技能项目的人们常常会浮于表象，认为他们能够提供所有传统学校所缺少的答案。虽然大部分方法、模式以及全面发展的项目为认知课程提供了特殊支持，但是人们通常没有意识到应该寻找相互补充的方法，而是相互排斥。这种观点是我们推动整体改革的中心任务。

因此，我们不能只关注于其中一个项目，而是要寻找整合高质量项目优势的方法。正如一位校长在思维学校发展的评论中写道：

> 整个学校成功的关键在于学校的思维技能方法。我们需要慎重讲授思维技能，将之融入学科教学中。只有通过研讨会分享优秀实践等内容的全面在职项目才能够实现（*Thinking Schools International, n.d.*，第3页）。

通过采取教授思维和“学习技能”的零碎方法，可能会让偶尔致力于思维的课堂成为橡皮膏一样的附属物，同时会给学生传达一系列矛盾信息。这就像教师一直使用“脑筋急转弯”作为一天中的终结活动，而不是明确彻底地重视思维发展的教学。很快那些最初热情洋溢尝试新“技巧”或新项目的人们，不禁也会质疑自己，如同不朽的佩吉·李（Peggy Lee）自问道，“一切就是这样吗？”

意想不到的方向会带来突破。对于学校效能和学校改进的文献研究，包括最早英国大学教育学院的迈克尔·鲁特尔（Michael Rutter）、彼得·莫蒂默（Peter Mortimore）及其同事的研究，后来特迪与雷诺［Teddlie and Reynolds（2000）］进行总结，迈克尔·富兰提出了学校效能和学校改进，他们对如何确定高效能学校以及如何实现学校宗旨，或多或少得出了类似结论。在高效能学校的相关优秀文章中，里德、霍普金斯与霍利（Reid, Hopkins, and Holly）（1987）提出以下几个关键因素。以课程为中心的强大领导力至关重要。学校应当组织井然有序，员工愉悦高效，拥有共同目标和主流价值体系，较好地参与到协作规划和实施过程中。内部职业发展常规培训对于确保优质最新教学也是非常重要的一部分。通过易懂的成绩监督制度，对每个学生的成绩定期进行反馈。鼓励学生加入学校的组织管理中，作为帮助学生与学校和教师产生共鸣的手段，从而树立相互尊重、积极的学习和行为特征的意识。另外，现实学习环境的质量（整洁、有吸引力、组织有序，并且不太拥挤）也需要认真被对待。丝黛拉·沃斯尼亚杜（Stella Vosniadou）在2001年为国际教育学会所作的一篇题为《儿童如何学习》的报告，作为这些发现的补充，提出了几个关键因素，包括成为积极的建设性参与的学习者，社会交往，有意义的活动，发展学习策略，实现自我管理和具备反思能力。

更值得思考的是，如何更好地实现这些目标。此处有许多有关学校改进（与之相比的是学校效能）的文献，提供了实现改变过程的许多有益观点（Fullan, 1993, 1999），但是很少有文献涉及课程体系的内在性质。正是因为认识到学校效能/改进文献中的课程和认知教育方法结合起来的潜在价值，从而产生了思维学校的概念。两种观点融合后，我们能够为构建思维学校进行定义，并制定学校为实现这个目标需要遵循的准则。

定义：什么是思维学校？

思维学校的定义如下：

> 作为教育团体，思维学校中所有成员共同致力于对发生的所有事情进行符合规律的细致思考。这个过程包括学习如何进行反思性、批判性和创造性思考，在建设富有意义的课程和相关活动中使用这些技能和技巧。成功的结果体现在:学生进行独立学习或合作学习的能力，取得较高的成绩以及学习愉悦与满足感所表现的一系列能力。优点体现在，群体中的所有成员相互交流，为其他人考虑，学生和教师都处于积极的心理状态。
>
> 为了实现这个目标，利益相关者（包括家长和学校管理人员）应该致力于实现学校整体目标和如何最好地实现目标，这是整体学校方法所必需的。对员工进行针对性培训，把方法引入教授思维技能和相关认知与元认知策略的课程中。广泛应用这些技能和策略，巩固课程所有其他方面，引导对于每个阶段人类交流的行为政策和期望，并且要维护一个良好的教学环境（Burden, 2006, 第2—3页）。

由此可见，这个定义包含许多必要内容。首先是群体观念，群体中所有人拥有共同承诺，这也是最重要的。在这种情况下，为了共同构建所学知识融入课程中，并与学生共同分享这些知识，学校的员工和与学校有关的所有人都应该努力进行思维学习以及了解思维与学习的关系。学习和行为密不可分，这些全新认知技能和知识可以渗透到学校各层次的社会交往和学习交流中。因此，无论哪种衡量方式，不仅要提高学业成绩，更要自身喜爱学习，自信面对学校内外的全新未知学习任务，尊重他人及其观点，具有积极的幸福感，这才是有价值的结果。

新西兰圣卡斯伯特学校的吉尔·哈勃（参见第五章：成为思维学校的

旅程）根据阿塔•科斯塔“学校作为思想之家”的目标以及英国红隼咨询公司中许多思维技能开拓者和训练者，已经提出了许多类似观点，我们与吉尔•哈勃一起努力，根据这个定义提出实现成功思维学校的准则。通过与其他已经进行思维学校建设的学校分享这些准则，思维学校评审的方法成为下一步继续研究的方向。我们建立了十四条准则，为学校提供了证明如何满足这些准则的机会。值得注意的是，每个学校提出了适合自己发展的大量行动计划，取得了与准则相关的成果，向我们团队进行反馈和建议。这些计划的制订依据衡量标准、遵循特定时间段和收集实现学校最初目标的证据。数年后学校实现了目标，会发送自己的成果进行评审、反馈和正式认证。随后认知教育中心团队的成员会拜访学校，采访教师、课堂助理、学校管理者、家长和学生，观摩课程和分享学生作业。最终结论反映既定标准是否实现，如果已经实现，那么随后的拜访更像是一场庆祝，与“诤友”进行对话，而不是进行视察或规范化评估。从某种意义上来说，这是整个学校与博学多识的外来专家一起分享他们成为思考、学习、关爱、共享的优良群体优势的机会。

结束该过程后，我们会完成一份关于学校的报告。随后是颁发证书和奖杯，以及三年内享有使用美国特殊教育学会标志的权利，三年后需要再次进行认证。因此这个过程并不是终点，只是标志着学校从重视内容学习向致力于所有学生、员工和管理者一生中探索如何进行转变旅程中的一步而已。

思维学校资格认证准则

下面详细介绍认证准则（见图4.1），选择原因以及证明它们符合要求的证据。在过去的十年里，这些准则得以应用，提供了建设思维学校过程的指导方针，而非直线性路线。这并不是清单，而是作为承诺的一系列行为和论述，不同文化和国家可以进行重新定义和解释。

图4.1　思维学校的准则

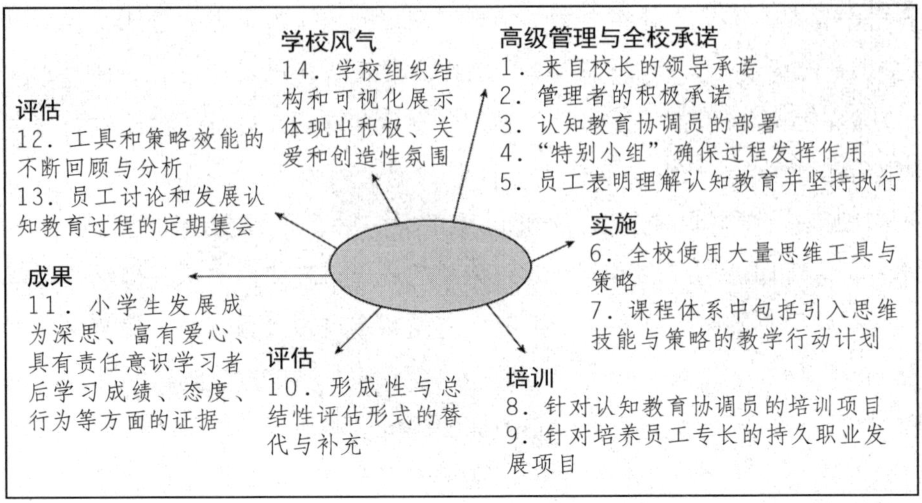

1．领导能力。校长需要对认知教育作出正式承诺，作为学校改进的手段，使之成为学校发展计划的中心内容。这是因为学校效能/改进的所有文献表明，领导能力在改变过程中具有重要地位。已出版的文章也表示，当前和未来的家长可以接触到学校，学校要向董事会成员或管理者汇报。在认知教育中心成员随后对学校的拜访中，也可以采访校长，探讨潜在价值和未来计划。

2．学校董事会。认知教育的承诺必须要得到学校董事会成员的明确支持。英国学校董事会成员统称为管理者，是对学校各方面运营最具责任意识的主体。不幸的是，如果管理主体不能认可认知方法的优点，而是不惜一切代价受到考试成果的驱使，通过信息传播和死记硬背来完成目标，那么富有激情的校长肯定会对管理者感到失望。为此，管理者提供支持的正式声明是必不可少的，同时还需要会议备忘录中管理者提供持续支持的材料，最好包括他们将如何掌握认知方法以及是否接受培训的承诺。其次，在认知教育中心成员的拜访阶段，如有可能，有必要对一位或两位其他管理员进行采访。

3．协调员。每个学校需要一个受人尊敬的领导者，作为认知教育协调者的指定人员，进行组织和监督认知教育发展议程的实施情况。这种做法原因如下，首先，校长担任这个角色不切实际，但是如果学校不认为这是个颇有威望的职位，尤其在一些大型学校，研究表明，为了适应竞争需求，认知议程会很容易被破坏掉。我们会评估指定人员的背景和经历细节信息，尤其是他们以前和现在接受不同认知方法的培训情况。认知教育协调者（名称可能不尽相同）有责任为思维学校如何实现既定的认知准则提供证据。

4. 特别小组。认知教育协调员任命后的第一个任务，便是从大型学校的课程学科中，成立特别小组，或者与同事们组成小团体，确保全校沟通与合作正常进行，确保员工探讨和思维技能与策略教学可以通过级联模型来实现。英国对所有学校要求，教师每学期接受一定数量的学习，进行员工内部培训，这表明认知教育可以成为职业发展会议的常规内容。这可以帮助英雄创新者克服危险，对于形成一批以认知为主并发挥关键作用的坚定员工来说，这点至关重要。此处可以采取列举名字和角色的形式，记录内部会议、探讨和规划会议的细节。

5. 全校设计。这条准则可以适时引导大多数学校员工，包括学习后勤助理，明确理解思维学校的含义、为何这样建设以及如何为之作出贡献。应该通过他们的教学法、所布置任务的性质以及学生完成作业的质量来体现。最终应该展现出有关各学科领域和话题的学生作品，以及他们能力范围内的示范作品。

6. 模型/项目的实施。实行认知课程可能最先通过主要认知项目考试的方式。这就要求三年期间至少采用两种方法、模式或项目。这个过程在某种程度上涉及试错法，即通过决定放弃一种项目，来选择更符合学校宗旨和行动计划的项目。（说明：这种情况下，项目是指学校确定一种基于研究和符合实际的模式、方法或理论指导框架，在全校系统实施，融入学校的日常生活中。这个项目不是简单的附加活动或“最佳实践”，也不是孤立僵化的课程，独立于课堂和全校活动的流程之外。这个方法的出现并不是单纯为了提高教学，而是以学生为中心的清晰设计，这样学生能够熟练使用这种方法）在本书写作之时，英国最受推崇的项目是David N. Hyerle

的思维导图、爱德华·德·博诺的六顶思考帽、马修·李普曼的儿童哲学、阿塔·科斯塔的思维习惯、盖伊·克莱斯顿的构建学习力。然而这些项目都不是必要的或是足够的，每所学校会根据对自身情况的研究得到特定方法，融入课程中，这会不可避免地包括一些“本土”活动。

> i. 学校倾向于开始的顺序不同，但是没有学校完成认证，这说明所有项目符合以认知为主课程的全部要求。起初至少有两个项目，但是学校发现，随着他们逐渐自信并基于本校专长且擅长能够开始采用一些补充性课程，例如阿迪和夏恩（Adey and Shayer）提出的“通过科学教育促进认知”“通过数学教育促进认知”和“让我们思考”项目（由纽卡斯尔大学构建，通过历史、地理等学科进行思考），或者是研究自己本土的方法。对利用或放弃不同方法的过程和原因应当进行详细记录。

7．行动计划。上述都应该成为认知教育小组规划行动计划中的一部分，获得校长和管理者的支持，并与每位员工进行分享，包括后勤人员、园区助理和物业主管。由领导者小组构成的助力团队，包括代表学校不同专业的教师，对于发展这个计划和一段时期内评估综合方法来说是必不可少的。

8．发展专长。认知教育协调员需要受到高度培训，对一些可以利用的项目和详细技巧充满信心，并且能够将发展专长作为自己角色中的持久内容，这显然是非常重要的。这个职位的人只参加某个特殊技巧的初级培训课程，就希望一蹴而就，是远远不够的。因此，必须要制定协调者长久的职业持续发展项目细节，包括如何与当前思维和教学法保持一致的细节。

9．职业持续发展。应当鼓励所有员工参加外部课程，接受内部团队和外部高级专家的持续培训。这些培训及其结果的记录报告也可用于群众监督。

10．选择性评价方法。将认知方法融入课程体系，便有了选择性评价形式和结果的假设；关于学习的形成性评价是传统评价学习结果的准则。我们也希望重视学生的自我评价和同伴评价，作为常规评价体系的一部分。大多数学校发现安德森对布鲁姆分类法的修订为选择性评价提供了优秀框架。思维学校也考虑评价学习结果的选择性和互补性方式，如提高学生自尊、增加学习乐趣和提高教师在教学中的满意度。

11．证据。每天结束时，要求学校证明学生进行积极学习的结果、态度和行为，表明学生成为深思熟虑和有责任意识的学习者，能够清晰表达思维技能和策略如何成为学校的重要部分，以及为什么成为学校的重要部分。这个可以通过学生作业的质量，对待作业的兴趣、对学校的积极态度，对学习的喜爱和信心，良好的出勤率与行为记录，恃强凌弱现象的明显减少和学业测验成绩的提高体现出来，显然这是非常有必要的。上述大多数证据都可以通过参观评价学校的过程中获得，虽然对学生个人和集体的采访非常重要，但也需要认真记录关键事件和其他的改变迹象。

12．持续成长。很少能够有创新人士从始至终顺利完成。实际上，成为认证思维学校，并不是旅程的终点，只是漫漫长路上的重要时刻而已。这意味着，需要不断评估思维项目的效能和用以培养学生元认知与广泛思维策略的工具。思维学校会一直注重提高儿童学习的其他有效方法和评价方法。

13．参与。全校方法这个词名副其实。此处我们需要所有员工得到鼓舞后定期参加思维过程研究的讨论，并提供如何维持并改善思维的证据。在资格认证的访问过程中，所有员工（包括学生）对认知方法具有显而易见的热情并认识到认知方法优秀的能力，这是表现参与度发挥良好作用的重要特征。这也可以应用到对新员工的招募以及引入该项工作中。

14．校风。以上所有准则通过向所有利益相关者和访客展示积极、关爱和创造性的氛围，都能够体现学校的整体风气，同时表明学校已经仔细斟酌组织结构和可视化展示。这可能也会体现在被用来装饰学校的学生作业和作品的展示中，接待访客的方式和人们办理事务时感受到的方式中。

评估成果：调查结果

截至2013年7月底，来自英格兰、威尔士、北爱尔兰、澳大利亚、泰国和新西兰等国的九十多所学校成功通过了认证。小学与中学数量比例为5∶1，但是代表了各个阶层的社会经济和文化背景。有些学校较小，只有三个老师，其他学校在校生超过1000人，教师超过100人。中学学校里有四所学校是单性别学校，三所是综合学校。几乎所有学校都是公立学校，其中约1/4是以信仰为基础的学校。

2013年，艾克赛特大学认知教育中心根据对55所通过认证的思维学校的调查，发布调查报告，这些学校对我们的反馈要求进行了回复（见附录）。总之，最初结果非常鼓舞人心，因为根据学校的报告，对学校产生的积极影响占绝对优势，学业方面不断取得成就，教学质量提高。很多学校积极反馈了全校方法的重要性。

调查注重以下五个关键领域：

1. 认证学校对思维学校方法的满意度。
2. 学术成就。
3. 思维学校采取的国际思维学校方法（如思维导图、思维习惯和儿童哲学）。
4. 思维学校方法的评价方式。
5. 思维学校方法的主要好处和存在问题。

关键发现小结

- 认证学校中，100%的小学和87.5%的中学对思维学校方法感到满意；没有学校不满意。
- 90%的认证学校表示教学质量得到提高，没有学校发现教学质量受到不利影响。
- 89%的学校表示，思维学校方法提高了学习成绩，3.5%的学校认为无法提高学习成绩。

- 报告显示五大国际思维学校项目卓有成效。
- 82%的认证学校希望对他们的评价方式提供更多支持。
- 利远大于弊。

我们仔细观察调查结果时，发现学生自信心、参与度、合作学习，尤其是“学习反思”方面最高成就。绝大多数学校也表示，课堂上教师提问和学生提问技能得到提高。当然，这些结果的强有力指标因为测试成绩的量化报告而蒙上阴影。89%的受调查学校表示，与改善程度的直接联系是重点。正如一位校长所说：

> 在最后一次检查报告中，我们学校（卡迪夫高中）获得了七个一等，成为最多的一等学校。在对我们一年的检查中，我们学校在威尔士高中学校中获得了最高比例的一等课程，很大程度上归因于我们思维技能方法……虽然我们的学生各式各样，比较聪明，但是在过去的十年里，我们的考试成绩还是逐年攀升。（Thinking Schools International, n.d., 第2—3页）

除了我们的调查，英国教育标准局也对思维学校进行评估，并作出详细报告。英国所有学校接到教育标准局小组的全面检查通知后，就要立即接受检查。检查通常较为广泛，侧重学校组织的各个方面，依次划分为优秀、良好、合格与不合格。根据学校整体效率，持续发展的能力，学生学业成绩与学习进步的质量以及学生是否喜欢学习，是否有安全感，是否表现积极，是否为学校和群体做出贡献，是否为将来经济保障培养职场技能，和他们的道德、社会和文化素养等方面，对学校进行排名。同时也会评估教学质量，包括使用支持性学习的评估实践与爱护、引导和支持的效率。最后，领导能力和管理的效率，与家长的互动，管理主体在鼓励机会均等和培养团体凝聚力的效率也会得到评估。统计显示，在接受检查的学校中，9%的小学和13%的高中学校被评为良好或优秀。绝大多数的学校很快达到思维学校状态，被评为优秀学校（60%）和具备优秀潜质的良好学校（27%），许多学校为学生学习的认知方法做出特殊贡献，在以下引用教育标准局发布的报告中得到充分说明（详见http://www.ofsted.gov.uk/schools），每个报告由不同的评估小组进行提交。

> 比奇伍德小学提供出色的教育质量。无论是在鼓励儿童换位思考还是独自思考事情方面，思维学校的身份是学校工作的核心。
>
> 这个非常成功的学校（圣米歇尔小学）完全符合自身挑战性宗旨宣言的目标，成为一个“创造性思维学校”，让每个学生收获不一样的教育体验。
>
> 整个学校（曼诺小学）中学生的问题解决技能和创造能力，与他人合作的意愿以及如何提高自身学习和成绩的意识，都具有优秀特征。
>
> 学校（圣玛丽小学）的杰出特点是重视“思维技能”。这对教育学生如何有效学习来说非常重要，并使学生取得进步，且为中学及以后生活做好准备的重要因素。

二次发展

我们调查的其中一个发现是被调查者对于从最新评价方法中获得更多支持，产生兴趣，进而推进他们建设思维学校的目标。目前此项研究正在寻找监督和记录一系列潜在结果的方式和证明认知教育带来好处的方式。认知教育中心针对这项任务，进行了大量问卷调查，包括“我作为学习者”测评和“我作为思考者”测评，分别来衡量学生对接受中介质量的思考和教师对思维导图和其他引入课堂方法带来影响的思考。在本书写作时，从进行这些测评的学校中收集大量数据，尚未分析完毕，但以下几个结果非常明显：1. 还有很多改进、成绩提高的空间；2. 董事会对学校和学习的态度是积极的；3. 恃强凌弱和消极行为完全不存在。

所有通过认证的学校中，90%以上的教师和后勤人员所表达的态度反映出他们对自己的职业感到非常满意和愉快。

虽然这些结果非常振奋人心，但我们知道，建设思维学校的旅程没有终点。最初认证仅有三年有效期，三年后学校需要证明它们继续推动重视教学过程转变的追求，在信息传播主导的今天，这种重视远远不止一个。许多学校已经在达到最初资格阶段后，开始寻求再次认证，只有三个学校中途退出。鉴于认知教育中心承担了发现如何确认学校是否继续推进建设的任务，这些学校开始陆续提出高级思维学校观点（参考理查德•科埃在第六章描述学校接受高级思维学校认证）。除改善董事会的学术标准和提高出勤率和学生、家长及教师的满意度以外，目前正在考虑的一个重要准则是通过问卷调查和本土研究项目，发现学生、员工及父母响应的证据。

另一个正在形成的准则是，学校如何能够较好地“传播观念”以及在本国和全世界如何影响其他学校接受这些观点。换个角度来说，学校能够应用思维学校方法，从实践和哲学性质的方面来考虑更多与全球性问题相关的“重大问题”。近期，国际思维学校协会正在组织同样进行思维之旅的学校，筹建全球范围网络，开始使用现代数字科技分享观点和经验。因此，学校利用现代科技进行探索和发展，成为他们思维之旅的一部分。

由于本身就是不断变化中激动人心的教育运动，利用过去实践和方法形成一系列新观点，所以要求太多是不明智的。许多所谓的教育革命最终销声匿迹，几乎没人记得它们。全校认知教育方法至少目前仍然还处于起始阶段。关于积极结果的“确凿”证据能够避开反对者和旧制度提倡者，但是下面所引用的卡迪夫市湖边小学校长的言论，对这条道路的反思，毫无疑问表达出学校的效率理论：

我们学校开始着手实施一系列“思维学校”指导下激动人心的举措。这项工作涉及所有儿童及其家长、学校管理者与员工，展现出共同协作的价值，在学校内创造一个反思、成长和完善实践的生态系统。它帮助我们将卡迪夫湖边小学提升为自信热情学习者的集体……

对于我们作为“思维学校”的认证是个振奋人心的过程，充满了挑战和变化。充满变化是因为教师需要采用新的教学工具，发展自身知识和技能；充满挑战是因为教师角色要从信息传播者转变为儿童理解的促进者。他们需要从以前的“站在讲台上的圣人转变成为站在身旁的指导者”。（Thinking Schools International, n.d., 第1—2页）

问题探究

鲍勃·伯登提出十四条准则，作为基本标准供学校使用，决定它们发展思维学校的程度。你能为此提出其他准则吗？

如果成为思维学校不是对当前主流模式的彻底背离，那么我们如何在本地和全球使教育概念化，会发生什么样的关键性转变呢？

当今世界我们所见的主流趋势是什么呢？伯登对思维学校的愿景如何解决甚至预测这些新生力量呢？

“全校”方法能够引发革命性的变化，这说起来很容易。除了具体程序化的决策，我们应当采取什么方法，让“全校”方法切实使学校成为思维学校，而不是仅仅加强现有范式呢？

参考资料与相关阅读

- P. 阿夫利（Affley, P.）（无日期），《基督国王小学：我们的思维之路》（*Christ the King Catholic primary school: Our thinking journey*），检索自：http://www.thinkingschoolsinternational.com/site/wp-content/uploads/2011/12/Christ-the-King-Catholic-Primary-Sch0011.pdf。
- L.W.安德森，D.R.克莱斯万，P.W.艾亚森，K.A.克鲁克香克，R.E.迈尔，P.R.宾特里奇，M.C.维特罗克（Anderson, L. W., Krathwohl, D. R., Airasian, P. W., Cruikshank, K. A., Mayer, R. E., Pintrich, P. R., . . . Wittrock）（2001），《学习、教学与评价的分类学：布鲁姆教育目标分

类法修正》（*A taxonomy for learning, teaching, and assessing: A revision of Bloom's taxonomy of educational objectives*），纽约市，纽约州：艾迪生-韦斯利-朗文公司。

- N.布拉格（Blagg, N.）（1989），《我们能否讲授智力？》（*Can we teach intelligence?*），西尔斯代尔学院，新泽西州：劳伦斯•艾尔伯。
- R.L.伯登，S.L.尼克尔斯（Burden, R. L., & Nichols, S. L.）（2000），“向高中课程体系中引入思维技能项目的过程评价”（Evaluating the process of introducing a thinking skills programme into the secondary school curriculum），《教育科研论文》（*Research Papers in Education*），15(3)，第293—306页。
- A.L.科斯塔（Costa, A. L.）（2001），《培养思维：教育资源的思维（第3版）》（*Developing minds: A Resource book for teaching thinking (3rd ed.)*），亚历山大市，弗吉尼亚州：监督与课程发展学会。
- A.L.科斯塔，P.W.欧里尔（Costa, A. L., O'leary, P. W.）（2013），《社会性大脑的力量：教育、学习与依附思考》（*The power of the social brain: Teaching, learning, and interdependent thinking*），纽约市，纽约州：教师学院出版社。
- C.德威克（Dweck, C.）（2006），《观念：新型成功心理学》（*Mindset: The new psychology of success*），纽约市，纽约州：兰登书屋。
- 迈克•富兰（Fullan, M.）（1982），《教育改革的新意义》（*The meaning of educational change*），纽约市，纽约州：教师学院出版社；武云斐译，华东师范大学出版社，2010，第4版。
- 迈克•富兰（Fullan, M.）（1993），《变革的力量：透视教育改革》（*Change forces: Probing the depths of educational reform*），中央教育科学研究所译，教育科学出版社，2000。
- 迈克•富兰（Fullan, M.）（1999），《变革的力量：系列丛书》（*Change forces: The sequel*），伦敦，英国：法尔莫出版社。
- N.吉奥吉德，L.菲利莫尔（Georgiades, N., & Phillimore, L.）（1975），

《组织变革中英雄创新者神话与替代性策略》（*The myth of the hero-innovator and alternative strategies for organisational change*），摘自C.基尔南，E.P.伍德福德（C. Kiernan & E. P. Woodford），《重度智障儿童的行为修正》（*Behaviour modification with the severely retarded*），阿姆斯特丹，荷兰：科学出版社。

- C.麦克尼斯（McGuiness, C.）（1999），《从思维技能到思维课堂：审查和评价发展小学生思维方法》（*From thinking skills to thinking classrooms: A review and evaluation of approaches for development pupils' thinking*），诺里奇，英国：教育就业部。
- K.里德，D.霍普金斯，P.霍利（Reid, K., Hopkins, D., & Holly, P.）（1987），《成为高效学校》（*Towards the effective school*），牛津，英国：布莱克威尔。
- C.特迪，D.雷诺（Teddlie, C., & Reynolds, D）（2000），《学校效能研究国际手册》（*The international handbook of school effectiveness research*），伦敦市，英国：法尔莫。
- 国际思维学校（无日期），《英国思维学校高级领导人的见解》（*Observations from senior leaders of Thinking Schools in the UK*），检索自http://www.thinkingschoolsinternational.com/site/wp-content/uploads/2011/12/observations-from-senior-leaders-of-thinking-schools-in-the-uk.pdf。
- 丝黛拉·沃斯尼亚杜（Stella Vosniadou）（2001），《儿童如何学习》（How children learn），《教育实践系列7》（*Educational Practices Series 7*），布鲁塞尔，比利时：皇家科学、文学和艺术学院，国际教育学会，检索自http://unesdoc.unesco.org/images/0012/001254/ 125456e.pdf。

第五章　旅程

编者按

前面几章重点讲述了思维学校的背景、演变、定义和准则，鲍勃•伯登注意到，有个学校作为早期范例，学校中所有教育者在一段时期内都非常重视思维，并把思维作为学习群体价值观的中心。本章就是关于这个学校的故事，详细讲述了它成为思维学校所经历的漫长旅程。

吉尔•哈勃是新西兰圣卡斯伯特学院的主要领导人之一，他所讲述的这个故事，起始于1992年，一直延续到2003年年初。这所学校长达十年的转变过程一直持续到今天，让人诧异的是，这所女子中学曾经在新西兰全国排名靠前，但是通过对“高分”毕业生的调查和采访，他们发现，在这些已经上大学的毕业生中大多数曾经名列前茅，但是大学成绩表现一般。许多学生也表示，她们感觉在某些方面不能独立思考，接受课程的研究挑战。她们的成绩大多在75%到85%之间，但是很少有学生冲进90%。为什么会有这种差异呢？学校领导和老师随后逐渐确定推动探索的新方法，直接帮助学生进行深入思考、独立思考和自主思考。

正如你所看到的，他们的确进行了探索！然而最初几年的尝试为希望进行学校思维变革的人们提供了很少值得学习的课程。虽然个别老师利用新方法进行试验，学校也提供了许多重视教学技巧的职业发展机会，使教学有所提高，但是对全校范围内学生及其成绩没有产生明显作用。教师更加了解方法，但学生并没有系统地学习策略或模式，也没有将这些策略或模式自动转化到日常任务中。

结果如何呢？正如下面故事中提到的，直到20世纪90年代晚期，圣卡斯伯特学院开始关注曾在课堂进行试验的几个较好模式：思维导图和思维习惯。促进所有员工开展更为深入彻底的职业发展，目的在于重视学生熟练使用两种模式以共同发挥作用。最重要的是，学校并没有只是依靠这些模式的实施，他们开发了自己的设计，使思维的观念成为学校定义的核心，这反映出他们能够认识到这个过程需要随着环境、性格和校风发生转变。读者将会看到他们的学生通过内部网络可以接触到“双重过程”技巧、元认知教学计划、多元智能/差异化教学活动，全校重视儿童哲学方法中的探究技巧。这表明学校在一段时期内不仅实施有效模式或方法，还进行了自主创造全校系统的综合实践的过程。

读者应该也会明白，因为这些艰辛努力和漫长过程中的改变，圣卡斯伯特学院对传统评估准则中成绩的衡量产生了积极影响，而且在一段时期内国内排名位居前列，因此表现出下文所提到的重视思维能够提高学生思维能力。

学校第一次审视自己，希望发现问题和找到适合自己的答案，同时设法得到外部支持，与其他学校和该领域的专家进行沟通，通过密切关注学生需求形成适合自己的思维学校设计。教学实践、领导实践和学习实践发生重大改变。这便是为什么鲍勃·伯登参考以下详细描述的经验，作为自己思考采取这种途径过程的关键。学校必然也希望激励参与建设思维学校的全球教育者。

成为思维学校的旅程

吉尔·哈勃

我一直考虑，所有学校都能够通过多种途径，有条不紊地自觉关注所有学生的认知发展和批判思维发展，从而成为“思维学校”。本章中所讨论的新西兰女子学校——圣卡斯伯特学院，首先对一系列思维策略和方法进行试点和评估，最终认识到通过思维导图的引入、培训和实施，能够从总体上提高对认知策略的理解基础。我在担任学校副校长以及后来的研究员和顾问时发现，这种理解基础可以促进其他策略的应用，实际上深化了各种综合研究方法。经过一段时间，教师和学校能够自主选择最佳策略，来适应特定目的。学生独立使用思维导图只是成为思维学校长期目标的起点，而不是终点。在过去的三年里，通过艾克赛特大学认知教育中心的协调，思维导图被引进到英格兰几十个学校中，完善了他们对21世纪学校重视广泛思维过程定义的演变。

圣卡斯伯特学院已经研发了许多学习方法，但通过思维导图获得对思维认识的扎实理解一直尤为重要。其他互补性的方法包括行为领域中科斯塔与考力克的思维习惯，重视布鲁姆认知目标分类学，以更复杂的方式向学生解释思考所需要的步骤。另外，学校很重视哲学。最初这缘于马修•李普曼教授研究的儿童哲学项目，但现在对于提问、建立论据、逻辑思维和横向思维、做出假设、形成概念和伦理思考都给予了大量课堂时间。同时特意留出时间，利用手机和互联网、博客讲授各种各样的技能，这样可以使学生在课堂外同样使用思维导图和其他策略。这使信息技术部门迅速扩大，以处理学生回复，在复杂灵活思维群体中把教师和学生联系起来，让他们回应并尊重彼此的想法。

这所学校采取的途径导致所有事情的开展围绕以完成所有任务为中心的学习和思考。由于学校提供的所有机会在某种程度上为拓展学生思维而设计，所以学校团体将自己视为思维学校。

开始漫长旅途

20世纪后半期，我们学校开始了革命性进程，希望群体中的学习者最终能够超越思维技能的“隐性使用”。通过研究、实践、个人发现和大量内容丰富的谈话，我们多年来致力于思维导图语言的应用。近年来，我们认为学校已经实现了对这些工具的“反思性应用”，即包括反思和评估在内的复杂元认知使用（Swartz & Perkins, 1989）。我们开始相信，如果我们的学生作为思维导图的反思性使用者发挥作用，是否可以提高她们所有思维技能，鼓励自主思考和合作，这对于一所民主社会中的学校即使不是基本条件也是相当重要的。

传授思维技能，能够提高学生所有思维技能的发展（如人们可以发现和教授自主决策所需的技能），这是清晰的思维教学中蕴含着的假设。从狭义上来讲，讲授思维技能策略和工具，测试学生认知综合技能，并让学生掌握应用这些技能解决问题的能力，这是行得通的。从广义上来讲，过去几十年中许多思维技能运动的教育者和研究人员认为直接讲授思维是可行的，而且也是下一步为解决跨学科问题和终身学习，向思维技能转变并深入学科领域教学演变的必要步骤。我们的故事是一个学校希望直接传授思维技能和明确转化至内容领域两者兼而有之。

圣卡斯伯特学院是一所特殊的独立女子学校，包含12个年级，共有1 500名学生，年龄在5岁到18岁之间。学校不仅希望提供包含学业、体育和优秀文化在内的出色教育，还增加了性格和价值观教育。因此，长期培养思维技能的系统充分使用，最终帮助我们使用思维导图，需要持续重视和坚持关注这个目标。

所有相关人员都迫切期待，我们能够为个人需要提供促进成功和个人成就的态度和技能，培养自主选择大学和课程以及高等教育学习的毕业生。家长希望学校能够保留传统，同时具有创新性。经过演变发展，我们已经从夸大学习成绩的优质学校，转变成为重视发展优质思维的真正学习组织。在这个过程中，优秀的学业成绩让我们在新西兰再攀高峰，但是这阻碍深入理解的发展能力，我们通过成为思维学校，希望理解心智如何发挥作用并珍惜内在满足感。

第一阶段：发现太多可能性

1992年，员工和管理者围绕以下问题对学校教育进行检讨，开启了思维学校的旅程。这些问题是：我们希望这里培养什么样的学习者？她们应该具备何种行为、态度、技能和知识呢？我们一直希望学生成为能够终身独立学习的成年人，能够积极应对人生环境和问题，直到发现解决方法和答案。学校曾经制定一些规范，比如要求教师写出一流的教案。他们需要为学生提供教材、讲解、进行测试，总之要给学生提供学习的机会。学校应当重视知识传播，还期望学生学习和记忆所有这些宝贵知识，这样她们可以在全国考试中取得成功。

虽然我们学校在高中考试的全国排名不错，但是有些员工担心我们教学方法培养出来的毕业生是依赖性学习者：学生具有出色的记忆能力，能够广泛阅读和努力学习，她们的作业认真细致、井然有序，却缺乏想象力，并非原创发明，不敢冒险。事实证明，我们培养了许多成绩在75分到85分的优秀学生，但是几乎没有能够达到大学奖学金水平的90分位的。我们认为有责任改变自己的学生。1992年我们开始这个项目，希望能够引导我们学生成为自主学习者。

首先，我们列出自主学习者拥有的所有品质。从这个列表中可以看出，高效学习者具有一些可以用以完成作业的内在策略。后来我们探讨以下问题，希望能够实现创造我们描述的学习团体所需要做出的改变：

- 这如何改变我们的教学实践？
- 这如何改变学生的自我教育方式？
- 如果我们的目标是“更好地思考”，那么学生需要什么技能或策略呢？
- 从专注于思维、学习和最佳教学实践的理论家和实践者中，我们应该使用哪种理论模型呢？我们应该选择哪些策略呢？

截至1992年，希望鼓励学生进行深入独立思考的老师们，可以使用一些振奋人心的策略、方法论、框架和项目。我们一部分员工通读所有文献，参加优秀实践的相关课程。问题很快凸显出来：太多可能性。每个老师参加课程或读到其中某本书后，就会来到学校，满怀热情地试验新观点。这种情况随处可见。在各个年级中，可以发现许多教师实施爱德华·德·博诺的CORT项目、思维导图、多元智能与学习风格的这些过程。

这些对我们老师来说都非常振奋人心。我们在1993—1994年期间为全体员工召开了多次个人发展培训的会议，其中一些教师已成为某个领域的专家。然而截至1994年，我们的确在个人教学实践中取得巨大变化，但是对全校学生的影响并不大。所有个体学生能够从创新型教师那儿获取优秀课程，但无法确认自己使用的策略，也不会应用。另外，学生思维结构或习惯可能仍然保持不变，并且学生常用的一些策略并无系统化的发展，不能更有意义地完成作业。我们也非常清楚，这些过程中缺乏概念转化或策略内化。

第二阶段：重视转化和“双重加工”

作为员工，我们决定把注意力集中到转化上：我们可能都会关注策略的选择，同时向学生讲授所有学科，加以实践，并清晰地辨认出来，这样学生能够明白转化环节，并在不同情况下如何有效使用。我们从不同项目中选取了一些课程，相信学生通过不同方式处理工作，获得对学科的深层理解。我们将这个过程称为“双重加工”：如果课堂中涉及线性形式的注释，那么这些线性形式的注释可以用于后续事项。这个阶段中，我们所使用的组织图通常是鱼骨图、维恩图、序列框和思维导图（或概念构图）。我们都没有通过认知功能将这些广泛而又零散的图形真正结合起来，因为员工使用这些图形，来检索课堂或作业中的学科信息。他们曾按照惯例告诉学生：填充完整。

1998年，我们再次审查了我们的思维项目。虽然完成了许多事项，但是思维项目在某种程度上仍然看起来像是针对员工的个人发展项目，用以提高教学策略，而不是针对学生自主学习的清晰发展。难道我们做错了吗？良好教学能够提高所有学生分数，但是对我们而言，我们并不是要一刀切。我们再次引用了科斯塔（1991）关于学校是思维之家的目标作为参考论点。这个目标指出，学校群体中所有人共同协作，让思维成为完成每件事情的中心方式。我们需要所有人都使用全校的统一的沟通方式，可以在更深层次上建立在5岁到18岁的年龄段之间。我们拥有独特的机遇，起初介绍优秀的思维技能，然后用许多年来培养这些技能，这样一来它们就能发挥作用，但是我们应该使用哪种方法，实现这个过程呢？

第三阶段：使用统一语言团结学校

1999年，我们决定展开年度研究，感兴趣的员工可以调查形成高效思维项目基础的各种方法、项目和策略。我们从批判性、创新性和情感性领域关注思维的主要要素。思维导图似乎成为关注八种认知过程和使用元认知发展参照系的完美方式。我们的挑战在于让员工和学生把这些导图作为高效思维过程，综合起来形成语言，而不是孤立的组织图。我们的目标是在3—5年讲授并实施这些过程，这样学生可以利用一些策略。

第一年：1999年引入思维导图

针对圣卡斯伯特学院中12个年级的教学需求，引入统一的可视化思维语言，是件宏伟的事业。我们在三年实施周期中选择引入思维导图，通过起先在非课程背景下讲授思维导图的使用。研究（Perkins & Salomon, 1989）表明，除非明确教授思维技能，否则无法自动获得思维技能，所以我们选择这种引入方式。这种形式化方法由所有人共同完成，也是员工所期待、计划和同意的。通过最初培训后，教师分组进入不同部门，查明学科和单元内部的使用，随着信心增加，开展后续会议予以支持。他们最初观点狭隘，认为单独的导图可以发挥作用，后来发现多个导图可以共同发挥作用。而且我们鼓励教师关注学生在课程设置中如何使用思维导图以获得自信和经验。

我们也建立了思维部门，雇用了一位思维协调员来管理项目，使用六步教学法编写课程：1. 标注策略（认知技能与导图）；2. 解释目的；3. 练习（提供练习经历和反馈）；4. 转化（应用到不同学科语境中）；5. 评估以及6. 反思。教师的态度非常关键，并且经过证实，教师需要自信心和精心准备，才能在课堂上成功讲授策略。

虽然小学教师和学生积极对待思维导图方法，但是一些中学教师具有保守倾向。中学教师对非课程背景下的教学技能没有信心，他们不喜欢为了概念转化重点制造“模拟或强制”机会。反之，一些中学生对需要单独学习思维导图产生质疑，因为“老师不管怎样都会在课堂中教我们如何使用导图”。这些年龄较大的学生表示，“我们已经知道如何思考，并且不需要你们来告诉我们。”总之，具有说服力的教师相信他们教授的过程能够产生效果的话，情况就会容易许多，而如果教师自己对把思维工具融入课程中也缺乏信心的话，那么就会非常困难。

尽管面临这些困难，我们最终还是实现了目标，向学校的每个孩子明确介绍了思维导图。学生可以根据需要在一些情况中使用所有导图，并且能够完整灵活使用。大部分教师模拟元认知过程时表示，“我需要分析这个信息——你认为此处使用哪种导图比较有效呢？”因此，我们能够更好地选择导图并且灵活使用，另外进行决策或介绍观点时也会使用一些导图。

我们认为，早期鼓励教师让学生加大处理注释的工作，也得到了相关成效：在一些课程中，学生只是通过导图形式进行注释，并针对作业以线性形式详细记录信息，反之亦然。我们注意到一些杰出的协作性任务进行过程中，随着一些小组选择导图形式进行课堂笔记注释，让团队一起探索尽可能多的观点。通过可视化方式呈现观点时，能够更清晰地看到观点的延伸，并且学生喜欢把这些观点加入协作导图中。

我们与各部门共同致力于帮助学生创造学科导图中所使用的单元和课堂方面，也取得了较大成功。这些“迁移”过程大多数得到了教师和学生的高度评价。我们的目标在于整个课程中展示如何使用某个思维工具——这个思维工具如何应用于作业和学习中，用以评价过程以及如何在语境中真实评价问题，帮助进行决策。

教师开始发现，导图的有效使用在于启发先验知识。学生经常会在课堂开始和结束时被要求绘制思维导图。通过对比不同导图，学生能发现自己的进步并进行评价，因而能够培养作为学习者的个体效能感。元认知和评价！学生接受某个任务选择某些导图，也会感到比较积极。中学教师最初对思维导图并没有太大兴趣，因为他们有针对自己学科特点的教程，但是当他们明白思维导图能够清晰展现思维的错误之处，他们变得积极起来。学生得益于此次机会，能够分析每个人思维过程的优缺点。

第二年：2000年独立使用的证据

第二年我们认为学生了解了思维导图是什么（默认使用）后，仍不确定学生独立使用思维导图的程度。我们希望了解学生从被动使用导图到自主使用甚至策略使用导图的程度。学生被提问时能够使用导图，但我们怀疑她们这样做事缺乏清晰意图。2000年的任务在于收集现有学生独立使用思维导图的证据。

为了确定学生在问题解决情形下熟练并“反思”使用导图的程度，我们让学生利用20分钟的思维技能时间，共同解决在使用思维导图中遇到的长期问题。例如，其中一位老师创设了颇具挑战的活动，“濒危动物”淘气地呈现在加里·拉森（Gary Larson）的漫画中：

> 假设你是研究团队的一员，负责控制濒危“气球”动物数量下降趋势，这些动物在恶劣土地上艰难生存着。使用思维导图作为工具来生成、组织和评估影响气球动物数量的因素（如自然因素、灾难事件、食物供应、疾病、竞争和生态旅游）。根据你的思维导图来制订一个行动计划，帮助控制数量下降的情况。

我们评价了学生的努力，并且对熟练灵活使用思维导图的学生颁发奖励。由四名学生组成的小组，创造了使用多个导图来分析问题的实例，见图5.1—图5.5。

这个活动的目的在于评估学生在合作小组的共同工作，如何通过思维导图应用多个思维过程，从而得到漫画和自然中科学解决问题的方法。这一活动体现了学生的学习质量，反映出这些学生如何利用工具解决多重运算问题并进行决策。尽管一些学生表现出能够策略使用甚至反思思维导图的使用，但大多数学生在其导图使用过程中，仍未达到熟练使用的程度。

图5.1　影响气球动物数量规模的因素

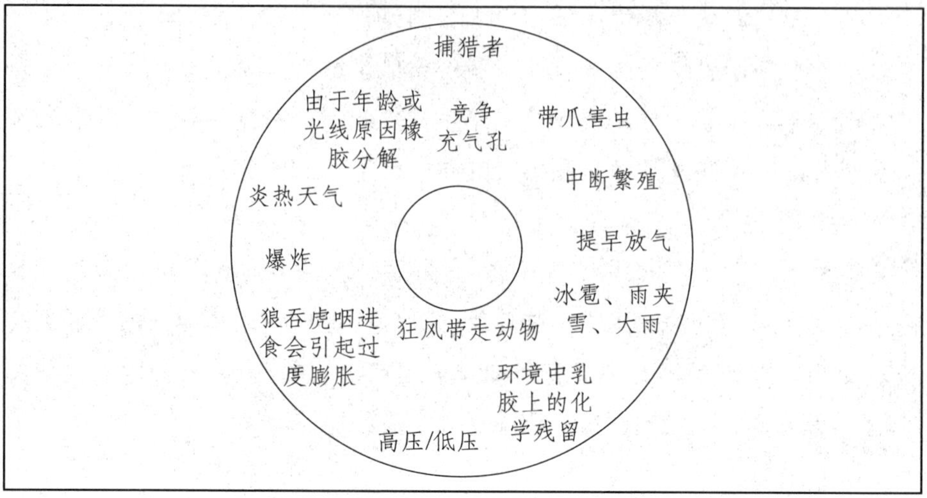

来源：海勒及阿尔法（2011）。

图5.2　对影响气球动物数量规模的因素进行分类

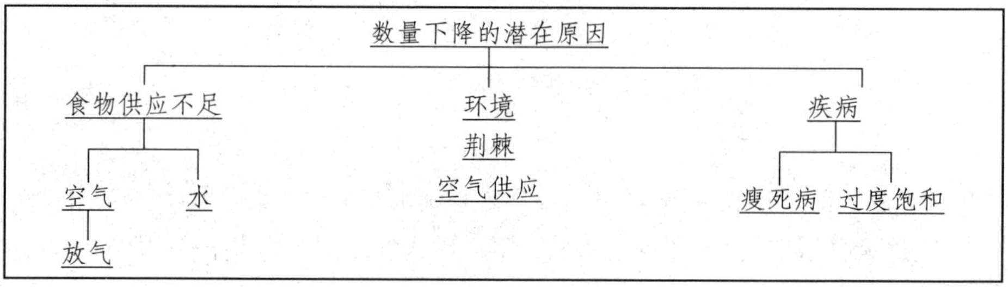

来源：海勒及阿尔法（2011）。

图5.3　气球动物数量下降的原因与后果

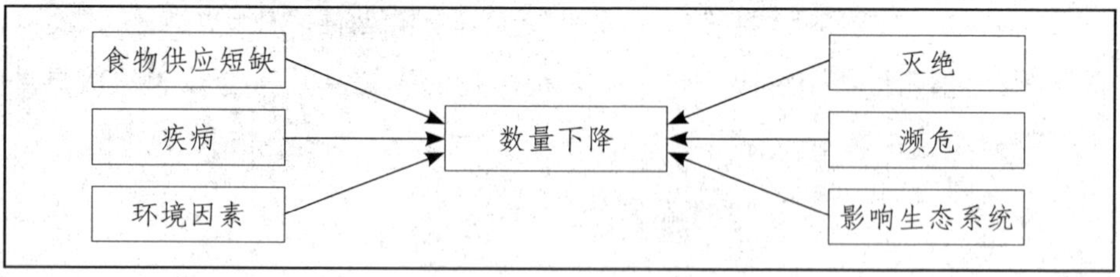

来源：海勒及阿尔法（2011）。

图5.4　气球动物数量下降的潜在解决方案

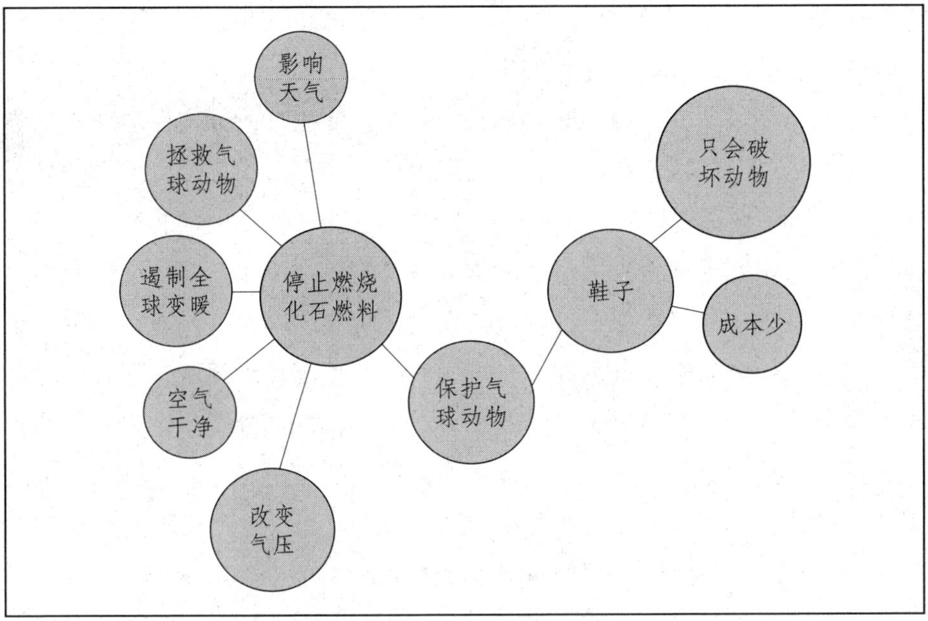

来源：海勒及阿尔法（2011）。

图5.5　针对数量下降潜在解决方案之间的类比关系

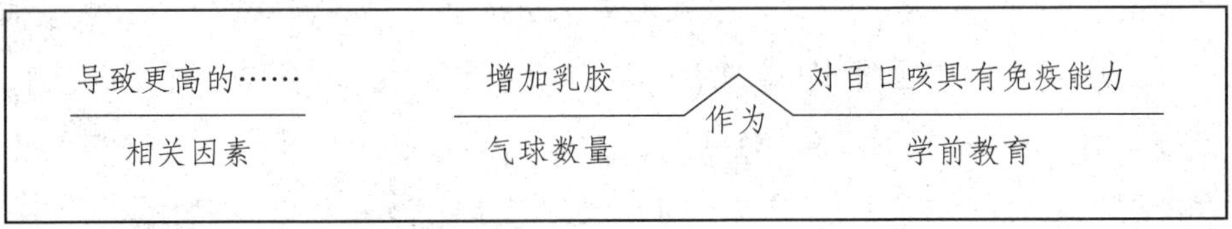

来源：海勒及阿尔法（2011）。

第三年：2001年审查并继续前进

我们对学生使用的检查说明仍然需要明确传授这些工具。思维技能自觉转化的发展在仅有的一两年中并没有形成。这贯穿于学生教育生涯和人生的演变中。2000年对学生导图使用进行评估表明许多学生和一些教师仍然对使用导图的信心和能力不足，并不像我们认为的那样能够真正成为独立思考者的目标。我们需要再次练习熟练使用单个导图。

尽管教师和学生面临重复的风险——许多学生并没打算进行长久改变——根据高中生对许多学生和朋友都会参加的长达12个小时“音乐节”的思考，我们为高中生创造了更具真实性的主题学习经历。在这一年中，我们也实行校内研究，通过问卷调查询问学生使用过的导图，使用不同导图所涉及的学科领域，是否在校外情况下使用导图组织思维以及她们是否相信通过学习导图能够发展自己的思维。

在小学中，小学生积极对待思维导图，能够在许多不同环境中使用导图，并且在家中和学校几乎都喜欢使用导图提高思维水平。而在高中，结果不出所料：如果教师重视导图，应用到一些不同课程领域，那么学生也会积极使用导图，并通过解决问题或分类问题积极对待提高使用导图的相关能力。相反，如果很少给学生提供在课程方面使用导图的机会，或是老师宣称“勉强服从”，她们会认为导图和思维技能课程“枯燥而又浪费时间”。缺乏转化的机会，高中生就会忽视导图，并且认为导图没有作用。

另外，教师对学习策略的实施和高效应用产生影响，这是显而易见的。2001年我们在高中也实现了专业自治。高中部被问及以下问题：你们部门最重视哪种思维呢？你将使用什么思维导图活动来培养这些技能呢？你如何说明针对学生学习的思维技能侧重点的效率和价值呢？

各系需要把“思维重点”增加到部门计划中，教师可以选择了解这些思维重点。各系的选择非常有趣。技术系选择通过开发排序（流程图）和设计过程之间的联系，提高学生的元认知思维。艺术系希望使用导图提高发现问题和元知觉能力。社会科学系重视模式发现能力，尤其关注排序的流程图和对比比较的双气泡图。而音乐系会探索括号图的使用，从而更好地教授乐谱和音程。

第四到第五年：2003年统一语言

通过我们的持续关注和不断培训，截至2003年我们已经在全校确定了可视化思维的统一语言，能够使用导图的教师和学生大大增加。思维部门新增两名全职教师，由一批教师团队提供支持。学生使用思维导图的实例继续在每个教学区得以展示，并经常用于评估和课程中。在高中，我们看到一些低年级灵活使用导图的更多试验，一些导图相互关联，用以处理某个任务。在初中，大多数学生在六年级就能熟练使用导图，学生成为思维导图软件（Thinking Maps, Inc. 2006）的熟练用户。

思维导图继续明确被引入初中部。然而，实施三年后，高中部的导图知识库如此简单，因此教授单个导图只是对新生的要求。每年针对新生和新任教师提供灵活竞争培训，并且在个人和系别基础上由思维协调员提供持续帮助。

截至2003年，我们可以发现使用导图的一些重大进步，特别是自从圣卡斯伯特学院将职业发展时间增加至每周1.5小时以后。对教师有计划地进行培训，如何把导图和其他思维或学习策略结合起来。这鼓励学生集思广益，参与学科知识学习。同时使用几种方法时，如在思维导图中关联科斯塔（1991）的十六种思维习惯，注重孤立工具的情况会减少，转而重视整个思维和学习过程，同时也会提高有关思维质量。这是我们进展过程中的一些衍生优点。教师对以下方面进行了试验：

- 开发元认知课程计划，教师能够从中发现具体教学目标和向学生提问，让教师发现适合自己使用的思维导图。
- 通过创造内部网为基础的学习活动，鼓励更多激励措施。学生能够回想起用于任务的课堂活动网页，点击超链接，就会发现高级思维、思维导图和多元智能差异化活动的一系列链接。学生可以下载这些链接直接回复。
- 通过全校重视“应用思维”鼓励灵活使用，使用导图和提问技巧分析生活中的实际哲理问题。

这些实例反映出思维导图固有严谨性和灵活性以及变革过程的强大特点，变革过程得以在一段时期内正常成熟。我们学生基于基本思维过程和学习方法的学习成果显著。学校在新西兰国家排名榜中学业成绩排名有了相应提高，过去五年里每次高级校外考试中，我们的学科带头人位居第一名或第二名，而在改革之初仅排在第12名。在国际考试和程序能力测试

（阅读、听力和综合测试）中成绩也得到改善，得到学生和家长的高度认可和赞同，而且我们学生现在进入大学后仍然会继续使用导图和线性写作进行双重加工。

最强大的成果在于实现合作互动课堂，课堂中学生和教师能够自信地讨论学业，进行相互学习。我们现在了解到，学生更愿意通过统一思维语言与可视化、协同性发展的班级分享她们的作业，灵活统一的思维语言成为我们群体演变的基础。同时，作为教师和学校领导，我们能够在自身学科领域深入工作，重视团队内合作。十年后我们仍然处于永无止境的潮起潮落和变革过程中，作为学校和心智之家不断繁荣发展。

问题探究

阿塔•科斯塔敦促学校成为"所有生活于此的心智之家"。圣卡斯伯特学院通过什么方式来回应这个紧急呼吁，吸引学校所有成员的心智呢？他们成为思维学校的方法，如何奠定教学实践实现转变的基础呢？

有趣的是，圣卡斯伯特学院的学生在学校开启思维学校之旅前成绩就已经非常优秀。那么他们成为思维学校的动机是什么呢？为了切实利用这个过程及潜在优势，他们需要消除或超越哪些障碍？考虑哪些问题呢？

如果圣卡斯伯特学院可以作为思维学校的典范，你认为如何描述他们的显著属性和特点呢？本章节提供的哪些证据可以支持你的解释呢？对比自己学校与圣卡斯伯特学院，你会发现哪些显著的相似点和不同点呢？对于自己学校以及未来成长和发展的机遇/领域，你能从中得出什么结论呢？

参考资料与相关阅读

• B.S.布鲁姆（Bloom, B. S.）（1956），《教育目标分类学手册：认知领域》（*Taxonomy of educational objectives: Handbook: Cognitive domain*），纽约市，纽约州：朗文出版社；罗黎辉，丁证霖，石伟平，

顾建明译，华东师范大学出版社，1986年。

- A.L.科斯塔（Costa, A. L.）(1991),《学校：思维之家》(*The school as a home for the mind*)，帕拉特尼市，伊利诺伊州：IRI/Skylight。
- A.科斯塔，B.考力克（Costa, A., & Kallick, B.）(2000),《激活思维习惯》(*Activating and engaging the habits of mind*)，亚历山大市，弗吉尼亚州：监督与课程发展学会。
- 大卫•海勒，拉里•阿尔法（Hyerle, D., & Alper, L.）(2011),《学生使用思维导图取得成功》(*Student successes with thinking maps*)(第2版)，千橡市，加利福尼亚州：考文出版社。
- D.N.铂金斯，G.所罗门（Perkins, D. N., & Salomon, G.）(1989),"为转变进行教学"(Teaching for transfer),《教育领导》(*Educational Leadership*)，46(1)，第22—32页。
- R.J.斯沃茨，D.N.铂金斯（Swartz, R. J., & Perkins, D. N.）(1989),《教学思维：问题与方法》(*Teaching thinking: Issues and approaches*)，太平洋丛林市，加利福尼亚州：米德韦斯特。
- 思维导图有限公司（2006),"思维导图：学习的技术"(Thinking Maps: Technology for Learning),《思维导图软件第2版用户指南》(*Thinking maps software version 2.0 user's guide*)，卡瑞，北卡罗来纳州：作者。

第六章　学校

编者按

上一章节中吉尔讲述了一段充满魅力、挑战和探索的旅程，其学校经历了长达十年的缓慢演变过程，并依然寻求学科学习和思维过程方法的平衡，成为教育新模式转变的强有力实例。然而你可能会问这个问题：每个学校需要经历这样漫长的过程来实现这种重大变化吗？我们发现本章节关于罗彻斯特文法学校的教师们为实现转变所做出的持续努力，提供了针对上述问题的一系列完整答案。正如第四章中鲍勃·伯登所描述的那样，国际思维学校吸取了吉尔·哈勃以及其他人的动态整合方法，用以分类、加速以及系统维持任何希望实现转变学校的过渡。理查德·科埃是罗彻斯特文法学校的一位戏剧老师，他讲述了其学校在十年周期中发生如何经历了许多同样的严厉质疑和反思性变化过程，如同圣卡斯伯特学院的先驱工作一样，成为关键的风向标。因此，他们能够避免一些过失，并集中力量创造可以实现共同目标更加高效和相对有效的道路。

正如你在下文中将看到的，罗彻斯特文法学校能够利用许多吉尔的学校所没有的最新资源和课程，因此他们能够更加迅速地实现自己的既定目标。随着思维学校十四条准则形成认证计划，鲍勃·伯登通过艾克赛特大学认知中心提供的针对思维学校十四条准则的支持和反馈。国际思维学校（即后来的红隼咨询）为员工介绍了研讨会（现为从内到外成长中的思维学校）和规划文件。如有需要，作为思维过程的一个方面，经过认证的培训师会提供对思维导图、高级提问、思维习惯、六顶思考帽和儿童哲学等以实验为基础的方法进行具体培训，大多数培训师帮助罗彻斯特文法学校员工，一起将这些方法融入课堂教学实践中。罗彻斯特文法学校并非单枪匹马，这是不容小觑的。他们参加致力于共同目标的学校网络，但是每所学校都有实现目标的自身路径。这些学校团结在一起，相信实现深层内容和概念学习之间平衡以及学生为主思维过程的“转变”，绝对是21世纪学生必须具备的素质。尽管学校在转变过程中，经历了必然的成长之痛和早期的挣扎，但是理查德在本章最后这样说道：罗彻斯特文法学校将会在一段时期内继续成长，逐渐发展成为思维学校，为了实现这个目标，他们需要让学生成为彼此思维的老师，而全体教师需要通过思维学校全球网络，超越自身界限，提供援助，回报从英国到马来西亚的各个国家，乃至全世界。

学习之树

理查德·科埃

起点

虽然我们学校的学生成绩优异，但是多年来许多教师对于学生缺乏批判性思考和独立思考的能力倍感失望。学生的确擅长记忆大量信息、参加考试和写好文章，但是如果跟他们交流，许多学生在不熟悉的环境中和非考试语境下，不能清晰地表达自己的想法。他们缺少讨论如何思考的语言。回顾过去，能够清晰表达想法的学生并没有培养对自身思维的元认知态度。这是因为我们没有刻意地去培养他们的元认知态度。因此我们决定为学生和自己开启思维之旅：不能只看到短期效益，而是要长期发展、发现并转变学校。

我们研究了许多项目和方法，发现了英国艾克赛特大学认知教育中心。通过进一步探索我们发现国际思维学校联合艾克赛特大学，带领学校揭示统一的方法。这种方法并不是简单地体现在某个课程中，也并非一成不变。我们学校与国际思维学校进行合作，发展了体现我们需求的长期规划，也在不断前进的这些年中提供了改进的结构。这些努力最终通过了艾克赛特大学的思维学校认证。尽管此认证认可我们在过去三到四年中收集到体现思维学校建设之旅的证据，但是并不意味着我们达到目标就是永栖安息之地。因此成为思维学校的长期计划，并不是实施某个项目或拘泥于形式的"指示"，也不是到达最终目的地。这个长期计划是持续关注成长、反思和进一步发展的过程。

罗彻斯特文法学校是位于英格兰梅德韦的一所学校。1988年梅德韦作为单一管理区形成，位于泰晤士河南岸，毗邻肯特郡，梅德韦河穿过整个区。梅德韦形成了西欧最大重建工程——泰晤士河口区。与邻居肯特郡相比，梅德韦相当贫困，部分原因是由于20世纪70年代关闭港口，导致高的失业率和极度萧条，成为一个公平分摊社会经济问题的地区。

我们在2006年开始向思维学校变革。当然，在开始转变重点时，我们受到外界评价者的积极认可，这是我们引以为傲的地方。2008年罗彻斯特文法学校在各个领域被英国教育标准局评定为优秀。（第四章中鲍勃·伯登提到，英国教育标准局是检查各学校教学、学习、过程、健康卫生和个人生活标准的英国政府独立机构）检查员牵头检查，将所有公立学校分为四类：优秀、良好、合格以及不合格。随后我们在2009年12月通过了艾克赛特大学的思维学校认证，于2011年10月成为第一个获得高级思维学校认证的英国高中。这些"外在"评价表明我们做出的"内部"改变足够强大，并能持续进行。通过这些年过程的反思，我们逐渐发现，正如使用多重流程图显示的那样，培养思维作为我们学校具有活力的中心原则，对这个旅程的开展有着许多潜在的影响。

我们使用以下思维学校的广泛定义作为出发点，这个定义是由鲍勃·伯登和认知中心提供的：

思维学校是所有成员分享共同语言的学习团体；在这里，课程体系中贯穿思维策略和工具……在这里，所有学生都培养和展示了独立学习和合作学习技能；在这里，学校产生高分的同时，充斥着学习的激动与热情。

图6.1　罗彻斯特文法学校决定成为思维学校的原因与结果的复流程图

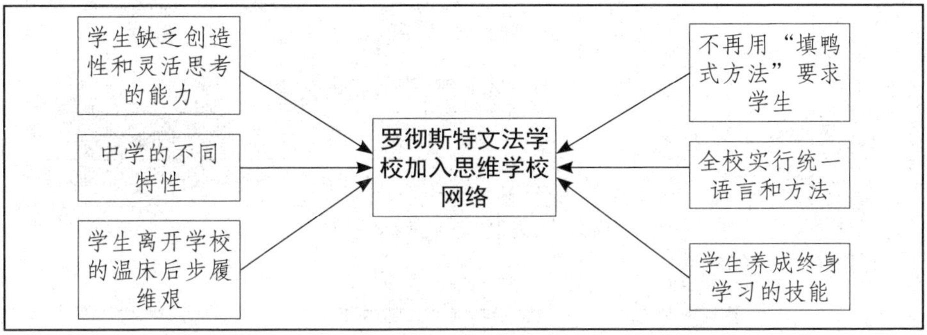

在我们最初开始建设过程时，我们的行动团队利用这个定义首先做了个对比表。斜体字部分的描述来自阿瑟·科斯塔与贝纳·考力克的思维习惯模型。从我们开始思维学校之旅到现在，这个模型在塑造我们方法方面具有深远影响。这是因为与我们开发的其他模型和过程相比，我们所使用的语言和工具已经内化到学校文化和风气中，塑造了我们的核心特性。

图6.2　罗彻斯特文法学校引入思维学校前后的对比图

实施思维学校项目前	实施思维学校项目后
以教师为主导的课堂	学生表达清晰 学生陈述 学生参与课堂 学生质疑并提出问题 学生通过各种感官搜集数据
学生作业缺乏多样化	使用一些可视化工具、创造性和挑战性激励以及针对不同层次分类标准的任务
独自学习	独立思考 将已有知识应用到新情况中 考虑思考的时间

（续表）

实施思维学校项目前	实施思维学校项目后
学生缺乏参与热情	积极回应、辩论，对学习充满信心和尊敬 心怀敬畏进行回应 承担义务性风险 坚持行动 发现幽默
课堂中内容占主导部分	通过思维活动的学习为主导部分 灵活思考 思考思维过程（元认知）
课堂中步调一致	初级阶段、全体会议以及转变与培养的任务
同一个任务适合所有人	使用布鲁姆分类法，给最有能力的学生延伸任务
学科之间相互独立	转化技能与语言 联合家庭任务 以项目为基础的学习

我们是如何开始旅程的呢?

我们决定从2005—2006学年度开始把“思维”作为学校的中心。虽然这时学校在A-level考试（12年级和13年级进行的高级水平测试）和GCSE（10年级到11年级进行的普通教育证书考试）考试中名列前茅，学校领导认为我们仍然没有向提高学生的智力和创造性发起挑战。副校长格斯·哈特利（Ges Hartley）开始计划并实施许多跨学科项目或丰富多彩的任务，这些任务现在已是众所周知的了。第一个任务基于斐波那契序列，学生接受序列理论的指导后设计海报，尝试以可视化的形式将该理论呈现在生活中。鼓励学生寻找序列与日常生活的联系：他们在何处看到序列“发挥作用”呢？随后利用话剧、音乐和媒体将这些海报呈现在生活中，同时通过新颖创意的方式，把数学、信息通信技术和话剧、媒体结合起来。这个项目被称为φ因素。我们学生最终能够在不同学科之间进行技能和抽象概念的转化，并将过去的知识用来进行他们的创新项目（十六种思维习惯之一）。重点关注团队工作和协作技能（相互依赖，后文将会出现在思维习惯模型中）。通过海报、作文、电影图像和演讲展现作业质量，来对学生进行评估，不过他们也会被要求确认和描述创新性和个人成长的程度。

φ因素项目的成功体现在学生能够按照小组协作完成开放式任务，开放式任务要求既要有分析思维也要有创造性思维。学生也是第一次对学习一门学科与其他课程领域进行深思熟虑的联系。这种体验引发了使用丰富多彩任务的更多项目，例如其中一个标题为《跨越边境》的转化项目，综合了历史、地理、音乐和艺术。同时七年级学生（11—12岁学生）的一个独立项目也是如此，以泰晤士河南岸的建筑为基础，标题为《伦敦之我见》。显然学校开始以崭新观点看待学习，学生不能只是为了规范化结果和评估，而是要反思和重视智慧性情和深思熟虑的策略。然而此时我们并没有在全校使用任何具体思维工具和模型来明确讲解思维，而只是大概培养独立探究、好奇心和创造性等观点。这个关键方面让我们现在成为思维学校，与过去明显区别开来，现在是激励学生使用具体思维模型进行深入思考和之前的仅仅通过丰富多彩的课程或高质量的教学技巧来激励学生进行思考，并不意味着学生作为独立和相互依赖的学习者，能够自主内化他们的发现、语境应用、迁移和反思自身思维过程的能力。这便是我们决定需要做出转变的地方。

作为教师，我开始在某种程度上对陈述技能和创造性思维的成功带头者的实践产生兴趣。这种成功取决于教师的投入，培养全校演讲技能方法，包括一些教师和学生创造的准则。显然学生和教师通过更具创新和更少侵入性的方式使用PowerPoint软件；学生作为观众为了更好进行眼神交流和身体语言沟通，不再阅读预先准备好的讲稿，而是使用笔记甚至不用笔记。这项工作在全体教师和学生中展开，有利于帮助学校决定我们需要将这种体验提升到一个新层次。很快我被任命为独立学习中心主任，负责研究可以在全校范围使用的其他方法和项目。改革进程第一步始于2007年3月，当时一位来自国际思维学校的优秀咨询师受邀与我们学校一起工作，他介绍了成为思维学校的主要观点。这次活动引起了大量关注。作为带队老师，我与其他学校的教育工作者参加了随后的会议，这次会议也成为进程的一部分，与艾克赛特大学认知教育中心一起，见证了一系列差异化方法的广阔领域，这些差异化方法让学校开始构思从规划到全校范围实施属于自己的独特设计。“基于工具”的方法激发了罗彻斯特文法学校全体教师，决定使用全校范围内嵌入式思维方法，而不再仅仅作为“额外”方法，或实施单个孤立“思维技能”项目。我们故意使用工具这个术语，对我们来说这不意味着教授额外的课程，也不意味着学生必须使用纲领性工作手册、额外作业。由于实行全校方法，我们能够立即教授学生，他们能够立即以较为复杂的方式应用和转化这些工具，成为熟练的工具使用者。

我们开始反思过去的探索：并不仅仅是你所见到散落在地面的各种工具，而是以研究为基础的模型下经过精确定义和组织的各种相互联系的工具，类似于你见到医生、木匠、大厨和机械师携带一个专业工具箱。我们开始发现，随着教师以合作的方式开展工作，经过一段时间后我们能够综合这些工具，适应学生作为21世纪学习者的需要。这意味着如果我们想要在一段时期内真正实现学校变革，就需要建立自己的内部专业知识，这样学生也能成为专家。

我们行动团队和教师成员决定把思维导图作为主要出发点，因为认知语言似乎非常注重全校方法。过去我们很多人尝试过托尼·巴赞（Tony Buzan）的头脑风暴思维图技巧，这是个很好的起点，不过没有提供一些结构工具，也没有建立在基本思维过程基础上。我们也很感兴趣，因为这是为了教学生使用工具所设立的系统方法，没有“额外”活动和练习作业。实际上，整个过程直接训练学生把每个导图应用在手边的当前工作中。同时，思维导图得到了我们网络体系中其他学校的认可，这些学校的教师积极探讨思维导图对自己学校产生的影响。积极的网络支持似乎对我们首次探索发展思维学校所使用的思维工具非常重要。我们开始建立实施模型，先从培养“内部”专业知识开始。截至2007年夏，六位老师接受了培训，他们能够开展方法试点，培训同事如何将思维导图融入教师日常生活中。

在接下来的一年里，思维导图由全体教师应用在不同阶段的课程中。通过成绩管理目标、个体专业发展组合和应对环境等得到加强：思维导图海报由教师张贴在每间教室中，并通过最初培训来帮助学生熟练使用工具，不过重要的是所有人都能看见，这是全校范围优先考虑的事情。尽管一些教师和学生最初有些不情愿（谁喜欢生活中的重大改变呢？），思维导图开始对学生和员工处理学科知识和思维产生明显影响。以下是七年级在随后《伦敦之我见》项目中首次利用导图的一些常识。隐含思维过程蕴含在原创项目几乎不能发现的地方，如今学生通过思维导图，展现他们的观点、计划和过程而变得显而易见。

随着导图在学校的普遍使用，它们开始“突然出现”在其他地方：走廊展示板、高级教师公开演讲和专业发展演讲。我们第一步要从传统教师为主的“策略”观点逐渐转变成为学生为主的“思维工具”方法。这是全校范围的承诺：培养我们自己独特的思维学校目标。

图6.3　学生针对伦敦课文所做的流程图

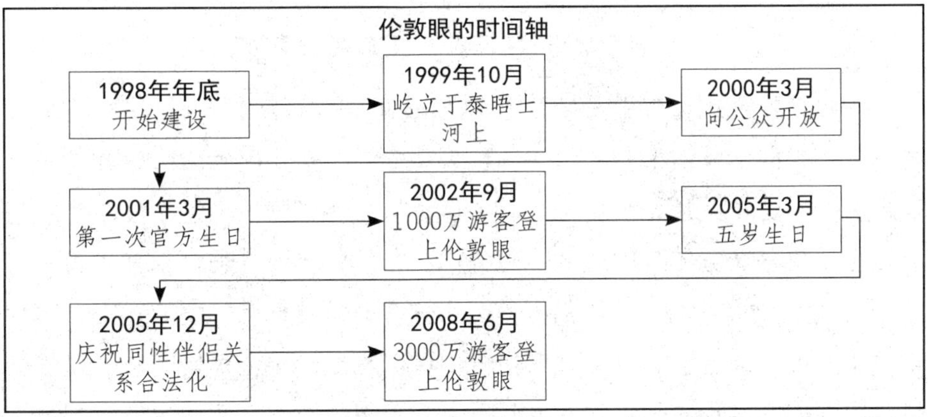

图6.4　学生对伦敦课文做的树形图

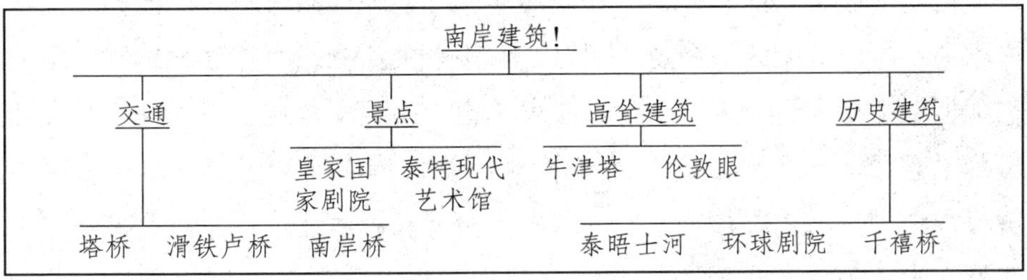

图6.5　学生对伦敦课文做的双气泡图

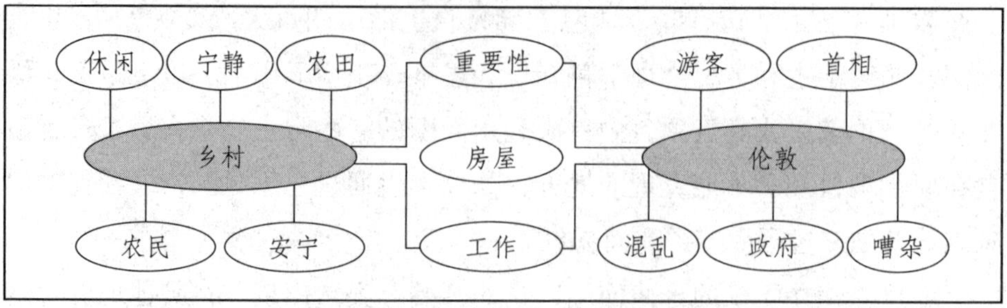

图6.6　个体化学习与思维技能树形图

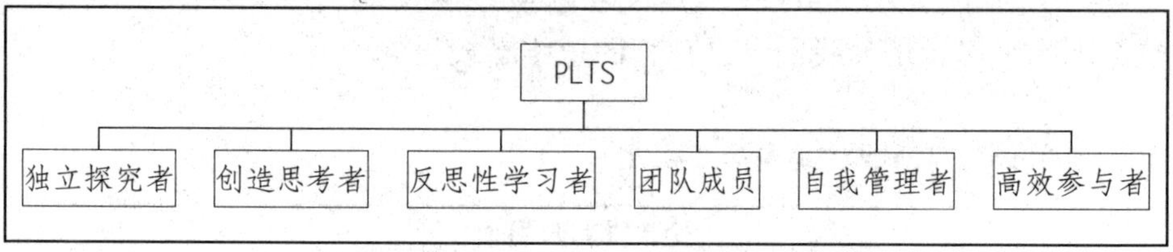

全校目标出现在以树形图呈现的PowerPoint课件中。这是第一个思维导图，用来向学校董事会（在英国称为总督）介绍我们对成为思维学校感兴趣的原因，在此是尤为重要的。个性化学习和思维技能是学校改变的首要目标，也是2008年英国风靡一时的说法，所以将两者结合起来成为我们所用的强有力的策略。这是我们首次公开宣扬学校长期的整体健康。从我们收集和展示的范例材料和观察报告中可以看出，学生开始明白可视化工具与实际思维过程之间的联系以及对课堂表现的影响。例如看似简单的气泡图侧重修饰词，实际上有利于提高学生书面作业的描述水平。以前学生经常把“描述类”思维技能看作是理所当然的，或看作缺乏严谨的模糊广义术语，因而对此并不在意。通过气泡图来关注和产生描述的思维，他们的词汇量不断丰富起来，也更加深思熟虑。由于学生通过可视化组织描述符号，反思一些形容词和形容词短语，并与其他同学积极分享自己的独特思维结构，因此公布了他们的观点。（我们的观点也要向董事会公开！）当然，这也使教师能够直接提高、传达和评估导图内容和思维过程。因此，现在导图并非孤立的学科领域策略，而是重要的工具语言，受到了教师和学生的高度重视。

在过去的七年中，细致观察思维导图及其对罗彻斯特文法学校的意义，是深入理解我们综合一系列方法成为学校核心的关键。此处叙述的思维深层实践是思维学校宏远目标必不可少的：我们需要在认知神经科学研究，思维学校蓝图和日常实施模型与具体工具之间保持一致。研究表明，人类在本质上是视觉动物，眼睛承担了将近70%的身体感受，每秒发送数百万信号，沿着视神经到达大脑视觉处理中心。因此，如果学生利用视觉方式探索概念，就能长久记忆、理解和应用这些概念。思维导图帮助我们的学生以清晰灵活的方式捕捉过程和想法。导图的用处和内在价值关键在于它们可以转化到所有课程领域。学生（以及教师和管理者）因此可以分享最初看似古怪的想法：思维导图是“可视化共同语言”。

例如，思维导图对“艾德思”考试局话剧组合就非常有用，这是我布置给学生的任务。圆圈图用于寻找语境。该工具使学生能够根据展示在圆圈中心的话题，产生相关信息，并且经常用于分析知识或正确借鉴之前的知识（十六种思维习惯之一）。例如在话题开始时，学生学习哑剧、形体戏剧、独白或滑稽戏时，所有学生或学生小组创造圆圈图，反映他们已了解到的话题或希望了解的内容。对所有信息进行记录和展示，学生的回复填充到同心圆中。许多老师可能会说，“我们一直在进行头脑风暴”，这是客观的说法，但是以下几个方面能够把该工具与其他标准头脑风暴区分开来。第一，学生在使用工具形成观点的时候，已经学习过导图。第二，视觉圆圈可以避免线性列举等级排序或简单提出观点的不足。第三，使用圆圈图的参照系能够立即使学生具备元认知态度，不仅明白他们知道“什么”，还明白他们“如何”知道的。

框架作为元认知工具，让学生能够反思和评价他们如何知道某件事，而不只是了解他们知道什么事。学生通过绘制任何导图的框架，他们能够思考和清楚表达为什么这样说和这样做：它们从何而来？它们从哪儿接收到这个信息呢？信息是否可信？答案是否依赖个人历史、文化、信仰制度和来自朋辈、媒体或父母的影响等其他因素呢？元认知过程可以引发深思熟虑的批判性思维、提问、探讨和进一步的探索。这只是思维工具和策略共同发挥作用的一个实例。思维导图提供认知过程和视觉工作的方式，这种情况下圆圈图没有等级之分。不过，此处重视提问对于可能进行任意工作并使之成为关键评价性工具非常重要，能够让教师和学生上升到分类水平。这里真正发挥作用的是培养学生“思考他们思维”的观点，这也是科斯塔和考力克“思维习惯”的另一个表现。教师经常在课堂中间或邻近下课时，返回到作为学科基础的圆圈图上，根据课堂中的实际情况加入或删减其他观点，进行学习。

参照系中的圆圈图使人想起“墙上的角色”。这是乔纳森·尼兰德斯（Jonathan Neelands）创立的一个技巧，用于经验戏剧中。把人们的轮廓画在墙上，在戏剧进行过程中，学生可以根据发现的年龄、姓名、背景等信息进行填充，从而基本上定义这个角色。学生可以在角色周围提出他们希望发现这个角色的问题，但是所有这些观点并不只是关于个人性格，还包括如主题或文体。

参照系可以很容易就和我们罗彻特文法学校的另一种思维模式结合起来，即德·博诺的六顶思考帽模型和元认知的思维习惯，或者是思考思维。通过提问“戴上”哪顶帽子，让学生通过六个潜在观点处理任务，从分析性、创造性再到批判性“帽子”或看到问题、建立问题的方式。这些帽子成为学生思维反映式参照系的一部分。这有利于帮助学生（与我们教师）继续融合不同相互重叠的方法来促进思维。这种综合便是重视综合模式的一个例子。

从思维导图到思维习惯及其他

随着我们学校逐渐熟练使用思维导图，我们探索作为思维学校的下一步，以继续我们的旅程。一些教师参加在艾克赛特大学举行针对创新性的思维学校网络会议，另外一次会议是在伯明翰举行的思维习惯会议。思维习惯模型创始人阿塔•科斯塔博士开展专题演讲以及随后创办工作室，激发了我们关于如何实施思维习惯的进一步阅读和研究。通过对员工进行调查，并引入这个概念，十六种习惯中的六种成为2008—2009学年的“学期主题”。坚持，以理解和同情进行聆听，提出疑难问题，清楚准确地进行思考和交流，独立思考和善于创造，想象和创新，这些习惯通过我们垂直一体化的系统，正式向7—11年级的学生进行介绍。然后我们开展一体化的实施倡议来提高全校的思维和创新性，并重新把思维习惯命名为“优秀习惯”，清楚地与我们的目标宣言结合起来，所以我们继续努力保证了独特的学校环境和术语保持一致。

那一学期每周会议介绍了“习惯”的不同观点，并要求学生反思自己的行为，将他们自己的经历和广阔的世界联系起来，分享各种各样的活动，包括角色扮演、创作歌曲和舞蹈、海报比赛、小组讨论或分析电影剪辑。我们也确信，学生在使用思维导图时思考思维习惯，可以促进整合思考过程和方法，而不是割裂思考过程和方法。学生受邀与学习主任一起规划会议，同时引进在线论坛，让学生能够评论会议以及他们如何进步和适应的。校长、关键阶段负责人和副校长也支持通过会议、通知栏和建议来培养“定期习惯”，因此这些工具和思维习惯不仅是塑造模型，实际上通过重要且显而易见的方式在全校得到应用。在学校的组织下“塑造”新工具，而不是整合工具到日常生活中，两者的区别对于希望持续改变学校的人们来说很有启发意义。

首先，思维习惯融入学校的过程比其他方法更难一些，并且许多学生沉默寡言，而少数同学极力反对这种看待思维的新方式。虽然我们经常想到做出教学改变的困难，但是让学生连续十年改变“他们是如何上学的”更具有挑战性。不过行动团队认为表达自己观点属于有利的回应，因为至少学校里一些平时消极的学生的强烈回应发人深省。考虑到我们对全校保持开放批判的态度很感兴趣，在2008—2009学年成立了论坛，方便进行进一步辩论，我们相信这有助于讨论我们如何提升教学到元认知参与水平上。

对于这个机会，学生积极回应，发表他们的看法。他们的评论经过深思熟虑、发人深省且毕恭毕敬。学生不仅提供了批判性反馈，还抽时间提出对于改进实施思维习惯工作的建议。其中一位学生推荐了个更加巧妙的方法，对于如何用不那么“挑衅”的方式介绍思维习惯提出建议，从而让更多同学接受这个方法。随后该学生发表评论，认真说明她并不是想冒犯所有人，只是提出建设性反馈。另一位同学建议老师不能反复介绍思维习惯，她这样说道，“自己接受老师解释思维习惯，但希望继续更加深入的课程，而不是反复引用思维习惯。”

其他同学提出深刻见解，关于他们自己如何与思维习惯息息相关，并把自己和学校项目的其他方面以及日常生活结合起来。一些学生的评论特别引用了元认知对作业的影响。他们承认在课堂上思维习惯提高了他们认识自己思维和行动的能力，因此他们能够监督自己的学习。同时他们也认识到如何使用思维习惯对他们很重要，尽管并不是所有同龄人都热情拥护思维习惯。他们能够确认具体态度，关注思维习惯有利于提高课堂的互动质量。

格温•巴桑（Gwynn Bassan）是“我学习”部门的主任和新任助理教务主任，通过学习走访、大量评估和检查论坛来监督这些反馈会议的质量。同时，我们也为大多数持强烈怀疑态度的学生开设了会议，让他们参加并公开表达他们的观点。这些学生过去经常校阅下个学期的课程，并提出如何提高或修改的建议，这样合理的反馈会非常到位。学生渐渐地开始明白，思维习惯作为有用的方式，能够促进自主思考和反思如何机智表现。值得注意的是，这种与学生的互动和对教学新方法的直接对话，成为我们思维学校之旅必不可少的方面。学生必须拥护自己，拥护他们如何更好地学习，并且要拥护自己使用的策略和老师们提出的指导。

全校熟悉思维导图和思维习惯后，我们开始明白如何采用其他方法，学生开始对学习其他方法持有更加开放的态度。

我们发展到新阶段，伴随着引入其他工具组合：从“思维钥匙”到教师思维俱乐部。思维俱乐部是由志同道合的老师自愿组成的团体，他们喜欢讨论教学观点和策略。在这里，来自不同学科的老师可以帮助同伴，也可以向同伴寻求帮助。由托尼·赖安（Tony Ryan）提出的思维钥匙包括20种方法，所有方法具有特殊标题和具体作用，来揭示课程设置中的创造性思维和批判性思维。与其他成熟发展的模型不同，思维钥匙比较简单，仅需要少量规划或资源，的确能够揭示学生的批判性思维和创造性思维。他们可以适应任何课程领域。此处再次引用话剧领域教学，以下为三个例子：

1. 逆向。这个钥匙要求学生考虑具体语境中那些未被看到或包含的内容。例如，在斯坦尼斯拉夫斯基导演的作品中你没有看到什么呢？或者在自己设计的表演中你不希望看到什么呢？通过使用不同方法，学生能够避免惯用的对照法，这是在暗地里评估知识。

2. 字母表。学生为特定话题创造A-Z字母表；这听起来很容易，却是个了不起的发起或修订活动。学生利用关键词创造字母表，在我们探索AS文章过程中（AS代表英国普通教育高级程度证书，是12年级第一年进行的考试，但在本文中指的是表演），利用关键词用来分析一位优秀话剧学生的成绩和属性等。经过一个学期可以使用字母表来选择一位快速完成者，或将作业进行展示，可以用于整个探索过程或一年中作为参考。

3. 图画。任意使用一幅图，并展示给学生。然后提问他们试着将图片和此时可能要学习的内容进行联系。例如，张贴果冻和冰激凌的图画，然后问学生如何联系到排练过程中。富有创造性和分析性的学生面临这种抽象观点的挑战时，他们的表现让人诧异。让学生大脑运转的同时介绍象征主义或布莱希特的蒙太奇理论，这是个很好的方式。这对于高水平探索文章中的角色情感具有很大帮助。一旦开始实践，教师就会将之设定为作业任务，要求学生把他们认为看似无关的图片用到表演中，恰到好处地体现出角色如何感受的。

随着逐步介绍和实施这些不同方法（而不是突然全部介绍和实施），罗彻斯特行动团队确信持续进行的教师专业发展机会正在支持我们的旅程。因为这些方法不是孤立的活动，而是清晰教授给学生的过程、工具和技巧，因此这是必不可少的。持续专业发展会议通过思维钥匙不断开展，思维钥匙成为将简单且高效的思维任务融入所有课程中的重要创新方式。深层专业发展会议关注思维习惯，其中分享的成功策略作为教学旋转木马的部分内容，因为来自不同学科的教师利用其中一个观点，像围成一圈的旋转木马一样在小组内部进行系统分享。这个过程包括将思维习惯融入学习目标中，评估习惯和利用习惯来评价进程或小组讨论。发展思维导图和支持思维习惯工作是全体教师成绩管理目标的主要部分，此方法具有庄严性，由“我学习”主任、所有管理者和课程老师进行严格管控。

下一步：自我评估、深入一体化和提供援助

在2009—2010年期间，我调任成为助理教务主任，开始在为通往高级思维学校的道路上提供师资支援。我已经是训练有素的培训师，因此领导了思维导图教师组成的两个工作室。2008年夏，所有课程领域要求从16种思维习惯中选择与专业性相关最密切和最被需要的习惯。紧接着展开了进一步专业发展，我们自己在发展思维学校地区会议中进行演讲。这段时间的关注点在于如何提升并评估每个课程领域的关键习惯，最终以所有教师陈述他们如何处理这个过程而结束。评估关键习惯是2009—2010年的重点，同时也是所有教师成绩管理的主要部分。

然后我们开始研究探究群体（改编自《儿童哲学》项目的基础）和其他方法与模型。这是2009年对鲍勃·伯登教授的直接回应，那一年我们通过了思维学校的认证。艾克赛特大学认知中心作为支持学校规划和评价思维学校旅程的“批判性朋友”。因此作为学校，我们成为研究者，通过大学提供的支持，通过以下各种问题进行自我评估的专业发展：

1. 我们实现成为思维学校的阶段和目标达到什么程度？
2. 什么可以证明这种成长覆盖整个学校，而不是几个教师？
3. 我们学到了什么？这对下一步计划有什么帮助？

教师自愿参加关注我们发展的研究小组，这是当年持续职业发展最热门选择。教师来自不同学科，如商务研究、心理学、法语和技术。整个学

年这些教师对策略进行试点并评估。在2010—2011学年，我们引入了更受关注的德博诺所提出的思维工具，如“皮质醇1”。我们已经发现这些新工具对教学和学校领导水平产生了重要影响。

此时的重大发展由格温·巴桑设计，他将优秀习惯与我们每位学生的罗彻斯特学习者资料结合起来。学习者资料使学生的目标与国际文凭大学预科目标结合保持一致，让我们学校的人们全面发展（沟通、知识、风险承担、关爱、原则等）。共有十个目标，可以作为最终结果或树形图分支。优秀习惯可以视为那些需要锻炼的行为的源泉，这样才能实现结果。由格温带领的发展使我们所有主动性共同汇聚到同一个核心目标中，使学校对未来有清晰展望。这个学习树张贴在所有教室和员工办公室中，时刻提醒我们，代表罗彻斯特文法学校的学习之树。

另外，2010年校长丹尼斯·谢泼德（Denise Shepherd）成为罗彻斯特文法学校的执行校长，参与罗彻斯特文法学校的领导工作，并与小学部和中学部一起致力于提高标准和学术造诣。她在维持罗彻斯特文法学校的整体战略管理的同时，现在也能够进行一些国家项目和国际项目。去年我和丹尼斯作为国际思维学校团队的成员，赴马来西亚在三所试点学校使用全校方法系统培训教师。我们在整整一周内与每个学校的教师一起工作，介绍思维导图、探究提问方法和协作策略，并让他们明确如何开始全校改革的道路。丹尼斯在当地一所表现不佳的中学刚刚完成为期两年的咨询工作。他们与同事格温·巴桑一起，推动学校利用我们这些年学习的相同过程，改变无法实现“满足优秀要素”的局面。

这说明，在过去的两年里我们开始广泛传播思维学校的信息。我们逐渐发现并相信，我们的目标不仅仅是帮助提高自己学校，更要伸出援手与其他地区、国家和国际上的其他学校相互依赖地工作。下面的树形图对我们所工作的机构以及工作重点的一些细节进行分类。此时罗彻斯特文法学校的内部持续专业发展成为我们最大优势，并且由于思维学校的兴起，分享优秀实践的机遇成为我们工作和发展的重要方面。同时，我们最近荣获了肯特大学颁发的优秀专业持续发展证明，目前在与大学合作过程中，开发了文学硕士的专业实践。

学校总是处于不断变化中，因此所有教师成员全天都在介绍罗彻斯特文法学校使用的思维工具。随后举行的会议成为我们新教师入职培训的一部分，他们不断向全校的同事学习，同时也向学生进行学习并收为己用。这一年我负责一门包含五次会议的课程，这个课程针对新员工展开，主要是思维导图和思考帽。我们思维学校的持续性也是计划和想法的一部分。

图6.7　罗彻斯特文法学校传播实践与推广的树形图

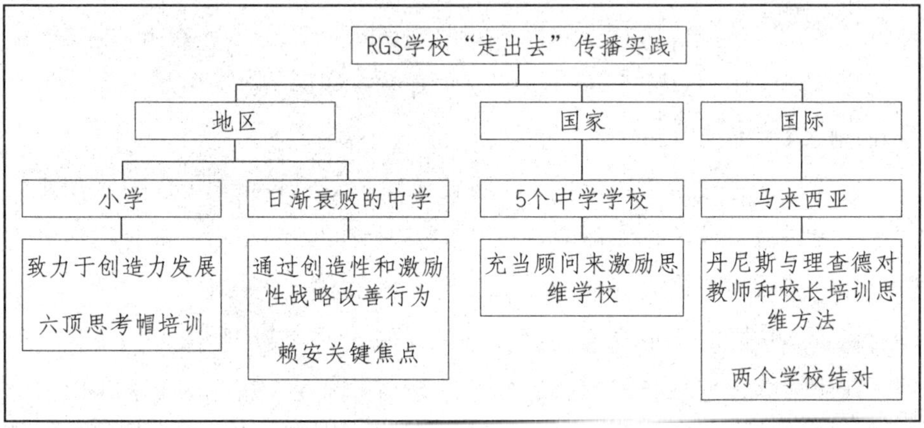

尽管教师的这种转变非常重要，我们团队还是希望学生成为机遇创造者。每年教师团队都会参加全国会议，参加演讲和会议进行思考和规划。每年回到学校后都会有最新集合，带着新观点和新战略准备发挥作用。遗憾的是，学生作为最终受益者却没有得到相同的机会，这就是学生会议的观点最初比较无力的原因。我们希望学生会议能够重现教育者会议的活力和领导力，希望将这些积极方面“灌输”给学生。因此去年我们最后一次作品展示侧重于向其他人展示我们最优秀的思维，通过举办学生的“思维会议”，由学生进行领导，让青年领导力参与其中。

来自四个不同中学的80名学生集聚一堂，开启了为思考、探索、辩论和建立联系的奇妙之日。受邀学校是进行思维学校建设的当地学校。我们希望让会议尽量成为一个团体，这样学生作为“代表”，都有机会建立联系，并提出建设性观点。我们向每个学生赠送了一个代表背包，内有当天日程，带有思维学校水印的钢笔和记事本以及“大脑书包”午餐盒，午餐盒中包括高质量的食物和饮料。背包中还有张明信片，介绍了每个项目。

为了进一步重现专业氛围，国际思维学校的两名主要领导分别在大会上作了重要发言。理查德•康明斯（Richard Cummins）宣布会议开幕，讲述了思维学校在当地、全国以及国际的发展情况，真正让学生代表体会到他们所在的团体，远远要大于会议本身。大卫•N. 海勒在当天最后，主持了反思会议，分享他的观察和反思，更重要的是，让学生通过规划、讨论和主持讨论、自己创造。显然学生通过这次会议感受到优待且得到特权，并展现出我们学生倾听、讨论和向认知教育领域关键实践者学习的重要意义，让他们认为并不只有我们是这类活动的最佳参与者。

研讨会由学生自己设计和领导，我们得到一些研究后的观点，包括如何让思维导图在元认知方面实现最好的运用，如何使用儿童哲学技巧来研究决策，通过探索布鲁姆的分类法和思维习惯，强调大脑研究的活动以及研究大脑如何工作。罗彻斯特学校的学生会组成三人或四人的小组来指导20个学生进行为期一天的讨论会。这些来访的学生辗转于不同会议中，这样，一天结束后他们就会接触到思维直接发展的四种不同方法。尽管得到教师成员的一些帮助，我们的学生以非常活跃的参与状态，通过提供融合了视频剪辑、手工活动、讨论会和充满幽默的互动性工作室，扮演教师的角色。这次会议成为我们思维学校旅程的重要标志，也许这是我们从一开始就追求的根本转变：学生利用领导力、热情、敬畏心、协作关系，最重要的是通过根深蒂固的学习和受鼓舞的意愿和渴望，成为自己的老师。

后记：发现元认知中的幽默

在我们编辑本章节时，今天是秋季学期的最后一天，马上就要进入圣诞节假期。每年我们大部分高中学生都会设计学期末表演，讽刺学校的员工和举措。想象一下，两个学生迷失在罗彻斯特文法学校的平行宇宙中

（想到多萝茜和绿野仙踪），渴望回家。他们沿途会碰到什么呢？初学者会使用思维导图中的启蒙桥形图，随后使用知识树，然后再使用罗彻斯特复流程河流导图！不仅如此：我们勇敢的探索者在旅程中得到了七个优秀霍比特人的帮助。我们其中一位教师迪瓦尔通过带上他的思考帽给予提示，而且思考帽会改变颜色！最终学生根据经验表演了思维习惯、元认知、提出"元——这叫做什么？"的问题结束表演。

我们开心地回到办公室，写完本章节的结尾部分。了解到思维融入了学校中，甚至成为本年度最重要表演中核心幽默角色，我们感到非常舒心。

问题探究

理查德·科埃及其同事根据圣库斯伯特学院的经历，学习到了哪些"教训"呢？他们如何利用这些教训，在思维学校建设的道路上进行决策工作呢？

国际思维学校为成员学校所提供的联系网络，如何最为高效地提升不断成长和发展呢？

罗彻斯特学校发展思维学校的独特方法在于重视赋予学生权力。考虑到学校发展成为思维学校的其他各个方面，这种主要转变对于决策有什么意义呢？你能为希望实现这种特殊转变的学校推荐其他观点吗？

第七章　制度

编者按

学校根据后代需要的项目趋势，面对教育模式改变的十字路口，做出重大改变是极其困难的。当我们发现随着信息技术、动态社交媒体和全球旅行的发展，这个过程更加困难，正如尼尔·波兹曼（Neil Postman）几十年前指出，“改变已经发生”，现在出生的儿童可以在未来22世纪生活得更好。全校制度作出重大方向转变更是难上加难，特别是代表大型团体或多元化学校。纽约州北部的东米诺亚锡拉丘兹学区，包括本章作者，在一段时间里获得学校的支持，并进行改变，提高他们教学体系水平。在三年时间中，他们在幼儿园到毕业生中实施思维导图，作为一套全新工具。他们在第一阶段改变中对学校发展感到非常满意。不过由于更为广泛的教育领域呼吁“21世纪学习”的巨大转变，因此他们意识到真正需要的改变在于完全不同的层次。

于是他们开始研究把“思维”作为课堂“学习”的基本支柱。如果21世纪学习包括4C，即批判性思维、沟通、合作和创造性，那么他们是为了这些目的实施思维导图，还是只是为了提高建立在20世纪学习模式上的成绩？因此，他们的经历和本章中的启发性问题是我们进行持续探究和提问的：学习和思维的关系是什么？

唐娜·J. 德希亚图与朱迪·摩根向我们讲述的他们“学校制度”，反映出前一章节理查德·科埃提出的其学校如何在一段时期内实现转变。这个改革故事提供理解思维学校典范方法的同时，作者还带领我们走出教室，进入审判室。本章节以生动的故事作为结尾，介绍思维过程和补充性工具从学校系统中实际迁移到司法系统。对“学习”和“思维”之间的不同通过现实生活的寓言故事进行了回答。培养思维能力也带入我们成年人生活中，我们的思维方式影响解决问题和做出人生决策的方式。

制度内的思维前景

唐娜·J. 德希亚图与朱迪·摩根

作为教育者，我们经常提到要相信所有儿童能够学习，并能提升学习能力。我们是否相信能够思维，并能提高思维能力呢？思维和学习之间的关系是什么？课堂中的思维和学习有什么相似之处呢？

2005年夏当我们处理这些问题时，召开了区域领导会议，分析我们学生的成绩数据。分析表明，过去六年中存在英语语言文学和数学呈中等分数的趋势。虽然很多学生很刻苦，但是他们的能力和成绩之间存在巨大差距。因为不满这些成绩，并决定改变这种惨淡情况，我们扪心自问：需要采取什么行动来积极改变学生的学习成绩呢？为了寻求答案，更好地理解我们为学生准备的世界，我们领导团队阅读了吉姆·柯林斯（Jim Collins）的《从优秀到卓越》和汤姆斯·弗里德曼（Thomas Friedman）的《世界是平的》两本书。受到这两位作者的启发，我们仔细考虑了如何为我们的年轻人进入变化复杂而又相互联系的世界进行最好的准备工作，这就引发我们探索明确重视思维对提高学生学习的影响。我们认为，学生通过使用各种科技，正在面对不断增加的学科知识库。展望未来，人们在大学和工作中需要具有高度适应性、协作性、自我反思、创造性和分析能力。

面临学生成绩不够优秀的严重事实，我们意识到需要对目标进行分类，确认基于实验的有效实践，来解决学生当前和未来的学习需求，让利益相关者参与到过程中来。我们也发现需要系统地开展这些实践。我们以三个目标作为开端，使我们的工作侧重于学生的学习和成绩，并以此来检验成果：

目标1：通过全面持续关注教学，高标准要求来提高学生成绩。

目标2：通过实施基于研究的实践，建立制度以支持并鼓励持续学习来提高学生成绩。

目标3：通过增强与家长的互动以及团体合作关系，支持学生学习来提高成绩。

随着实践的进行，我们引入了辖区范围内学校改善规划模型。学校改善团队由学校每个教师、教学支持员工、家长和管理人员组成。学校改善团队负责人学习了马尔扎诺、皮克林和波拉克［Marzano, Pickering, & Pollack（2004）］的研究，并把这些研究融入计划中，系统实施改善学生学习的策略。研究声称，“有效教学是包含许多部分的复杂工作”（Marzano, 2009），并且学校改善团队成员意识到，选择并系统实施基于研究的有效教学策略和工具是提高学生成绩的关键。因为每个学校改善团队阅读并进行了考查研究，考虑有关研究结果和思考我们学生的需求，罗伯特·马尔扎诺的荟萃分析最终说明，提高学生学习的关键方面在于重视思维过程，例如发现相似点和不同点、使用非语言表达方法、总结并形成假设以及合作完成工作的能力。该研究也提出了我们了解的“大教学论”：在课堂内外教师提供高质量反馈、使用高级提问方式和利用线索和启蒙教学手段让学生有意义地参与学习的能力。

大多数教师都会指出他们孤立使用马尔扎诺荟萃分析的这些主要发现，我们不断认识到，学生需要常年以持续的方法来提高他们的学习和思维。我们通过寻找综合这些关键发现且经过证实的方法，发现思维导图是提高课堂学生学习的可视化工具，同时明确关注以学生为中心的思维发展。作为领导小组，我们发现思维导图为教师和学生提供了组织信息和思考学习的共同语言、系列工具和可视化结构，同时还注重基于认知过程和协同工作的提问。因此我们相信，思维导图能够帮助我们提高学生成绩。

我们发现，通过前三年的执行方案，彻底把思维导图介绍给所有年级的全部教师，对整个学区都产生了积极结果。

执行设计方案包括每个学校学生和教师工作的后续行动和分享、专家培训和密切关注思维导图用于学科学习和课程设计。最初对学生成绩的影响令人印象深刻，我们的小学和中学都取得重大发展。纽约州教育局长理查德·米尔斯（Richard Mills）在发给每所学校校长的信中说，“你们整个学校及其你个人因为率领纽约完成提高学生成绩和缩小学生成绩差距的双重任务，受到赞扬。”

图7.1　英语语言文学国家标准相对数据

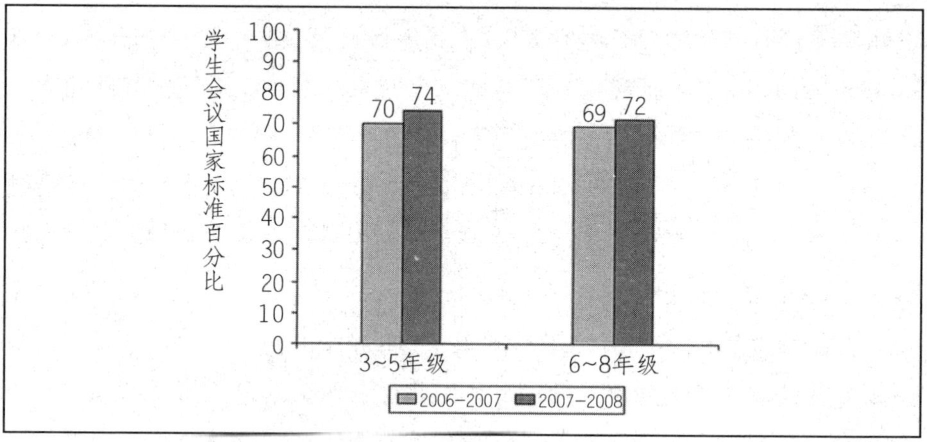

图7.2　数学国家标准相对数据

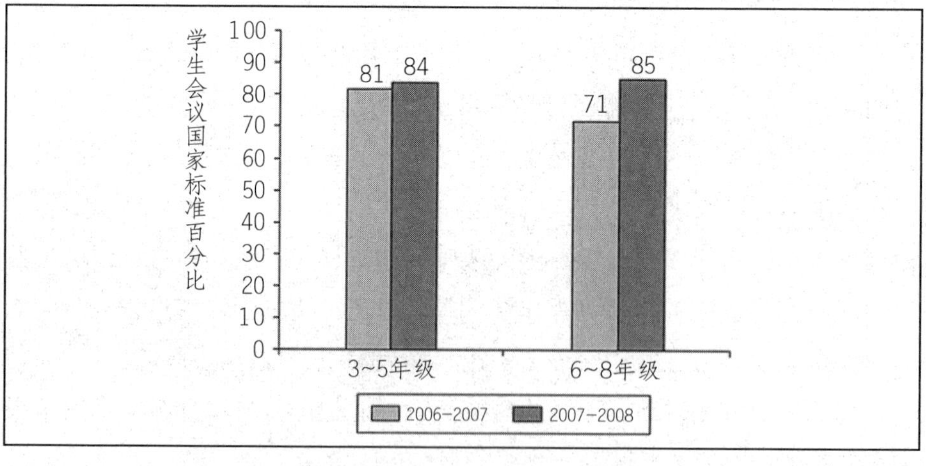

21世纪的思维

这些年实施思维导图后学生成绩获得显著进步的同时，我们认识到还需要可持续发展的改善和计划。随着学区开始五年战略计划，我们抛弃了改善现有制度的传统模式。重视战略规划可以增强或改进现有制度。这是第一阶段改变：在现有模式内进行提高。当然，我们主张持续提高，然而，为了迎接21世纪的挑战、变化和机遇，我们发现需要进行第二阶段的转变：超越现有制度和模式，探索21世纪技能。这就是我们为什么要从传统意义上的重视“提高学习”转变为让教师也要教授“提高思维”。

思维是21世纪学习的中心，在学科掌握方面从记忆和背诵转变为通过利用问题解决、批判性思考、创造性思考和创新性思考、沟通和合作，内化知识。弗兰克•凯利（Frank Kelly）、泰德•麦凯恩（Ted McCain）和伊恩•朱克斯（Ian Jukes）（2009）在他们《数字时代的教学》一书中表示，“学习必须要重视21世纪技能”（第38页），作者们指出“评估必须覆盖知识技能和高阶思维技能”，并且他们强调“对高阶思维技能的评估应当成为教学过程中的主要部分”（第41页）。

我们把思维导图融入从幼儿园到12年级的课堂中，最初的目的是希望加强学生的学科领域学习，再次切合了上文马尔扎诺提到的重视关键因素产生影响的发现。只有通过引入21技能观点，我们才没有完全为了思维使用导图，而是主要为了组织学科知识和专业词汇，以实现提高学习的目标。

不过在现有教学和评价模式下的“学习”是否与“思维”的培养相同呢？我们提出疑问：思维和学习之间的关系是什么呢？课堂中的思维和学习有什么相似之处呢？对我们来说，显然学生在课堂上使用思维导图，总体来说，我们在学校范围使用的导图已经成为下一代进行组织和展示信息的“组织图”，但是导图还没有达到应有的使用程度：提高高阶思维。我们依然停留在第一阶段中，在20世纪模式下改善现有结构，但是我们知道

21世纪学生应当经历更加深入的变化。

这个发现开启了探索和发展使用思维导图，同时改善学生学习和思维的努力。在随后系统实施思维导图的几年中，学生从现在的年级进入更高的年级，在各科领域取得进步，学生现在能够使用八种思维导图作为思考的一体化工具，而不只是为了传统意义上的学习。教师开始摒弃各种静态分离的组织图。他们慢慢摒弃只是使用单独某个任务的孤立图形，让学生具有能够具体转化到各学科的“思维过程”工具，并转化到他们人生中可能会遇到的8—10种不同复杂的工作中。关注点扩大到通过提高学生思维，让他们成为自己学习的主动参与者。

我们开展下一步战略规划时提出这样的疑问：东米诺亚锡拉丘兹是否需要转变教育制度，与21世纪成功必备技能保持一致呢？随着共同审查和反思教学、教学监督和评价学习的实践，我们意识到需要规划制度上的改变，把21世纪思维技能培养融入高质量教学和高水平学习的发展过程中。我们再次关注重组和增强学习型组织时，发现已经使用所需工具进行改善、促进和评价思维导图中的批判性学习、问题解决能力、协作和沟通能力。除了基于认知过程的坚实基础，我们还需要培养思考、高质量提问、合作和探究的性情。但是我们尚未全面使用导图实现上述结果。为什么呢？我们发现为了实现这些目标，所有领导都需要深入了解思维导图、使用思维导图及其在各学科的应用，建立模型并应用到领导实践中，在他们使用导图时提供有意义的指导并向老师进行反馈。（编者注：参见第九章和第十章使用思维导图进行指导和领导。）

在我们举办每年一度的领袖学院时，加入了为期两天的专业发展训练，这个活动基于训练指南《思维导图：领导语言》（Alper & Hyerle, 2006）。我们所有建筑和学区级别的管理人员和监督人员全部积极参加了这次领袖发展的学习活动，由曾经为了帮助教师使用思维导图而培训过我们区级开发专家的咨询师提供帮助。在两天活动和后续行动的反馈说明，这些提高和组织思维的最新可视化工具是具有相关性且有意义的，适用于我们辖区领导的所有领域。

随着下一学年的到来，思维导图不仅成为我们的精选“工具”。现在学生、教师、校长和中央办公室领导都在使用思维方面的共同语言，提高从幼儿园儿童到监督人员、学校董事会和团体成员的整体思维水平。使用导图提高思维和进行可视化交流，开始渗透进我们的学习环境中，通过一系列有意义的方式具体说明，例如树形图用于教师评价需要提高的内容分类，圆圈图用于改善员工对学生、员工和家长身心健康的发展。我们副警长托马斯·B.内维尔丁（Thomas B. Neveldine）这样概括在学习型组织中的系统训练和使用可视化语言：

> 东米诺亚锡拉丘兹承诺要通过广泛的职业发展和支持不同层次的实践来实施思维导图。使用思维导图对于与各种各样学校人员和团体小组创造富有意义的结果来说非常重要。这个过程逻辑易懂，鉴于思维可视化表现手法，为谈话参与者围绕批判性问题提供了蓝图。从我们分析学校日常的结构来看，使用表示因果的复流程图，对于与公民顾问委员会一起工作具有特殊帮助意义。这个特殊的思维导图对分析21种特色鲜明的交通运输的优势和铃声安排非常重要。
>
> 整个辖区中，思维导图的使用从
>
> 我们需要使用什么思维导图?
>
> 转变为
>
> 我们需要什么样的思维来解决问题、深化集体性理解或培养共同理解和创造新知识呢?

学校教务处主任凯西·索斯韦尔（Kathy Southwell）分享了在实施战略规划时她使用导图的经历。她的评论直接反映出由零散使用孤立导图转变为研究和重视思维，思维出现在高质量和每日决策中，这是不同利益相关者在任何学校制度中都需要的，解决了我们复杂的需求：

> 为了实现辖区的愿景，我们努力高效地规划并实施重大教育变

革。作为学术优异与行动严谨团队及附属委员会的引导者，我的确相信使用思维导图能够帮助综合观点、创造高度发展的变革建议，并组织有效的实施计划。

树形图是学术优异与严谨行动团队及附属委员会在第二年实施战略规划时的工作。教师、家长和管理者开始对这个团队大量不同的行动项目感到不堪重负，并提出了这项工作与我们辖区其他正在进行的举措之间的联系等相关问题。在辖区目标下创建导图用以组织我们的思维，表现出五个地区战略规划行动项目的联系，并且结合了杜弗尔［DuFour & Dufour（2008）］的核心问题，广泛应用在辖区中来设计我们专业学习团体的工作。一旦建立了树形图顶端结构，我们的讨论得到迅速的关注。

图7.3　教师提高计划树形图

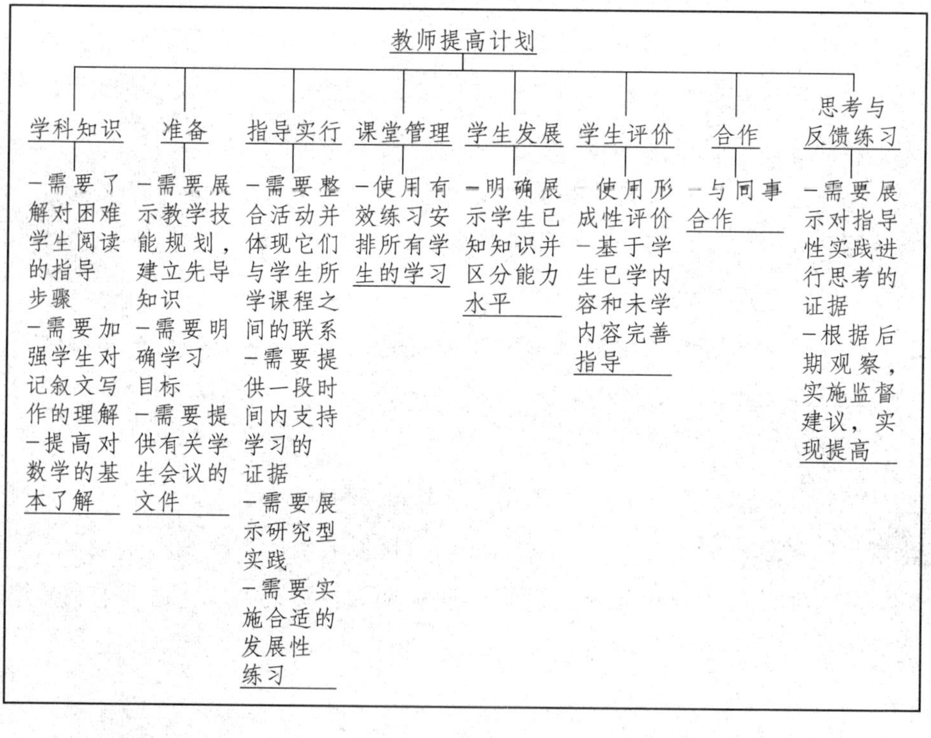

图7.4 优秀教师发展圆圈图

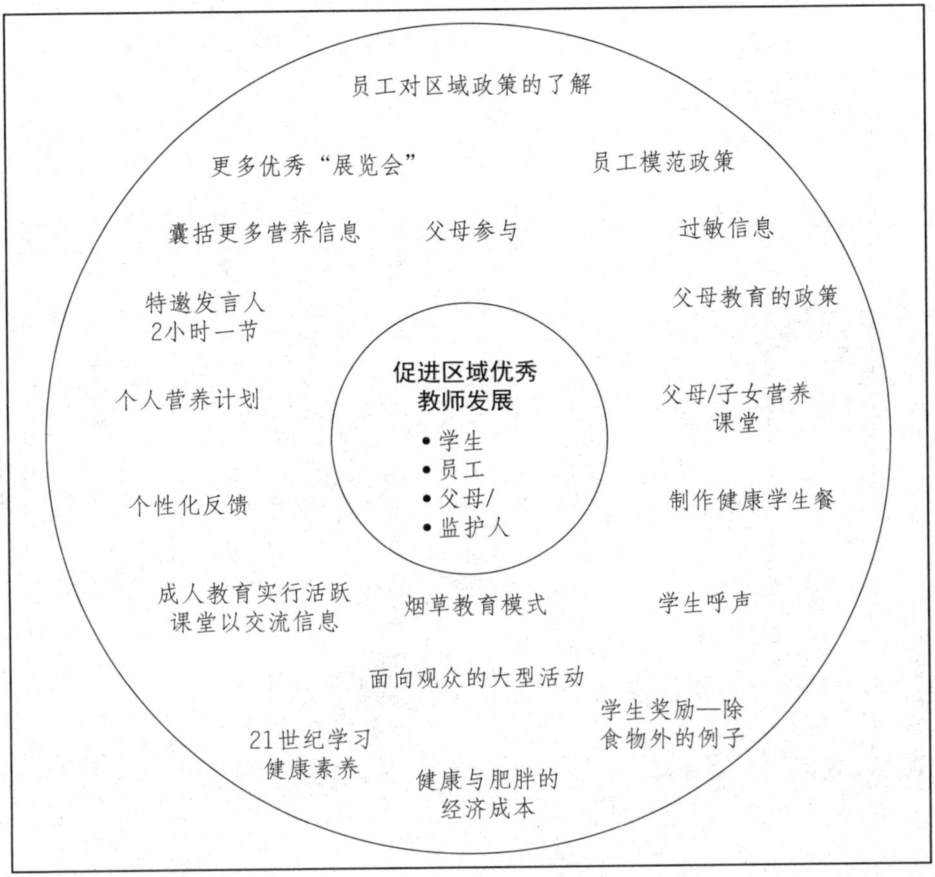

21世纪技能合作关系主席肯•凯伊［Ken Kay（2010）］强调重视4C的重要性，4C代表批判性思维与解决问题能力、交流、协作以及创造性和创新性。根据肯所言，“将前三个方面融入到第四个方面，对于整个国家来说是势在必行的。”我们不再只是关注记忆和回想内容。我们的学生需要知道如何获取知识、提问以及跨学科应用知识来了解意义、获得深入了解，并且创造新观点和新知识。思维导图成为21世纪所有学习者和公民的必备工具。贴近生活的经历，加上批判思维、沟通、协作、问题解决和创新性，是我们全球社会成功的必要因素。最终并非通过新技术、新课程或者是教室墙壁重新布置产生影响。决定最终结果的是学生是否能够独立熟

图7.5 公民建议委员会对开学当天相关组织之间因果关系的复流程图

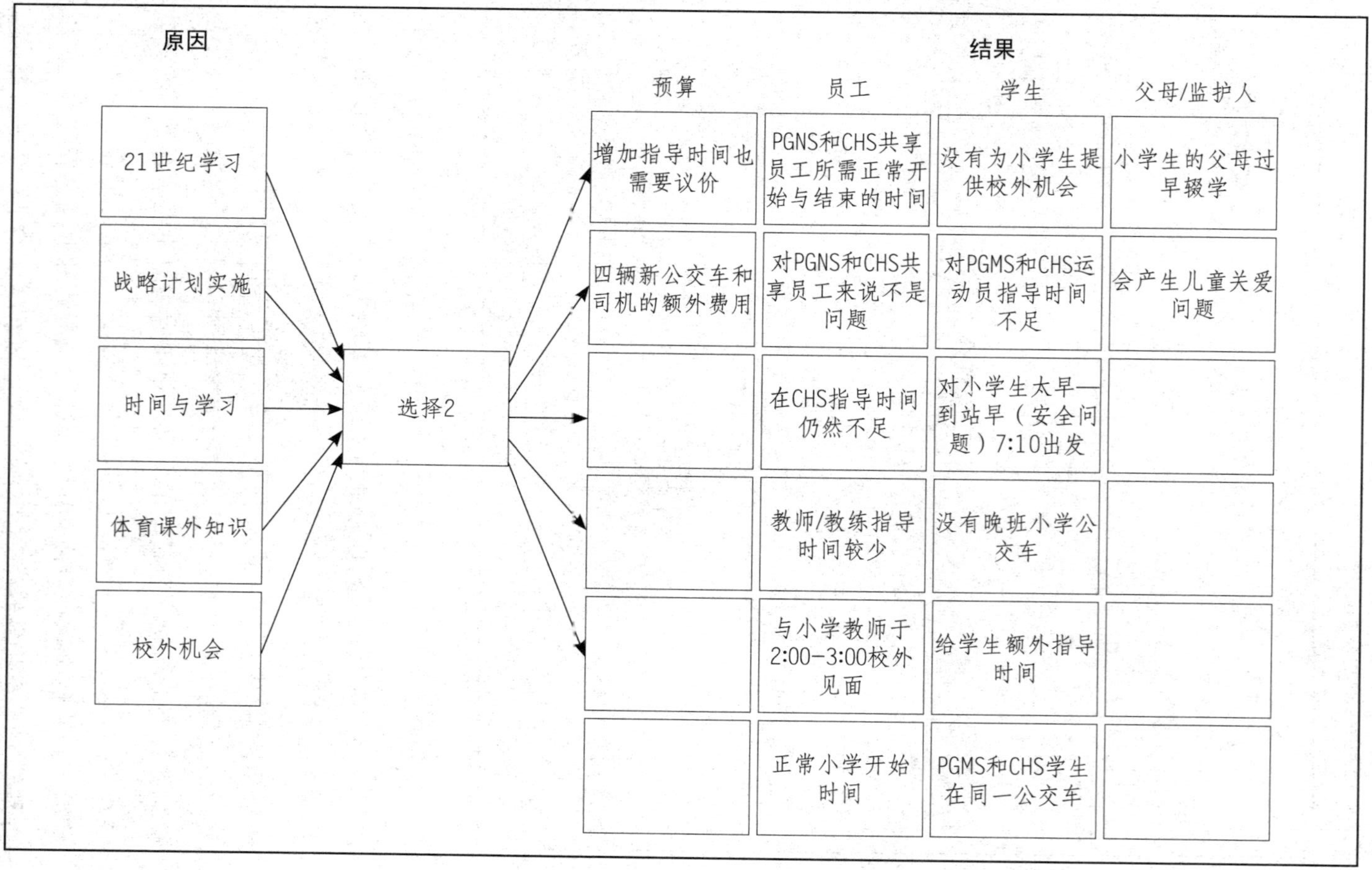

图7.6　学术优异严谨行动团队战略计划的树形图

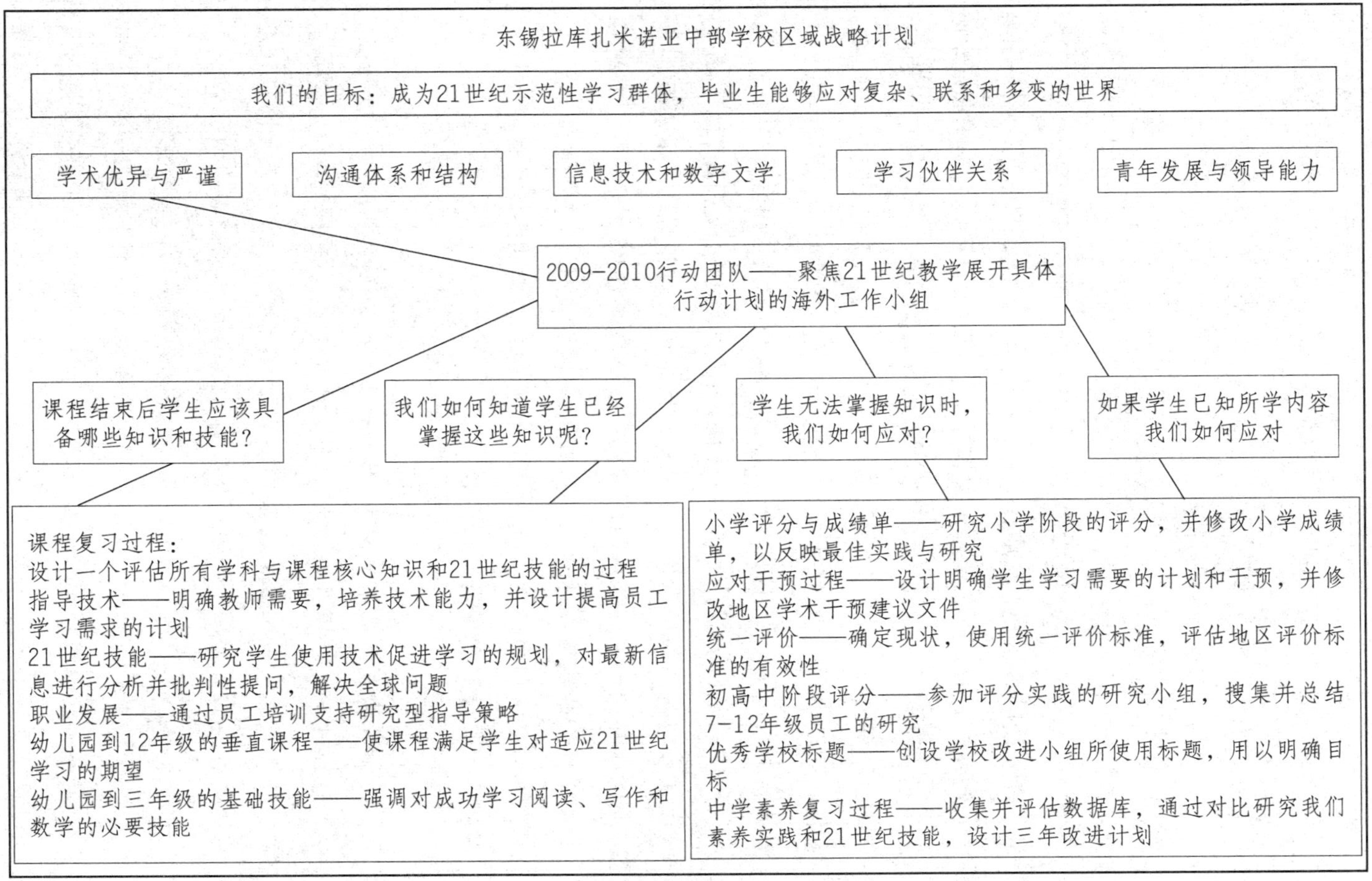

练地将思维过程应用到解决问题中，通过创造自己颇具挑战的问题与其他人开展持续探究，并且利用一些性情或思维习惯，带来解决21世纪问题所需要的洞察力和发现力。

民主参与的思维

值得注意的是，对于学校系统和更为广泛的学习团体中的成人学习者，我们所采用的过程和方法应在某种程度上可以转化到日常生活中。如果不具有可转化性，我们怎么能真正说教授给学生的工具可以用于课堂以外呢？我们发现思维导图不仅在学校中是实用工具，而且在日常生活中也非常有用。作为世界的公民，我们有责任做出具有警觉性、反思性的决策，能够为自己和他人表现出责任感。课程、教学与责任部门的执行主任朱迪•摩根讲述其在法庭审判中作为陪审员的真实经历，很好地说明了可转化性。

民主的基础表现为政府的政治和司法领域的可靠。我们学生作为未来公民在投票时所作出的决定，可与陪审员代表其他人审判某公民时所做的决定相提并论。朱迪作为辖区领导，能够熟练使用思维导图，并将其作为工具在有关我们学生未来的重要决策会议中使用。另外她在下文中提到，朱迪跳出自身角色，在不同的环境中遇到了类似的困境：生活中面对的很多复杂问题常常没有明确的答案。

> 当法官告诉12名陪审团成员，决策权现在握在他们手中时，恐惧感掠过一位陪审员的心头。要面对现实了，她现在可以决定起诉人的未来。她是否掌握了足够的信息进行决策呢？听了五天的证词后，她是否真的了解这个案件了呢？人们所说的话语里包含许多信息，从录音中可以提出太多信息，她是否确实了解了呢？
>
> 陪审员被引入一个小房间，能够容纳每个人坐在桌旁。这是陪审员第一次能够讨论这个案件，在此之前不允许任何讨论。陪审员代表各种各样的群体，年轻人或老年人，资历尚浅或经验丰富，男士或女

士。房间里开始充斥着各种想法，几个人同时讲话。这位陪审员聆听的时候，努力获取每个人讲述过去一周事件发生顺序的精髓，她开始反问自己，“我真正了解什么呢？如何从观点中提取事实呢？我们可以给出什么样的审判呢？我根据公平和建立在现实上的方式所作出的决定如何影响这个人后半生呢？”因为不知所措和颇感困惑，她思绪飞扬。大家情绪高涨。她知道需要能够作出自己认可的决定。此时，大多数人开始用情感模糊问题。她却强烈感觉到需要清晰的思维，但如何做到呢？

陪审员们的共同之处在于希望“做正确的事情”。他们意识到自己掌握着法庭上那个女人的未来。什么应该获胜呢……情感还是事实？如何做出这样的决定呢？每个审判员都在思考什么让这个人有罪。这位陪审员，不是陪审团主席，希望能够理解全部信息以及所共享的想法。

她的思维开始高速旋转，希望将想法和事实联系起来。刚才她并没有想到这点。她开始组织头脑中的信息时进行关联，尝试对信息进行分组和整理。她需要能够组织真正了解到的事实。她开始使用作为学校区级管理人员所学的可视化工具，想到，“我可以在这种情况下使用‘学校工具’吗？”陪审员需要重新分组，协同工作。她决定自己要为他们提供共同思考的策略。她问道，“我们被要求做什么呢？”陪审团认为他们需要考虑5个指控。她突然想到可以创造一个树形图来帮助陪审团。这5个指控成为树形图的分类标题。通过有序的方式，陪审团开始整理支持每个指示的事实。所有人以深思熟虑的方式来讲述事实，这些事实很容易被整理到具体分类中。陪审团在质疑某个说法或提问对所有人整理事实的问题时，都非常深思熟虑。通过一个小时条理有序的事实搜集，陪审团所了解的都非常清晰。陪审团主席开始点名投票。让人惊讶的是，所有人被叫到后，答案都是“有罪”。

她对刚刚发生的产生敬畏。严谨的思维取代了混乱，事实从观点中产生。通过使用可视化工具界限清楚的思维过程，实现了清晰表达。

思维和学习

让我们回到最初问题上，不只是关注学校教育，面对关注复杂而又多变的日常生活：思维和学习的关系是什么呢？我们仍然不清楚培养学生思维以及教学模式之间的关系。我们相信正在通往发现两者相关性的道路上。可以明确的是，全国学校以及全世界的学校会继续为了熟练掌握知识和低级过程而学习，但这不会改变我们21世纪学生如何处理思维。考虑到竞争激烈的全球经济和全球相互依存的动态等情况，我们需要以全新方式对自己和学生提出挑战。我们知道21世纪将会对我们的教学和学生学习提出新要求。思维导图为我们提供了认知和元认知的工具，需要把21世纪技能成功融入高质量教学，也就是我们所谓的最佳实践。在过去的一些年里，我们学生在纽约州英语语言文学和数学评估中的表现证明，他们一直表现出学习的提升以及毕业率的大幅增长。

图7.7 学生成绩：英语语言文学

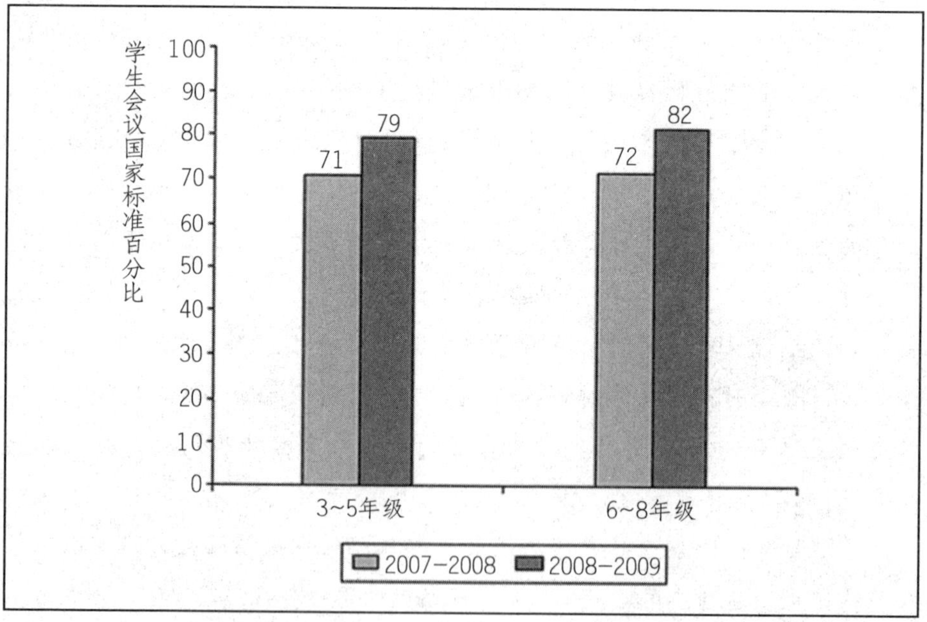

图7.8　学生成绩：数学

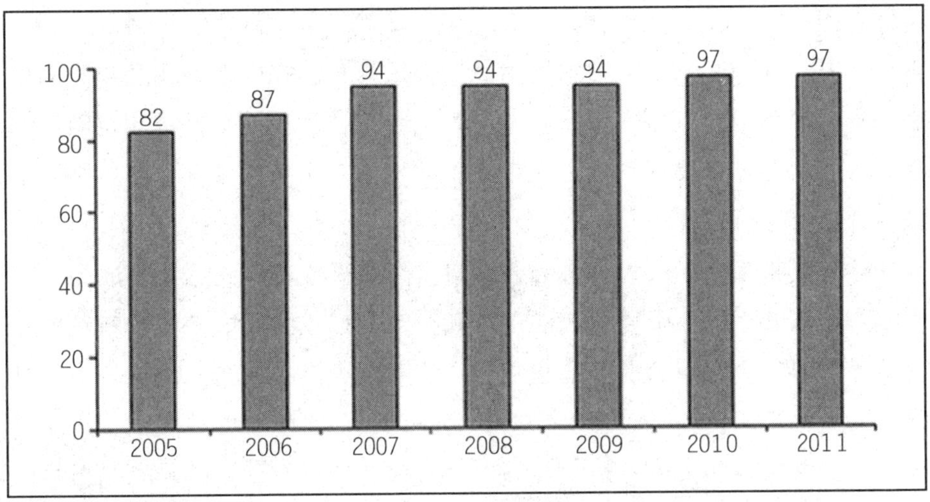

2005级、2006级、2007级、2008级、2009级（2002级、2003级、2004级、2005级、2006级、2007级同年龄组的学生）包括高中会考、地区及个性化教育文凭

图7.9　ESM学生毕业率

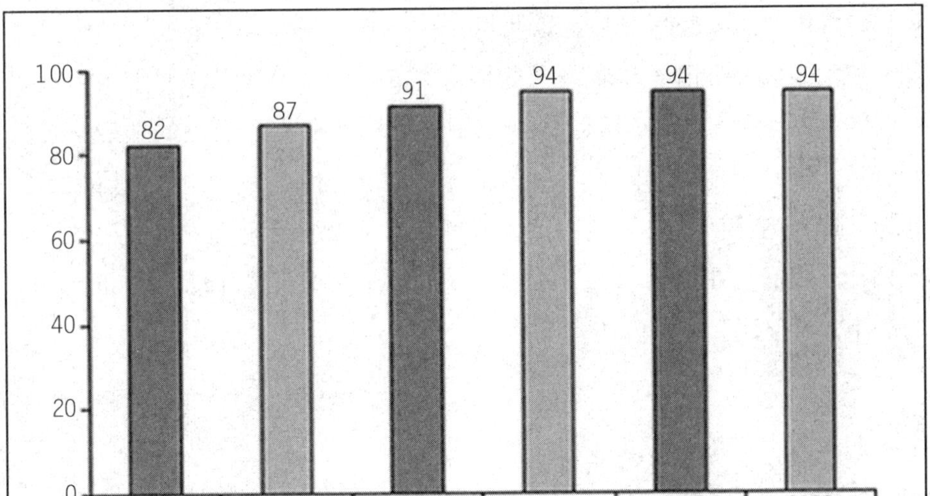

如果我们希望学生成为自我领导的学习者，能够合作工作，以创意视角探索领域，探索创新的潜在价值，那么学校和整个教育体系必须重视思维的培养。我们必须系统持续地给他们提供高效组织性强的相互关联的思维工具，超越单纯分析推理和以考试为中心重视学科与学科具体技能的闭卷评价。培养思维要重视各层次学习者的工作，包括从自觉培养思维性情到适合学习的高质量探究。

学校战略规划通过为学生准备在21世纪获得成功，向着我们成为补充性学习群体的目标，引导我们的决策和行动。现在我们更需要重新思考如何培养学生，应对面前的挑战和机遇。给学生提供有意义的相关经历，是强大的学习模式。美国以及世界上的所有儿童，需要21世纪知识和技能成为21世纪中高效的公民、员工和领导。大多数学生在学校所学的知识和技能与他们在典型的21世纪团体和职场所需要的知识和技能存在很大差距。为了成功应对严谨的高等教育功课、职场挑战和全球富有竞争力的工作人群，美国学校必须通过加入21世纪技能，让课堂环境与全球实际环境保持一致。通过我们的战略规划，学校在自我定位时面临这样的挑战和问题：我们课堂中的思维和学习是否相似呢？

正如朱迪·摩根与其他陪审员共同决策时所反映的那样，生活中大多数问题是跨学科的复杂问题，需要清晰的思考和坚持、耐心的性情，最重要的是能够在与他人共同思考时，进行独立反思性思考。这种性情和反思能力，或称为元认知，是我们作为人类必不可少的要素。朱迪使用的认知工具，与我们现在体系内所见的工具相同，正在被世界年幼儿童和已毕业的成年人所使用。

问题探究

唐娜·J. 德希亚图及其同事致力于建设以思维为基础的学习体系。作者发现他们从第一阶段变化发展到第二阶段变化，正是经提高学习向提高思维的转变。显然他们的视野并不局限在课堂中。学习和思维的关系是什么呢？学校或体系致力于建设时关注点的转变对我们教育结构的影响是什么呢？

作者声称，“这种性情和反思能力，或称为元认知，是我们如何成为人类必不可少的要素。”作者故意选择了“如何”这个词语，甚至强调这个词语。使用这个词语说明反思是存在的动态过程，虽然在我们经历中并没有自主参与。这种反思的性情和能力如何通过学生具备元认知或反思行为支持学校工作呢？

“相关性”观点是本章节不断提到的主题，涉及21世纪的最新现实和我们所生活的相互联系的世界。正如波茨曼所言，“改变已经发生变化，”由于学科、观点和人类交流具有联系，在我们考虑再次形成学生学习经历时，为什么相关性亟待成为核心观点呢？

参考资料与相关阅读

- 拉里•阿尔法，大卫•海勒（Alper, L., & Hyerle, D.）(2006),《思维导图：领导力语言》(*Thinking Maps: A language for leadership*)，卡瑞，北卡罗来纳州：思维导图有限公司。
- L.亚瑟•科斯塔，贝纳•考力克（Costa, Arthur L., & Kallick, Bena）(2000),《探索发现思维习惯》(*Discovering & exploring habits of mind*)，亚历山大市，弗吉尼亚州：监督与课程发展学会。
- 理查德•杜弗尔，丽贝卡•杜弗尔（Dufour, R., & Dufour, R.）(2008),《再次拜访职业学习群体：改进学校的新见解》(*Revisiting professional learning communities at work: New insights for improving schools*)，布卢明顿，印第安纳州：解树出版社。
- K.凯伊（Kay, K.）(2010年4月10日),《如何获得21世纪技能？》(*Got 21st Century Skills?*)，会议中课件展示，芝加哥市，伊利诺伊州：全国学校董事会协会。
- F.S.凯莉，T.麦凯恩，I.朱克斯（Kelly, F. S., McCain, T., & Jukes, I.）

(2009),《数字时代的教学》(*Teaching the digital generation*)，千橡市，加利福尼亚州：考文出版社。

- R.J.马扎诺（2009），“以‘高收益’策略直接设定分数”(Setting the record STRAIGHT on “High Yield” strategies),《卡潘》(*Kappan*)，第91期，第30—37页，检索自http://www.sde.ct.gov/sde/lib/sde/pdf/curriculum/ cali/setting_the_record_straight_on_hield_yield_strategies.pdf。
- R.J.马扎诺，D.J.皮克林，J.E.波洛克（Marzano, R. J., Pickering, D. J., & Pollock, J. E.)(2004),《课堂教学：基于研究策略提高学生成绩》(*Classroom instruction that works: Research-based strategies for increasing student achievement*)，亚历山大市，弗吉尼亚州：监督与课程发展学会。
- 尼尔•普斯曼，C. 魏因加特纳（Postman, N., & Weingartner)(1971),《教学：颠覆性活动》(*Teaching as a subversive activity*)，纽约市，纽约州：戴尔。

第八章　语言

编者按

前一个章节中唐娜·J.德希亚图和朱迪·摩根向我们提出的问题，驱使我们探索21世纪课堂实践的核心：什么是学习？什么是思维？教育的这两个方面是否相同呢？本章中，埃斯蒂·洛佩兹和拉里·阿尔法带领我们探索两个同样重要的问题：什么是语言？什么是思维？这引起作者们仔细观察作为学习的基础的这两者之间丰富的相互作用。对一些人来说这可能更像个哲学问题，实际上这是每个课堂上应该处理的事情。显然过去的世纪里我们大部分精力花费在直接关注语言，或者更具体说来，关注语言能力的培养：阅读、写作和口语上。识字率，尤其是阅读分数，是全世界每个国家都重视的方面，成为衡量教育改革的黄金标准。

不过，认知发展怎么样呢？如果培养思维能力、性情以及高质量探究与问题解决能力是21世纪学习、全球商业和创新的关键，那么我们为什么不去系统关注这些过程呢？随着英语语言学习者人数的不断增多，主要是一些非英母语的西班牙裔孩子进入课堂，在美国我们迫切需要找到这些问题的答案。无论是农村学校还是城市学校，教师所使用的方法和这些学生的成绩现在成为教育者的主要担心之一。这是个颇具争议的热点问题：那些希望教师只重视“英语”教学和重视借鉴母语来学习第二语言或“新”语言的“双语模式”的人们之间一直存在教育与政治冲突。这个错误的二分法存在第三条道路：重视认知工具，直接促进语言习得、学科领域的学术语言以及高阶思维。作者们将我们带入第三条道路，当学校从重视获取传统学科知识，转变成为系统参与学生思维时，这种探索为学校提供了目标。

思维语言学习者

埃斯蒂·洛佩兹与拉里·阿尔法

挑战

如今世界信息量过载，需要在语言和文化之间建立不同观点的联系，学生作为世界公民，如果只是懂得如何获取和利用信息，对考试项目进行回应，这是远远不够的。对于世界上使用母语开始求学，在陌生的“外语”环境中学习的这些学生来说，这点非常重要。尽管只是接触到低水平教学和指导，受到有限的“语言”熟练度影响，这些学生用功学习，成绩通常在年级平均及以上水平。遗憾的是，由于他们口头和书面沟通能力尚未达到年级平均水平，教育者们通常认为这些学生“智力”有限。虽然语言能力和认知能力同时培养，但两者经常发生混淆。这些学生可能经过许多年达到了课堂主流语言的基本熟练度，思维能力和认知能力却没能得到提高。结果如何呢？这些学生经常落后于班级，倘若能一直坚持，他们需要依靠重修课程才能毕业。

已故作家保罗·弗莱雷（Paulo Freire）在其颇具影响力的文章《被压迫的教育学》中做出这样的警告，教育不能只是作为传播知识的行为，而是必须成为每个人的认知行为，不论他们背景如何。弗莱雷并非讨论孤立的思维“技能”（虽然技能很重要），而是提出了思维、语言和文化之间的深层联系。弗雷德提出的学习过程，即“觉悟启蒙”是其作品的基础：任何年龄段的学习者与同伴及其教师合作过程中，都会参与反思性思考、提问和探究，深化批判素养，并为认识和尊重不同文化和语言提供了框架。弗雷德通过作品中对巴西北部体力劳动者进行成年人扫盲时，这种观点得到较好的理解。工人们起初称自己是“牲畜”，但是随着整个地区语言能力的巨大提升，这种情况得到改变。他们也能够获得自己的发言权。弗雷德重视高度尊重和认知过程，将批判性思维和语言能力培养结合起来。他的作品取得革命性成功，是一种可能性的证明，却最终导致被驱逐出境。

遗憾的是，对于不同年龄学生的语言素养水平，当时美国并没有发生类似引人注目的挑战，大量辍学最终导致成年人文盲。非英母语学习者占据美国学龄人口的比例不断增长，每年占劳动力和选民的大部分。这些学生大多数出生在美国，并且终生在美国学校求学（Capps et al., 2005）。自从引入联邦政府强制推行的《不让一个孩子掉队》法案，人口结构变化以及参与评估的英语语言学习者，提出确保成功语言习得的需求。他们需要发达的学术语言和技能来掌握学科知识，为大学和职场做好准备。在过去的三十年里，研究者表明英语学习者，主要是西班牙裔学习者，成为美国学龄人口最多的少数人群，但他们很大程度上面临着无法接受高水平教育的风险导致取得的成绩受限。

随着全球化需求的扩张，全世界都存在读写能力和语言培养的挑战。教育者在他们自己多元文化语境中发现重视思维和语言作为学习基础两者之间的共同纽带。那么我们如何理解并加强思维过程和语言使用之间的强大联系呢？语言习得，更具体地说第二语言习得在全世界不同文化中的意义是什么呢？随着我们探索以下博士研究中的案例分析（López, 2011），思维导图作为基于思维过程的常见图文模型，让学生在同时学习概念意义严谨的学术语言和第二语言上，发现了成功道路。这是第二语言学习者的关键。麦金泰尔［MacIntyre（2007）］在其作品《交际意愿》中指出，第二语言交流机会建立在个体选择用新语言谈话的特定时间里。他这样说道：

> 这时第二语言的交流意愿需要以不同语言群体之间的社会交流为条件，在某些方面反映出对话者语言学习获得成功。（第4页）

经证实，思维导图可以充当必要的刺激物，语言学习者利用这些可视化工具，“愿意”解释和展现他们的思维。随着情况发生改变，交流意愿程度具有表现复杂性的潜力。

经过教师悉心指导包括探究提问的行为以及熟练使用这些认知工具，思维导图提供的清晰可视化设计能够激发他们学生目标语言的意义学习和高级思维。纽约艾彻斯特公学教师珍妮·卡农（Jeanne Canon）的评论中体现出成果所在：

> 思维导图改变了我向第二语言学习学生的提问方法。这些导图帮助学生组织他们的思维过程。通过重视批判思维技能和八个导图相关的专业词汇，我提高了高阶学习能力。在我的指导下，学生开始使用这些导图，因此完成的作业效果不言而喻。我开始意识到我需要提高自己的期望值，因为幸而有这些丰富的可视化工具，第二语言学习学生能够掌握如此多的知识。

第一章中介绍的思维导图，作为思维学校发展的一种途径，能够帮助教师认识到他们所教授的学术语言和概念的认知模式。很多情况下，他们能够超越自己对学生思维能力的倾向和看法。围绕这个目标的教育重新架构，以及思维学校在全球的实践，如英国、埃塞俄比亚、南非、马来西亚、立陶宛、北爱尔兰和挪威等国家，对于应对这种挑战极为重要：最小限度的功能性读写能力并不能满足学生的需求，现在高技术工作要求通过信息进行思考、在共同协作的小组中清晰准确地进行交流、形成解决问题的方法，并能像创业家一样进行创新。

在美国，课堂中每天每时每刻的交流，学习英语的西班牙裔学生教育水平低下，只是关注基本语言学习和读书能力的教学，然而他们的思维、词汇和概念仍然基于西班牙语这个第一语言。这种情况发生在英语高风险测试的长长阴影下，在考试范围中为英语学习者设置的一些调整。在许多这样的课堂中对成功的期望就会很低，部分原因是复杂的挑战，还因为教师很难评价学生的丰富思维，这些思维隐藏在不言而喻的“外语”的沉默面纱后面。

从以下案例分析选段中我们可以看到新罗谢尔城市（靠近纽约市）学校体系中的教师和管理领导如何重视同时培养读写能力、语言和思维能力。通过这个转变，我们可以听到并看到他们如何超越严格的“系统”限制，破除那些干扰英语学习者智力发展和表达的假定障碍。

新罗谢尔的许多课堂环境得到改变，朝着独立和相互依赖学习方向转变，通过认知和可视化语言支撑，产生了丰富的学术用语。通过思维者的验证，英语学习者不再担心老师把他们的语言习得水平等同于智力和能力水平。值得注意的是，学生无需等待自己的英语水平达到能够进入与同伴进行知识建构的动态领域。语言发展的普遍性以及相关思维过程的普遍性可以促进知识和语言发展，提高学业成绩，并促进学习者的智力性情（思维习惯）。

确切来说，新罗谢尔的学校尽管尚未被命名为思维学校，但在整个系统中不断重视语言和学习，使其走在正在通往成为思维学校的路上。学习和语言发展思维的基础、不断变化的教师观念和学生性情以及向高阶提问与专业用语的演变，共同导致了重大改变。

重视认知而重构语言习得

美国的复杂现状为世界上拥有大量第二语言学习者的其他国家提供了一个窗口。我们通过使用思维导图来研究认知和专业词汇培养两者关系的意义与转变为重视思维的学校之间相互关联，可以适用于解决一些学业落后人口的全球困境。而且，由于世界上人们通过Skype和其他交流门户的交流更多，更为虚拟化，那么高效第二语言指导的需求便更为重要。

在美国，非英母语学习者在学校和以后生活中，包括大学和工作场所中进行有效竞争时，面临巨大挑战。我们必须记住，尝试提高“主流”学生的阅读理解和写作分数已经成为挑战，但是对非英母语学习者来说这个差距非常大，并将不断扩大。在综合研究此方面的文献过程中，戈登堡［Goldenberg（2008）］发出警告：

不论如何解释这些成绩差距，对非英母语学习者未来教育和职业选择都是凶多吉少。由于大规模成绩落后学生的代价巨大，对整个社会来说也是凶多吉少。（第11页）

不论种族、信仰、经济状态和英语水平，美国所有儿童都被强制接受教育。最新共同核心标准指导教师的所授知识和学生必学知识，且不论学生语言能力如何。这些标准的必要方面在于严格要求学生表现出高水平思维和在写作中丰富发展的思维表现形式。学生必须检视文章，从信息中提取证据，而不能机械重复知识库。共同核心标准意识到，富有挑战性的高级思维和以探究为基础的课堂（思维学校方法的基础）在帮助学生通过口头交流掌握所读内容方面发挥必不可少的角色。对于达到这些期望不断增长的学生来说，教师需要提供支持和支撑，鼓励学生承担风险、分享观点和建构意义。换句话说，我们不仅需要帮助学生学习课堂上的口语和书面语，还要帮助他们学习将信息转变为知识的认知语言以及成熟性情，伊薇特•杰克逊（2011）将之称为“自信教学法”。

考虑到以最高水平教育每个孩子面临的个体、文化和社会挑战（包括一些存在严重学习困难的学生），新罗谢尔案例分析开展的一些背景研究是必不可少的。这并不是只有一个答案的简单问题。在当前教育历史下，理解思维和语言的动态关系，是解决问题紧迫性的关键。当今信息技术认知时代下，所有学习者所需要的技能是让他们独立思考并具备促进协作和相互依赖思维的性情。

琳达•达令-哈蒙德［Linda Darling-Hammond（2010）］在她的著作《扁平世界与教育：美国追求平等的承诺如何决定我们的未来》中指出，人们使用一系列工具和资源进行建构、调查和解决问题的能力，是应对21世纪生活、工作和公民资格需求的能力中的关键因素。她进一步强调针对许多目标来发现、分析和使用信息，同样对他们取得成功必不可少。劳动力市场表示，具备高度熟练的语言、思维能力和技术水平的人与那些不具备这些能力的人们之间存在巨大差距。

在美国教育改革的背景下，特别是共同核心标准提出的新需求，英语学习者因此成为最具挑战和表现最为紧迫的人群。国家标准和评估将会影响未来这些年的教学方法和目的，寻找清晰途径来有效满足这些年轻学生的学术需求，这是非常重要的。然而，学区经常面临许多问题，却没有相应的答案。这种挑战是全球性的，世界许多教育部部长也发现英语成为商界通用语言和沟通时的主要共同语言，因此我们需要提高学业成绩和第二语言习得的方法。

大多数人所需要的学习策略，并不是那些各学科的“微技能”，这些技能只会重视具体考试项目，提高把关分数，或只是重视整个公学教育历史上使用的机械重复学习技巧。安娜U.查莫特［Anna U. Chamot（2004）］是英语学习教育领域的领导，她这样说道：

> 策略学习者具有对自己思维和学习方法的元认知知识，能够较好理解任务所蕴含的内容，具有协调各种策略，最好地应对任务需求和自身优势。（第14页）

因此我们需要重新建构方法，发展学生的认知和元认知（执行功能）能力，并培养自信、坚持不懈和直接与学业成绩联系的深思等知识分子性格。

回顾过去，就会发现对我们所面临的困境的思考。美国语言学家本杰明•李•沃尔夫［Benjamin Lee Whorf（1897—1941）］提出语言和思维之间具有深刻联系。其假设（萨皮尔—沃尔夫假说）强调，一个人的母语决定了他如何经历世界的概念分类。当教师和学生，尤其是英语学习者根据基本思维过程使用思维导图时，正是这种语言和认知的紧密联系成为激发的最重要方面。

这种联系是什么呢？通常认为，语言塑造思维。这种表面理解说得通，但是对一个人的母语来说，听出另一种语言的“外来性”和所有不同点非常简单。然而，每个人和每种语言的背后是基本认知过程发挥作用，为这些语言和文化搭建了桥梁。在每种语言群体中，这些基本思维过程每时每刻在被应用，通常在无意识状态下进行：定义上下文、描述、对比、分类、观察空间整体部分的关系、排序、因果推理以及类比和暗喻。世界上所有人都通过这些过程进行思考。在很大程度上，语言以这些认知过程和模式为架构。具体语言和文化语境决定“事情”如何通过词语使用进行分类，原因和结果如何发挥作用，如何使用暗喻以及语言群体如何从根本上通过词汇来定义上下文的“事情”，这是明显的不同。

没有人会反对，缺少词群（分类）、对比词、描述词、排序词和暗喻，语言本身的结构和行为就不存在。杰出心理学家利维•维果茨基（Lev Vygotsky）的著作让我们想到语言和认知发展中的心理文化方面。思维和语言的发展在语境和社会交往中不断演变。如果文化影响某个群体语言的结构和功能，那么社会交往使语言具有意义，并对所学知识进行分类阐释。认知发展、读写能力和文化语境的这种动态交叉，成为学习的源泉。

在接下来的案例分析中，我们解释并分析了纽约新罗谢尔城市学区所做出的努力，这个学校让所有学习者，尤其是非英母语学习者能够熟练使用学术语言和具体概念，获得学习的这种源泉。通过培养学生对基本思维技能的理解和教授学生如何使用思维导图这个常见的思维可视化语言来应用这些认知技能，这个地区提高了所有学生的学业成绩，包括其英语学习者。正在系统使用思维导图的新罗谢尔的一些学校，理解拥有可视化工具的共同认知语言对学科和语言表达的巨大潜力。

研究与实践

在全校范围使用思维导图通过提问、分类、语义学、句法学和命名，创造了支持认知文化模式的语言。认知文化模式在共同参与的学习环境下培养形成。神经科学研究在最基本的层次上，确立了大脑是模式检测器的观点。为了进行记忆，大脑必须对信息进行整理，建立或删减联系，存储重要信息，抛弃不重要的信息。

例如，为了记忆文章中的重要部分，非英母语学习者需要有意识地使用自己的思维，积极整理认知模式所呈现的信息。

如果不能实现这个过程，学生会面对一堆文字、一堆毫无差别难以理解的海量信息，就算不是抗拒，也会觉得应对起来很沮丧。文章结构特定类型的研究（如对比、分类、排序、因果等）让我们理解文章结构或文章的思维模式，提供给读者丰富的概念网络，以便在大脑中保留信息。无法认知这些文章模式和缺乏相关工具挖掘文章意义，会对学习者形成严重妨碍。实现最高级的学习，需要理解和明白语言的最高级功能和形式。

新罗谢尔的学校引入思维导图的目的，在于确保非英母语学习者能够熟练使用英语进行阅读和写作。熟练的读者通常表现积极、目标明确，具有自我管理和元认知能力（Armbruster, 2002）。因此这些技能和性格需要得到高度发展的具体策略和工具的明确支持。

研究人员、教育者和管理人员认为，通过英语学习者所需的高质量教学来培养语言技能，实现学业优秀成绩，对于维持繁荣社会来说非常关键（Jamilah, 2000）。然而专家对于教授这些人群的最佳教学策略仍然存在分歧（Norton & Toohey, 2001）。研究人员已经对第二语言习得领域进行充分分析，但是专家还是担心人们并没有刻意关注认知发展来提高学习成绩。在《语言少数族裔学生的学校效能》这本开创性著作中，托马斯和科利尔指出，尽管语言发展对全面理解学科材料有所帮助，学生还是会在整个课程中遇到挑战。我们会陷入这样进退两难的困境：学生如何在他们学习新语言时接受智力上的考验呢？

研究人员主张，非英母语学习者应当进行认知较为复杂的学校相关任务，并且要适合他们年龄阶段，同时教材相对于提高非英母语学生第二语言的程度必须具有意义。换句话来说，第二语言习得和专业学习必须同时培养。我们学校现在不使用非英母语学习者的母语，将会继续阻碍他们接触到广泛的教育资源和机会。研究中提到需要指导的需求，与我们学校在认知发展和学术语言学习方面针对非英母语学习者的目前实践状态之间，存在巨大差距。现在迫切需要缩小差距。为了挑战这个困难，我们需要利用认知工具对英语学习者进行明确指导，让他们彻底理解学习经历并构建意义，让教师辨别思维过程的应用，这样学术语言就会更有意义，如果缺乏这个过程，超越他们能力的过高预期，只能使熟练水平遭到严重拖累，甚至无法挽回。

查莫特和奥马里［Chamot and O’Malley（1987）］研究出认知学术语言学习方法，作为帮助非英母语学习者的模型。查莫特和奥马里认为使用认知学习模型的学习策略，可以帮助学生理解和记忆语言与内容。因此在过去的十年中，为了满足《不让一个孩子掉队》的最新标准以及《各州共同核心标准》，全国教育工作人员使用有效模型来教授英语学习者：保护式指导观察协议（Echevarria & Short, 1999）。保护式指导观察协议是以结构性方法参与认知学术语言，重视语言和学科目标的指导性框架。保护式指导观察协议方法尽管在新罗谢尔学区得到广泛使用，并加入思维导图这个重视认知和语言发展的连贯持续工具，却并没有发挥保护式指导观察协议应有的潜能。

新罗谢尔市学区决定履行自己对所有学生的职责，让他们能够实现最高水平的成功，体验作为学习者的满足感。管理人员着力提高非英母语学习者的学习成绩，尤其是提高并在战略层面上实施思维导图，使之作为可视化工具，在保护式指导观察协议模型使用过程中。教师和管理人员达成一致意见，学校里所有教师使用共同工具，贯穿学生的体验。采用这个方法来系统提高教学的意图，建立在认知科学和语义学的基本理论以及思维导图培养的基础上。认知模型和明确重视学科与语言目标，使非英母语学习者的教学发生重大转变。教师重视学术语言，并利用工具从本质上区分了学生的思维与参与度。

新罗谢尔市学区中各种学校都有大量英语学习者，主要是西班牙裔的学生。这个学校，代表了许多小城市学区的经济、社会、民族、语言和文化多样性。确保所有学生成功非常关键，特别是对非英母语学习者而言。从更深层意义来说，不仅要达到纽约州第二语言英语成绩测试的熟练水平，还要帮助那些已经达到熟练水平但对阅读和写作仍感到困难的学生。为解决此需求，校长们认识到思维导图的重要性。作为当时非英母语学习者的主任，埃斯蒂•洛佩兹与校长和其他同事一起，开始围绕重视非英母语学习者的学术语言，再次讨论教学。埃斯蒂认为，学校的有效改革就像是“不朽的园丁”，不断探索分享观点，逐渐带领人们一起用其他方式帮助英语学习者的观点开始盛行。另外，校长们也认为，导图会对学校所有学生产生积极影响。这样，虽然没有明确说明，每个学校将认知培养和“思维过程”的发展作为学校文化建设的中心。这引起规划全校培训的战略。

定义和使用思维导图中内含的认知词汇，推动学生有意义地使用学术语言。导图通过儿童的母语和第二语言进行教授。认知意义的概念转化能够改善可及性，并不受制于语言，这点尤为重要。学生的母语是进行思考的有利条件。

实施思维导图时，通过使用同根词，在思维导图的名字和目的方面将西班牙语转变为英语的影响（López, 2011）非常显著。每个导图与特定的认知术语和功能密切相关；大量研究强调英语学习者可以利用同源识别来理解第二语言（García & Nagy, 1993）。蒙泰隆戈、埃尔南德斯、赫特和奎略（2011）指出，“由于具有相同词源，同根词是两种语言在拼写、语义和句法层面上相似的词语”（第429页）。这是英语学习者使用思维导图的关键方面。

开展思维导图培训首先从英语作为第二语言的老师和双语老师开始，他们参与全天专业发展体验，并在四年的时间内得到系统持续的帮助。由于开始出现成功和效果，学校所有教师立即付诸行动。校长表示支持，并为教师提供许多机会，培养他们使用思维导图的能力，因此开始实施全校模式。这个设计确保了可视化工具和教师与学生共同认知语言的使用。显然尤其是英语学习者在内的学生，表现出对每个导图的学术语言进行有意义的使用。这种协作方式促进全校能力建设的系统实施。事实证明，创造教师参与度的强大水平，可以维持很多年。地区领导力也逐步加入辖区内所有学校的思维导图中，通常一次一所学校。从开始到现在，由重视这些可视化工具转变为重视学生独立使用可视化工具。我们开展课后研讨会议，帮助教师和学生在更为复杂的水平上使用导图。其他教师开始意识到学生语言表达、词汇发展和思维方面的提高，特别是非英母语学习者的提高。培养能力的过程通过培训年级优秀教师以组成小型专业学习群体，扩展到培训全校教师。教师遇到同事就会分享学生作业和他们对思维导图的使用方法。经过一段时间后，教师意识到所有学生从这些认知工具中受益匪浅。

假定非英母语学习者在认真思考某个学科前需要大量词汇。不过，通过他们所想和所见观点之间的认知联系获得词汇后，可视化语言如何充当词汇外部存储器呢？在学术学习过程中，理解词汇、文章和知识的深层含义，是思维的关键因素。然而，不论语言熟练度如何，帮助非英母语学习者激活他们的思维，是实现有意义学习必不可少的。这个关键概念开创了看待认知模式和学术语言如何相互作用来帮助提高非英母语学习者成绩的新模式。辛西娅·史罗金（Cynthia Slotkin）是位已退休的校长，在新罗谢尔的杰弗逊小学开创性实施思维导图，她这样描述对学生而言这些认知工具的角色，“由于对课程进行可视化呈现，孩子们坐下来完成课程时，会变得非常清晰和明显。”对于思维导图在培养自我调解学习的好处问题上，史罗金女士进一步说道，“学生确实能够分析正在学习的话题，并开始思考将要使用什么导图以及为什么用这个导图……”

使用思维导图的意义不仅存在于学生中。教师和学生一样，对学习的认知维度更加关注和更具策划性。他们能够在创造不同任务时进行区分。教师开始在特定的学术任务中，挑战并引导学生用不同方式进行思考和表达想法。

希尔迪·马丁（个人访谈，于2009年4月15日）在反思思维导图对自己教学的影响时，提到她现在“与学生一起做的所有事情更加注意认知过程。”结果，这种对认知过程的敏锐意识，加上与之相关的思维导图，被传授到学生中去。希尔迪指出学生现在能够在学习过程中自觉确认认知模式，并使用适合的思维导图。

影响

在为期两年的《认知模型和思维导图对英语学习者语言发展的影响》研究（López, 2011）中，作者发现思维导图对非英母语学习者学术语言培养具有积极影响。研究结果表明，思维导图的内在特性可以提高教师达到课程中学术目标的能力。受访者提到的一些特性，包括学术语言，都是思维导图的固有特征，让每个导图与认知目的和目标保持一致性。该研究的结果还表明，全校范围的实施能够积极促进思维导图的使用效果。受访者提出，学生能够从不同课堂和不同学年回想起这些可视化工具并进行运用。所有学生，尤其是英语学习者经常使用这些工具，并且经过一段时间后，他们能够处理复杂的语言和学科。

我们了解到，研究人员不断发现使用可视化工具是英语学习者的有效策略。学科领域教师不断使用可视化工具进行教学时，证实了可视化工具非常有效。人们发现，思维导图提供的一致性和连贯性是所有学生，尤其是非英母语学习者成功学习学术语言和学习体验的必备特点。另外，由于这些可视化工具与排序、对比/比较和因果等基本思维模式之间具有直接联系，因此思维导图可以很好地解决英语学习者和苦苦挣扎的高级学习者所面临的挑战，为建构意义区分认知工具。在为期两年的研究中，一位老师在小组座谈会中提出以下评论：

> 导图让每个思维过程具有相应的名字，使之具体可视化。孩子们学会了，导图可以保存继续使用，并进行回顾……随着孩子进入下一个年级，他们能够更加充分灵活地使用导图。我认为导图确实对成绩具有积极影响。（第95页）

该地区的教师认为，英语学习者如果一直自觉主动重视学习的认知方面，熟练准确使用思维导图相关的可视化模型，在语言和学业表现方面就会产生不一样的结果。他们认为，这种转变会让学生能够做到一些事情，与他们感觉到的不足恰好相反。杰弗逊小学双语教师玛雅·斯塔赛维克（Maia Starcevic）在2009年4月15日的个人访谈中强调了这个观点：

> 通过八个导图，你能无所不能……你可以展现自己的思维……无

论你是否会阅读或写作，这些导图总会有可以为你所用的地方。这是强大的信息。

辛迪娅·史罗金（个人访谈，2008年4月14日）进一步指出学生能够“……开始思考，谈论他们的发现，然后开始写作……我们发现，”她继续说道，“孩子们突然能够以更有意义的深层方式使用语言。”

这种变化也在纽约州新罗谢尔市学区的哥伦布小学中得到记录。校长和教师们指出，使用这些可视化工具，给英语学习者提供机会，让他们在文章中看到清晰的组织模式。哥伦布小学校长伊戈尔·约瑟夫博士（个人访谈，于2008年4月12日）（现已退休）认为，“思维导图让我们教师和学生以比喻的方法去理解深层思维过程，这样学生就不再是知识的被动接受者。”

思维导图让非英母语学习者和其他所有学生整理文章来练习确认和选择关键信息，使用相同的认知模式对文章进行重建，表达他们对文章的看法。这对非英母语学习者理解专业文章来说至关重要。由于思维导图中的可视化语言和思维过程具有统一特征，约瑟夫博士认为使用思维导图能够帮助学校创造包容性结构，英语学习者能和所有学生一样在课堂上得到指导。约瑟夫博士具体衡量思维导图对学生的影响，指出80%的三年级、四年级和五年级学生在2009年纽约州标准化评估中英语语言文学达到熟练水平。然而，约瑟夫博士（个人访谈，于2008年4月12日）很快补充说，“永远记住，孩子并不是考试分数。具有素养的公民只是能够阅读的人们，而不是能够思考的人们。”

通过观察和监督非英母语学习者如何利用多个思维导图，表现不同话题下思维的复杂性，显然思维导图能够提高非英母语学习者语言发展的期望，通过像激光一样的认知关注和目的，改善教学体验。以下例子代表了学生使用各种方式，表现出所有年级的学生对整个课程的学科和概念理解。

图8.1是二年级双语课堂的例子。请注意学生如何以母语（西班牙语）使用导图，对灰姑娘故事的两个版本进行对比和比较。从这个双气泡图中，学生能够形成对两个版本故事的高阶分析。在这次学习体验中使用导

图，促进了学术词汇的使用（相同、不同、相似、共同），使学生能够通过回答对比问题，揭示自己对故事的理解。

图8.1　学生使用西班牙语绘制灰姑娘故事的双气泡图

图8.2表现出同时培养学生批判性思维能力和第二语言发展。学生在进行两个国家的对比分析时，能够描述自己的思维。导图的灵活性让学生学习英语，利用图片和词语表达自己的思维，同时保留了对比的批判思维技能。另外，这个图片中的流程图描述了学生一生中重大事件的顺序，学习者通过这样做能够掌握排序的重要性。

图8.2　学生使用图画在内的多个思维导图

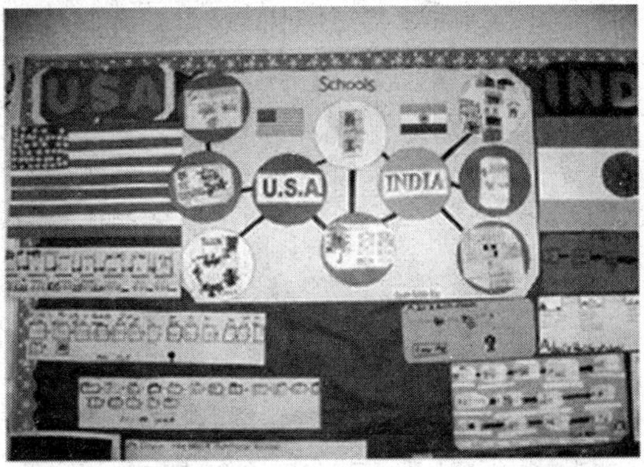

因此英语学习者能够达到共同核心素质标准，更重要的是他们学会了文学作品的衔接。在图8.3中，学生能够使用他们圆圈图中包含的信息，完成小论文。经过一段时间后，学生通过使用各种思维导图中的信息，拓宽思维，能够完成具有观点和例证的作品。

图8. 3　学生根据圆圈图进行的写作

我们知道思维并非线性的，因此学生应借助思考的多种方式，思维导图鼓励思考和表达的多样化。例如，在图8.4中，学生在结束纽约现代艺术博物馆参观后，使用八种思维导图和八种不同认知过程，表现出他们所学到的思维。

这个作品准确表现出学生如何思考内容，而不是机械地复制内容。

图8. 4　学生使用多个思维导图展现参观博物馆的思考

思维导图为新罗谢尔市学区的学生，尤其是非英母语学习者，提供了学习语言和文化的认知桥梁。随着他们不断熟练地使用这些工具，学生开始形成路线图和内心指南针，能够在学校中自信得体地应对不断增加的复杂的信息，并在规范教育结束后引导他们的生活。这对教师也具有积极的反馈效果。思维导图的使用提供了窗口，根据教师玛雅•斯塔赛维克在2009年4月15日的个人访谈，利用这个窗口他们能够“通过学生的作业及其思维更好地了解学生”。随着学生提高了自信和能力，教师也提高了他们对学生能力的要求。我们相信这是个重大发现，洛佩兹研究中一位参与者这样说道：

> 我们对非英母语学习者和所有学生的要求的确有所提高……并且随着要求的不断提高，学生付出更多的努力。因为他们了解我们的要求，并开始对自己提出那样的要求，使用思维导图之类的工具能够使他们达到那个水平，也能真正表达自己。（第106页）

在案例分析过程中我们观察到，随着学生越来越自信，老师提出更高要求，学生性格发生转变，这些也会导致变革性的结果，不仅表现为考试成绩提高，还能够超越这些措施。哥伦布小学的双语幼儿园教师薇尔玛•阿里萨加（Vilma Arizaga）表示，“思维导图是我们提供给孩子的绝佳工具。我们让他们感到可以控制自己如何思考，并能够评估他们的思维。”这对非英母语学习者的学术语言发展至关重要，因为学生培养了强烈的自信感。

研究发现，使用思维导图可以提高学生的语言表达能力。非英母语学习者想在美国学校获得成功的话，语言表达非常重要（Chard, 2006）。教师在与非英母语学习者合作时，他们可以相应调整自己的语言。这种调整使教师能够提供理解性输入（Echevarria, Vogt, & Short, 2008）。由此看来，使用思维导图作为可视化表达的空间语言，促使学生根据特定任务表述自己的思维。以下评论是一位教师证实语言表达的文献，强调了思维导图在这方面的影响：

> 几年前我在指导性阅读小组工作室，很多次……当我坐在小组中，我向他们提出问题，我们反复讨论……而现在我所做的是……让他们画个导图，他们以框架的形式展现论据。不是我引导他们回答问题，而是他们自己辨别重要事情，并且我不会告诉他们什么是重要内容……他们自己进行辨别，因为他们具有表现这些内容的方式。（第103页）

新罗谢尔所从事的工作，利用最初针对英语学习者实行的策略，适用于所有学习者。而且，随着学生进入下一学年，初中和高中校长开始让教师们继续帮助学生使用思维导图，因为导图已经内化为学习和建构意义的工具，来满足认知和学业要求。对过去在初级英语水平遇到困难的学生，需要给予特别关注。尽管这个水平的学生交际/口语能力得到提高，显然他们需要在阅读和写作领域达到进一步提高。对他们来说，思维导图是通往素养和学术语言发展的桥梁，是进行意义建构和学校以外继续学习的关键途径。

反思性实践

语言发展在语境和社会交往中不断演变。如果文化影响一个群体语言的结构和功能，那么社会交往使语言具有意义，并对所学知识进行分类阐释。新罗谢尔的学校通过系统使用思维导图，认识到共同使用可视化语言对于学科和语言表达的巨大潜力。在全校范围使用思维导图，创造一种语言，能够通过提问、分类、语义学、句法学和命名来支持认知—文化模式。将认知—文化模式在互动的学习环境中建立起来。

建立认知—文化模式并不意味着某种思维和学习方法是高级的。相反，使用思维导图能够提高探究的语言风格和文化风格，通过共同语言支持下的动态社会交往和参与，培养思维表达和理解的中介。该研究的另一位参与者表示，“我从未遇见过这样的学生，给导图增加东西的时候会觉得不安全……我曾经教过二年级、三年级和四年级的学生，对他们来说在思维导图的课堂承担风险、与别人交谈、与我们交谈以及表达自我，都是非常安全的，并且他们总是能找到话题。”（Zopez，2011，第177页）

非英母语学习者的老师们使用思维导图，把学生看作思考者。他们不再认为学生英语水平有限。教师开始反思他们的教学法和思维过程来挖掘非英母语学习者的知识并带入学习环境。新罗谢尔的教师认为，语言和内容的获取依赖于教师准确使用教学策略以及他们介绍给学生的认知可视化工具。

重新审视我们看待非英母语学习者如何接受教育，将会成为当今美国教育最重要的一个目标。重新整理我们论述如何帮助非英母语学习者应对21世纪的挑战和机遇至关重要。思维导图充当推动非英母语学习者学习学术语言的必备工具，以应对最新共同核心标准和当今复杂的世界。非英母语学习者的教师使用思维导图，有利于提高他们学生的思维水平。他们关注学生如何建构知识。这些教师和学生不是分解信息，而是通过使用导图，有利构建信息，进行深入理解，并且培养向所学知识以外延伸知识的看法。这种可视化编排，包括探究提问能力，经过老师的认真指导以及通过这些认知工具的熟练使用，将激发他们学生对目标语言的有意义学习。纽约艾彻斯特公学的英语教师珍妮•卡农（个人访谈，2013年2月12日）这样说道：

> 与英语学习者一起使用思维导图让我成为更好的老师。为了有效使用导图，我必须考虑适合学生的思维和恰当的语言，来完成学习任务。在使用思维导图之前，我并没有真正考虑学生所需要的思维，就开始上课。现在我对自己的实践进行了更多的反思。

随着新罗谢尔市学区以及其他学区教师的使用，这个方法推动我们教育界所有的人重新确定目标以及针对非英母语学习者的教学方法。这种教育界的紧急行动非常必要，这样非英母语学习者能够在美国学校中获得成功，成为他们力所能及的思考者和领导者，成为21世纪整个国家乃至全世界所依赖的世界公民。

问题探究

在前面一章中，德希亚图和摩根探讨了从重视学习转变为重视思维的重要性。他们明确认为只是提高学习远远不够。在本章中，作者认为教育中针对非英母语学习者也需要作出类似转变，同时也不断强调包括提高思维水平在内的改善语言发展。为什么认为这种转变迫在眉睫呢？这种转变又会为社会、经济和政治带来哪些好处呢？

在这两个章中，思维导图作为通用语言，把学校群体中所有成员联系在一起。既然本章主要讲解语言和思维，那么在学校中共享可视化认知语言有什么重要性呢？如果不仅在一个学校或地区共享这种语言，而是在世界所有教育环境下使用这种语言，有着怎样的什么意义呢？

想象一下，我们能否继续使用50年前的医理来解决今天的问题情况。教师的教学法会影响他们学生的感知能力，因此会对学生培养、揭示他们的智力以及学生的机会，产生巨大影响力。我们应当通过什么方式，重视思维，使用当前以试验为基础的工具和教学实践，帮助学习者发展并交流他们的思维，改变观念，为所有学习者创造新机会呢？

参考资料与相关阅读

- V. 阿里萨加（Arizaga, V.）（2009年4月15日），接受E.洛佩兹和L.阿尔法的采访（视频录音），“思维语言：英语学习者素养与专业语言发展的认知桥梁”（The language of the mind: Cognitive bridge for literacy and academic language development of English language learners），检索自：http://www.thinkingfoun dation.org/newrochelle/index.html。
- B. 阿姆布拉斯特（Armbruster, B.）（2002），《将阅读放在第一位》

（*Put reading first*），华盛顿特区：美国教育部。

- R.卡普斯，M.菲克斯，J.玛瑞，J.欧斯特，J.帕塞尔，S.赫尔万多罗（Capps, R., Fix, M., Murray, J., Ost, J., Passel, J., & Herwantoro, S.）（2005），《美国学校新民主：移民与不让一个孩子掉队法案》（*The new demography of America's schools: Immigration and the No Child Left Behind Act*），华盛顿特区：城市研究所，检索自：http://www.urban.org/publications/311230.html。
- A.U. 查莫特（Chamot, A. U.）（2004），《语言学习策略研究与教学问题》（*Issues in language learning strategy research and teaching*），《外语学习教学电子期刊》（*Electronic journal of foreign language teaching*），检索自http://e-flt.nus.edu.sg/v1n12004/chamot.pdf。
- A.U. 查莫特，J.M.奥马特（Chamot, A. U., & O'Malley, J. M.）（1987），“专业语言学习认知方法：通往主流的桥梁”（The cognitive academic language learning approach: A bridge to the mainstream），TESOL季刊（*TESOL Quarterly*），21(3)，第227—249页。
- D.查德（Chard, D.）（2006），《挣扎的阅读者：有效的干预》（*The struggling reader: Interventions that work*），纽约市，纽约州：学者出版社。
- J.康明斯（Cummins, J.）（1994），“英语作为第二外语教学时的知识、力量与身份”（Knowledge, power, and identity in teaching English as a second language），摘自J.理查德（J. Richards），《教育第二外语儿童》（*Educating second language children*），第33—55页，波士顿市，马萨诸塞州：剑桥大学出版社。
- L. 达令-哈蒙德（Darling-Hammond, L.）（2010），《扁平世界与教育：美国追求平等的承诺如何决定我们的未来》（*The flat world and education: How America's commitment to equality will determine our future*），纽约市，纽约州：教师学院出版社。
- J.埃切瓦里，D.肖特（Echevarria, J., & Short, D.）（1999），“保护

式指导观察协议：教师与研究人员合作与职业发展的工具”（The Sheltered Instruction Observation Protocol: A tool for teacher-researcher collaboration and professional development），艾力克文摘，99号，波士顿市，马萨诸塞州：剑桥大学出版社。

- J.埃切瓦里，M.沃格特，D.肖特（Echevarria, J., Vogt. M., & Short, D.）（2008），《SIOP模式：让英语学习者更容易理解内容（第三版）》［*Making content comprehensible for English learners: The SIOP model* (3rd ed.)］，波士顿市，马萨诸塞州：皮尔森·阿林出版社和灯塔出版社。
- P.弗莱雷（Freire, P.）（2009），《被压迫者教育学（30周年纪念版）》（*The pedagogy of the oppressed. 30th anniversary edition*），纽约市，纽约州：连续国际出版社；顾建新等译，华东师范大学出版社，2001。
- G.E.加西亚，W.E.纳吉（García, G. E., & Nagy, W. E.）（1993），“拉丁美洲学生对同源词的概念”，摘自D.J.洛伊，C.K.肯瑟尔（D. J. Leu & C. K. Kinzer）《审查文学研究、理论与实践中的核心问题》（*Examining central issues in literacy research, theory, and practice*），第367—373页，芝加哥市，伊利诺伊州：全国阅读会议。
- C.戈登堡（Goldenberg, C.）（2008），“教育英语学习者：研究表明和未涉及的事项”（Teaching English Language Learners: What the research does and does not say. American Educator），《美国教育者》（*American Educator*），32(2)。
- 伊薇特·杰克逊（Jackson, Y.）（2011），《教育学的自信：激发城市学校的高效表现》（*The Pedagogy of confidence: Inspiring high performance in urban schools*），纽约市，纽约州：教师学院出版社。
- E.雅米拉（Jamilah, E.）（2000），“研究表明，西班牙裔学生学位获得率落后”（Research shows lag in Hispanics' bachelor's attainment），《高等教育中的黑人问题》（*Black Issues in Higher Education*），17（3），第16页。

- Y.约瑟夫（Joseph, Y.）（2008年4月12日），接受E.洛佩兹和L.阿尔法的采访（视频录音），检索自http://www.thinkingfoundation.org/ell/index.html。
- E.洛佩兹（2011），《认知模型思维导图对英语学习者专业语言发展的影响》（*The effect of a cognitive model, Thinking Maps, on the academic language development of English language learners*）（博士论文），圣约翰费舍尔大学，罗彻斯特，纽约，检索自：http://fisherpub.sjfc.edu/cgi/viewcontent.cgi?article=1056&context=education_etd。
- P.D.麦金太尔（MacIntyre, P. D.）（2007），“使用第二外语交流的意愿：理解表达的选择代表意志过程”，《现代语言杂志》，（*Modern Language Journal*），91(4)，第564—576页。
- J.A.蒙泰隆戈，A.C.埃尔南德斯，R.J.赫特，J.奎略（Montelongo, J. A., Hernández, A. C., Herter, R. J., & Cuello, J.）（2011），“拉丁语系学生学习英语时使用同源词进行语境检索策略”（Using cognates to scaffold context clue strategies for Latino ELLs），《教师阅读》（*Reading Teacher*），64(6)，第429—434页。
- “为什么《不让一个孩子掉队》法案如此重要”（Why NCLB is important），《不让一个孩子掉队》（*No Child Left Behind*）（2001），华盛顿特区：美国教育部。检索自http://www.ed.gov/nclb/overview/importance/edpicks.jhtml。
- B.诺顿，K.图希（Norton, B., & Toohey, K.）（2001），“优秀语言学习者的视角转换”（Changing perspectives on good language learners），TESOL季刊（*Tesol Quarterly*），35(2)，第307—322页，检索自http://search.ebscohost.com.ezproxy.cnr.edu/login.aspx?direct=true&db=ehh&AN=18692432&site=ehost-live。
- C.斯托金（Slotkin, C.）（2008年4月14日），接受E.洛佩兹和L.阿尔法的采访（视频录音），检索自http://www.thinkingfoundation.org/ell/index.html。

- M.斯塔赛维克（Starcevic, M.）（2009年4月15日），接受E.洛佩兹和L.阿尔法的采访（视频录音），“思维语言：英语学习者素养与专业语言发展的认知桥梁”（The language of the mind: Cognitive bridge for literacy and academic language development of English language learners），检索自：http://www.thinkingfoun dation.org/newrochelle/index.html。
- W.P.托马斯，V.科利尔（Thomas, W. P., & Collier）（1997），《少数学生语言学习的学校效能》（*School effectiveness for language minority students*），华盛顿特区：全国双语教育中心，乔治•华盛顿大学，语言教育学习中心。
- L.维果斯基（Vygotsky, L.）（1956），《社会心理：高级心理机能的发展》（*Mind in society: The development of higher psychological processes*），剑桥市，马萨诸塞州：哈佛大学出版社。
- B.L.沃尔夫（Whorf, B. L.）（1956），《论语言、思维和现实（J.B.卡罗尔编辑）》[*Language, thought and reality*（J. B. Carroll, Ed.）]，剑桥市，马萨诸塞州：IT出版社；高一虹译，商务印书馆，2012年。

第九章　培训

编者按

考虑一下这些问题：了解自己的思维、改变思维进而转变日常的行动和行为模式，这意味着什么呢？鉴于其中的困难，为了让学生在课堂上独立转变如何决策的方式，指导教师如何做到完整真实地参与“调解”其他人的思维呢？本章还提到一些其他诱导性问题：为什么要求教师对自身实践更具反思性呢？当教师没有清晰了解自己的思维发展时，我们如何训练教师对自己的思维具有反思性（元认知）呢？

本章深入分析了上述问题，并指导改善教学新方式，而不是单纯给出答案。显然，如果我们将注意从提高全球学校的教学质量向培养“思维”学生发展，需要一致关注教师及我们的管理人员。人们普遍认为，就复杂性和压力而言，教师仅次于空中交通管制员。为什么呢？因为这两种职业都要每时每刻思考并决定大大小小成百上千的事情。他们对自己的工作具有强烈的责任感和奉献意识。教师们经常会感受到，学生生活好像也依赖他们，特别在资源贫乏地区工作的教师，感受尤为强烈。

教师从备课、反思到继续提高的决策过程，实际上体现了思维效能，有利于在21世纪改变我们的学校。大多数教师经常在课堂中孤立工作，很少去训练、反馈或改进自己的思维模式。如果校长、辅导员同事或其他“外来”访问人员进入他们课堂，许多教师会处于防御状态，因为教师认为自己在某种程度上被评价，这些人并没有花费足够时间在课堂上体验教学和课堂互动的整体过程。

眼下就是探究发展教师决策、反思和改善教学重要复杂性方面的机会。凯西·恩斯特作为数学教学和指导领域的专家，通过三个案例向我们揭示了通过思维导图和反思性提问如何实现可视化指导，并为对话和探究创造真实的环境。凯西简要介绍指导的背景后，向我们介绍了英国圣罗伯特学校的一部分综合案例研究，展示了这个通过认证的思维学校如何清晰使用思维导图来训练新教师。然后凯西描述了自己多年以来指导的两位教师，分享他们的交流和感想。在本章中你可以清晰地看到，处于第三位置的导图成为探索的避风港而远离教学复杂性，此时思维调解如何出现的。同时这也是开放的思维习惯、清晰的沟通和相互依存思考的滋生之地。

通过可视化训练和监管提高教学质量

凯西·恩斯特

管理人员充当教练的角色

监管教师的学校管理人员与教练角色类似，通过改善教学质量来提高学生成绩。既然教师的核心工作是致力于备课、实施和反思课程，那么监管人员和培训人员的工作应当建立在课前备课会议、课堂观察和总结会的基础上。课前备课会议中，培训或监管人员应当支持教师研究有利于提高学生学习成绩的课程。他们也许会要求教师反思，改进目标，确认教师课堂中的重点关注与反馈。课堂中监管人员和培训人员搜集学生与教师行为的描述性数据，用以指导课后反思和分析。课后会议上教师在反思课程，提出并研究教学问题和发现能够促进学生学习的教学法时，技能娴熟的监管人员和培训人员确定提供大量协作性探究和学习的基调。他们让教师发现实践中需要提高改进的具体方面，并培训教师拥有提高改进的方法。然而，只有熟练使用高效工具和过程时，提高教学质量才可能实现。以下几个训练模式经证实较为有效，包括《认知辅导》(Costa & Garmston, 1999)、

《教学辅导》(Knight, 2007)以及两个数学具体模型《以内容为主的辅导》(West & Staub, 2003)和《学科教学辅导》(Silicon Valley Mathematics Initiative, 2007)。

改善教学是个复杂的过程，需要教师有针对性地思考他们的教学如何影响学生的学习。同时还要求教师培养并使用必要性情，将富有成效的探究转化成为实践中可能发生的变化，从而促进学生的学习。将承诺和信念融入这些变化的前提是再度审查他们对教学的设想和信念。

培训人员或监督人员的作用是，通过帮助教师反思其教学如何影响学生学习这一过程，来促成认知转换。科斯塔与加姆斯顿[Costa and Garmston(1999)]认为教师在开展自己的思维过程时，"……大脑活动关注或运作(通常较为突然)从已参与的过程转变为最新选择的过程，这时会发生转变"(第33页)。我将这种现象称为"啊！"瞬间。若教师认为需要改进教学实践，他们会更愿意改变自身行为，与改变后的实际认知导图保持一致。科斯塔与加姆斯顿提出，"理论上来说，所有行为基于相对简单的实际认知导图"(第33页)。

然而，他们如何看待这些导图体现的我们思维深处中大脑错综复杂的关系呢？培训人员或监管人员如何调节认知转变，以改进教学，让学生实现有意义变化呢？更准确地说，培训人员或监管人员如何帮助教师意识到，并使他们在没有贬低传统思维作用的前提下，从现存模式的约束中释放出来呢？

我曾经问过自己这些问题。作为数学教学领域中的训练和监管人员，我反思过培训/监管周期主要部分的意图。我看到过促进学习和实践转变的很多机会，并想知道我所使用的策略、问题及工具是否能够充分高效并有效深入促进教师反思和成长。用来获取并描述观点的技巧是否成为我与受训教师之间信任和对话的一个障碍呢？我使用的技巧现在普遍存在于训练和监督职业中，包括课堂上一系列的草稿笔记、清单、书面形式的特殊标记以及残留在脑海中课堂记忆。我希望分享的"目标"数据是否能使教师们清晰易懂呢？如果培训/监管经历的目的是让教师思考我的观点，并将我的笔记和他们自己对于在课堂上发生了什么以及为什么发生的"认知导图”结合起来，我开始意识到要义不容辞地介绍自己课堂上最明显的记录。也许我应该提供自己经历的“导图”。我想知道如何展现我观察到的交往模式，并请教师在进行每堂课时以类似的方式构建或重构模式呢？我如何把必要的反思过程转变成为富有成效的互动实践呢？同样，当我不在场时，如何让教师能够开展同等水平的反思呢？

十年前引入思维导图作为学生的工具后，我作为培训人员开始更加密切关注使用思维导图来促进和发展反思性实践的经历和成果，为我提供了展示课堂观察的“认知导图”，作为可视化展示让老师更加全面并更具反思性地来了解这个问题。我所培训和监督的以下两位不同教师，在许多方面具有相似之处，尤其详细描述了如何对新教师的思维进行培训，是英国这所经过认证的思维学校中实践转变的关键。让我们通过对圣罗伯特新敏斯特天主学校和第六级学院（高中学校）的案例深入分析，清晰展示出在整个学校提高学生思维的大环境下如何培训教师。

思维学校中新教师的培训

思维导图作为关键策略，被介绍给圣罗伯特学校的所有员工，用以支持全校以培养思维作为学习基础的目标。作为长期目标的起点，教师使用思维导图有利于把教育经验的重点向以学生为中心的学习转变，并且教师协作和对话会更加专注，全新性情和过程技能会使他们对教学的信念和实践更加连贯。教学效率也预计能得到极大提高。随着学校实施思维导图，推动小组的成员开始意识到把思维导图的使用融入教师职业发展的特殊机会。他们认为这样会与致力于强调和提高思维作为教学项目的中心目标相一致，也与他们致力于发展超越教师与学生关系以外的思维学校环境保持一致。

转变教学过程中出现一些成功的标志，同时也通过私下调查收集了一些数据。由凯文•斯蒂尔（Kevin Steel）带领的圣罗伯特推动小组，通过视频剪辑、统计分析和调查文献资料出版了综合案例分析。以下是初步发现的简要内容：

> 结果表明，使用思维导图后，学生“搜集”信息的时间减少，处理和使用信息的时间有所增加。学生利用77%的时间进行高阶思维。可以推测出，思维导图的实施促成这一现象。为证实该假设，我们同时分析了员工对某一问卷调查的回复，对比实施思维导图之前不同思维水平花费的时间。“我们决定测试实施思维导图对学生的学术自我认识的影响，从而确定导图是否改变了11岁到12岁群体在教育环境下视自己为学习者的方式。”（第15页）

我们使用了罗伯特•伯登教授研发的“我作为学习者”试验。对（9月份）新入学的156名学习者使用“我作为学习者”数据，显示出平均分从最初的60.5分提高到六个月后的67.2分。这表明学生作为学习者和主动的问题解决者，在积极自我认知方面提升了10%。正如“自己成为学习者量表”中指出的那样，关键因素如下：

- 在不同学术学习环境中，相信自己能做好的能力；
- 享受解决问题；
- 不再焦虑；
- 接触并使用大量词汇。

> 配合对相同人群开展的思维导图问卷调查，我们的初步发现表明，引入思维导图作为教学工具，有利于增加学习者对自身能力的自信和作为学习者的积极性。（第15页）

圣罗伯特的带头人开始实施思维导图，敏锐地关注思维过程发展，同时也注意到现有培训实践与提高新任教师反思性思维的愿望并不一致。他们注意到，由于观察者控制信息并且在培训会议中坐在教师对面，权力力量（power dynamics）立即得到加强，让这些新任教师很难对反馈保持开放和客观的态度。权力力量对人们交流质量的影响，在小群体、全体教师和学校制度中不容忽视，针对一些领导实践的思维导图研究将在第十章得到体现（Alper, Williams, & Hyerle, 2011）。

在把思维导图引入监督过程之前，课后会议上新任教师课堂实践“汇报”仍然遵循传统反馈方法和固定改进目标。通常包括观察人员朗读自己的笔记，试图关注课堂进展顺利的方面，鼓励新任教师继续采用行之有效的具体策略，发现备课和授课中徒劳无益的因素。这个过程的最大障碍在于新任教师无法直接接触到书面笔记（因为培训人员的手写笔记较为潦草）。结果，教师的课后会议主要依赖观察人员和新任教师回忆一致意见的准确度，并且经常选择叙述观察人员拍摄的内容。圣罗伯特推动小组意识到，新任老师经常“以消极的方式对待这些企图提高课堂表现的评论，”（第16页）认为自己被降低了自尊，禁锢了思维，并在现有过程中设下了成长的障碍。教师们被要求描述现有过程时，他们经常使用苛刻、险恶、线性和被动等这些形容词进行回复。

图9.1　传统反馈方法的气泡图

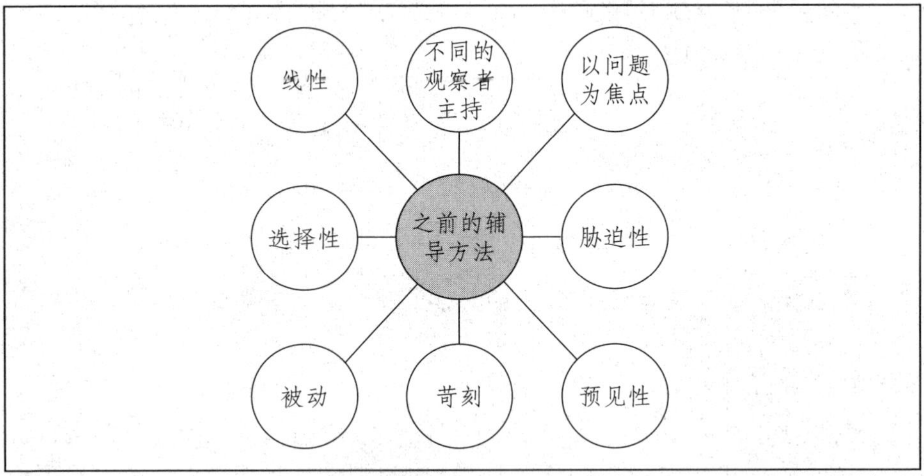

来源：圣罗伯特新敏斯特天主学校和第六级学院，《思维导图与学校效能：英国综合学校研究报告》（*Thinking Maps and school effectiveness: A study of a UK Comprehensive School Report*），检索自：http://www.thinkingfoundation. org/research/case_studies/st-roberts/pdf/st_robert_case_study. pdf。

显然这些回应并不能证明，实践会提高有利于促进思维的全校文化发展。

正如圣罗伯特学校监管人员所描述的那样，在会议中使用思维导图标志着交往中权力力量的根本性转变，如今以经验为中心。思维导图有利于提高协作过程，教师在这个过程中开始反思自己的教学、结合自身学习并自主决定如何利用培训人员的支持进行提高。值得注意的是，这些新任教师已经熟练掌握思维导图，因为他们通过明确重视改进学科学习的思维和学习，在自己教学中使用思维导图。在全校转变的背景下，导图因此成为用于学习和领导中广泛深入的共同可视化语言。

课程汇报的开始，新任教师有机会使用圆圈图描述培训人员刚才观摩的课堂，形成对课程的想法，并使用气泡图表达更加具体生动的意见。这个过程允许年轻教师有时间反思自己的经历，他们的描述为随后的讨论设定了议程。通过阅读案例分析，培训人员的建议可以通过思维导图清晰地传达给教师，目的在于支持教师发展课堂中反思和学习自身经验的能力。思维导图的使用也可以看作教师使经验客观化的语言，因为通过这种方式，可以发现其中的联系，并形成批判性分析。对于新任教师及其课堂中的学生而言，在获取言语表达中可视化观点的同时，思维导图成为调解他们自身学习过程的工具。

基于观察案例分析中的课程汇报，思维导图的以图叙事功能仿佛让新任教师有机会回归经验、重构经验并融入叙事中。新任教师能与培训人员一起继续展开对经验的共同探究过程。

在特定领域中探究一下我使用思维导图经验时的例子，对流程图的重视常常会出现在有意义的讨论中，辅之以其他用于展示和讨论备课、教师行为、学生行为和结果的思维导图的支持。其中一位教师这么评价其优点："顺序展示能够很容易地看清课程。我对其中的逻辑性感到惊奇，并且能够让你们很容易理解和讨论"（St Robert, n.d., 第21页）。培训人员和教师指出，使用树形图能够考虑到更加重视教学具体方面所设定的目标。这种可视化表现手法清晰地突出了这些被有效利用的教学法过程以及需要做出改变的方面以增加效能。在此，思维导图的使用确保了下一步讨论仍具有针对性和精确性。

实际使用导图后，圣罗伯特学校发现预期结果令人期待“……新任教师会更容易理解教学过程中那些微小因素，需要不断调整这些因素从而转变课堂中的教学”（第17页）。目前得到认同的结果包括三方面，分别是：

- 新任教师能够看到观察人员对观摩课堂的想法（以及判断）；
- 观察人员能够看到新任教师对课堂的感受和理解；
- 新任教师和观察人员清晰认识到所利用的发展和策略领域，从而让教学更有效率（第17—18页）。

> 对这些重要部分进一步分析：
>
> 课程汇报开始于邀请新任教师设计气泡图，来描述他所教授的课程。这个过程给予新任教师思考的时间，因此他能够制定讨论的议程，而观察人员有时间关注新任教师对课程如何感受以及产生这些感受的原因。
>
> 最初探索后，导图变成“双气泡”图。新任教师将自己对课堂印象与前一次观察的气泡图进行对比和比较。这样为了寻求改进，新任教师就有机会在上课前讨论自己做出有计划的变动。
>
> 新任教师能够清晰看到观察人员设计的流程图中课堂结构、关键事件、计划任务和教师—学生活动的过渡。
>
> 通过允许新任教师可视化接触这种方式，出现了是否展现准确记录课堂发生顺序的讨论。人们能够清晰看到每个顺序收集的数据，因此更容易转向关注备课、教师行为、学生行为和结果等方面的高效讨论。（第18页）

为新任教师提供接触课堂可视化导图，意味着导图本身成为讨论表现的目标。这可以培养建立以相互信任为基础的人际关系。新任教师从只是消极反馈的接受者（这个说法可能是他们都听说过的）转变成为共建关系中的积极参与者。

对教师表现的讨论进行总结可以使用树形图。以前传统的课程汇报会包括一些需要改进的简要目标（列表展示）和许多行之有效的要点。使用树形图可以清楚考虑到设定目标，在树形图的大量信息中以可视化方式更加注重教学的微小方面。思维导图的特点类似于某人在不熟悉的地域使用城市地图：一个人能够在整个城市大片广角视野中（宏观数据）发现目的地（微观数据），了解所有选择，并决定最佳路线。我们现在能够时时精通这种能力，因为智能手机通常通过谷歌地图对我们进行定位，对我们所选的目标，提供可选路线。这类似于学生在绘制学科知识的思维导图时进行的过程：他们能够在更加全面的知识概念导图中看见、记住、反思并解释细节。这能够带来自信、清晰和在语境中构建意义的自信能力。

由于使用思维导图，在一次培训人员和新教师特殊的交流过程中，圣罗伯特学校的行为研究人员指出，随着思维导图的使用：

- 对各方做出陈述的正确性进行了说明和磋商；
- 新教师有机会阐释自己对如何完善课程的想法；
- 展开对潜在策略的重要讨论，观察人员以后可以将之提供给新教师；
- 讨论需要转变的备课，从而提高以后类似课程的效率（第18页）。

新敏斯特圣罗伯特的教师与学校领导认为，使用思维导图的附加值在于让新教师能够接触课程中的可视化图形，这意味着导图不再只是抽象意义上的教学实践，而且本身成为讨论成绩的目标。正如一位新教师评论说，“压力减少很多。我们会关注促进高效课程的事情，让我集中精力关注于此。导图也可以用来作为我回头查阅自己文件的参照形式”（第21页）。正如她评论中提到的，每个思维导图都成为深思参与的工具。导图可以为共同顾虑和兴趣创造动态空间，形成郑重交换意见和协作探究过程的基础，让观察人员和新教师能够联合在一起，共同追求学习。即使退出培训的角度来考虑，也能很容易发现使用思维导图和其他发展思维学校的途径，是全体教师的共同追求。

通过以下对培训人员与教师交往的详细调查，思维导图成为独立于参与者之外的第三方，它们是在探索思维模式而不是探索单一表现的媒介物，这种观点开始出现。导图实际上也许不是某个领域范围，而是教师和训练人员致力于具体提高教学，最终提高长期发展的反思性实践的景象。

观察与反思

考虑到以上展示了案例研究中重视新教师的成果，现在让我们深入观察两位经验丰富教师的培训周期。您将会看到思维导图如何让我在数学领域教学的监管和培训变得更加清晰、有效且高效。第一位是三年级教师罗莎（Rosa），我们一起重温预备会议、观摩课和会后交流。第二位是六年级教师希拉（Sheila），她介绍了自己对使用思维导图过程的反思。

罗莎

预备会议：备课

在我们的课前会议中罗莎告诉我，她希望通过使用十个积木作为模型，向学生介绍标准减量算法。在指导罗莎备课过程中，我问她，希望学生在课堂上学到什么样的数学呢？和大多数普通教师一样，罗莎明白自己想做的事情，却对学生希望学到什么并不清楚。为了指导她的想法，我构建了圆圈图帮助我们确定学生的学习目标。我在中心圆上写了**课程目标**。然后我们使用元认知框架，作为罗莎思考以下问题的中介工具：你的学生们想知道或了解减法的什么呢，数值吗？他们需要了解并应用什么减法策略呢，会产生什么误解呢，他们之前对十个积木有何知识和经验呢，这堂课如何达到学校标准呢，课堂如何让学生参与其中呢，你能预估到学生会有什么困难吗，学生需要什么拓展和改变呢？我们开展对话时，以可视化形式展现出来这些及其他问题的回答，显然罗莎的学生首先需要能够将十个积木模型与对数字系统进位制结构的概念理解联系起来。这次对话让我们更加明白罗莎希望在课堂中让学生学到什么知识。很明显学生在使用十个积木探索标准减法算术之前，需要加大练习用灵活方式定义三位数。

使用圆圈图中的学习目标作为参照，罗莎设计了让学生使用十个积木以不同方式创造三位数的任务。我们共同解决问题后，讨论了这些任务对学生可能产生的挑战和完善学生活动。

我们备课阶段的下一步是确定罗莎如何评估学生的思维和解决问题水平。我们认为，最有效的方法是在解决问题时观察学生。

不过什么是我们的重点观察对象呢？显然我们需要回顾圆圈图中主要学习目标，这样就能预测学生回应每个目标的范围。树形图作为分类的可视化工具，是我们都需要涉及的认知导图。罗莎迅速浏览圆圈图中的课程目标，构建树形图中的主要分类，这时她说道："这样用可视化图片清晰地展现目标非常棒，我可以轻松浏览导图，在孩子们解决问题时，把教学中的重要内容与观察内容联系起来。"然后我们使用数字拼图游戏预测学生可能会展现的方法和认识范围。这项工作的结果呈现在以下树形图中，对孩子完成任务时需要重点观察的事情进行分类。

图9.2　课程目标圆圈图

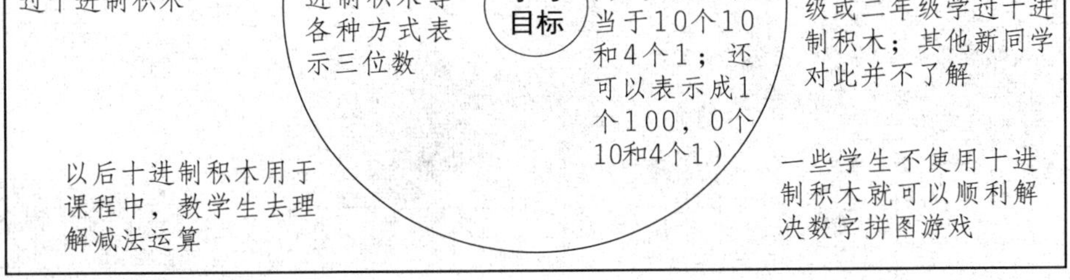

接下来我们使用流程图设计课堂事件的发生顺序。罗莎首先草拟了课堂各部分的流程图：开篇（引言）、任务事件和课堂讨论（小结）。在第二天授课前，罗莎通过完善的问题和提醒修改了流程图。她再次注意到圆圈图的可视化清晰性帮助她在关注“重要”学习目标的前提下备课：“当我设计课堂里流程图中所做和所说事情的顺序时，我不断回顾圆圈图，提醒自己学生的学习目标，确保我的开篇和小结与这些目标保持一致。这是不是我想让他们学到的数学呢？我还关注开篇使用的语言：语言是否清晰表达了呢，学生独立做任务时是否能够理解所做之事呢？”

课堂观摩

观摩罗莎的课堂时，我做了个流程图记录课堂对话和行为。除了课堂的七页流程图以外，观摩数据还包括两页互动电子白板打印资料，记录了罗莎在开篇和课堂讨论阶段与学生绘制的图表。这节课结束后，我和罗莎带着课堂上的学生作业、记录课堂的流程图和互动电子白板打印资料，进行了我们的课后会议。

图9.3　观摩学生作业的树形图

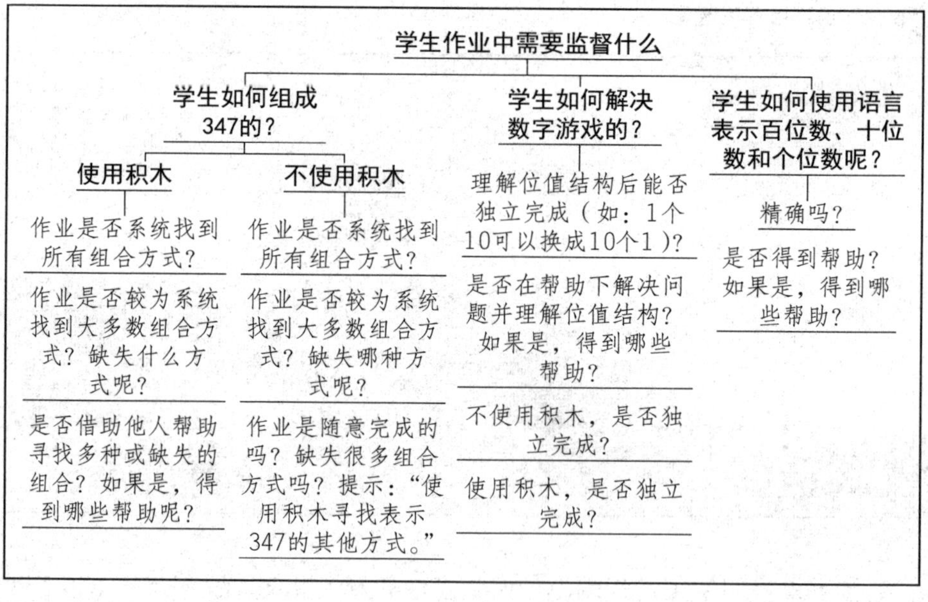

课后会议：证据审查、课堂分析与行动计划

我们并排坐在一起，我在面前摆出课堂的流程图。通过她参与支持，我说道："我没法记录所有看到和听到的每件事，所以如果我遗漏了重要信息或者需要修改，我们就修改导图。"明确完整的课堂流程，然后请罗莎根据记忆来修改或增加事件，能够建立开放、平等、协作和信任的气氛。同时也希望让罗莎回顾经历，由于需要记忆事件并激活与课程相关的思维，这样她能够重新建构事件。在这个辅导阶段，与课前会议中她所经历的相同，我希望为她提供支持。当我们浏览面前的流程图时，我问罗莎，"你愿意关注课堂上的什么部分呢？"罗莎指出她愿意密切关注课堂小结讨论，因为这是她希望提高的实践方面。但是首先她期待和我一起"阅读"课程，反思和讨论课堂中事件发生顺序。

为了重温课堂时产生丰富的思考、对话、探究、分析和行动计划，流程图必须反映对课堂事件进行有叙述性、无偏见且准确的记录。我们重温课堂时，以可视化形式和顺序形式展现事件，因此数学问题和教学步骤自然地融入学生学习和行为的环境中。以下（图9.4）是我对课堂讨论（小结）的流程图摘录。

詹姆斯•斯蒂格勒［James Stigler（2002）］认为教师必须学会如何分析实践，"经过分析，我认为他们需要通过因果这种方式来思考教与学的关系。所以如果某个特定学生不学习，教师能够形成返回指导的假设"（第7页）。在罗莎与我浏览和讨论课堂观察流程图时，我们使用复流程图检查不同教学步骤的原因和结果。例如在课堂讨论中，罗莎在互动电子白板记录了代表347的不同方式。她注意到缺失组合后，指着表格提问道，"此处缺失什么积木组合呢？"并对其他缺失组合的地方重复这个问题。此种做法否定了儿童发现模式并剥夺了其自我推论的机会。

我希望和罗莎探讨这些引导性问题的作用，因此我们使用复流程图再次思考这些提问，我问道，"你向学生展示这些缺失之处的作用是什么

图9.4　课程监督流程图

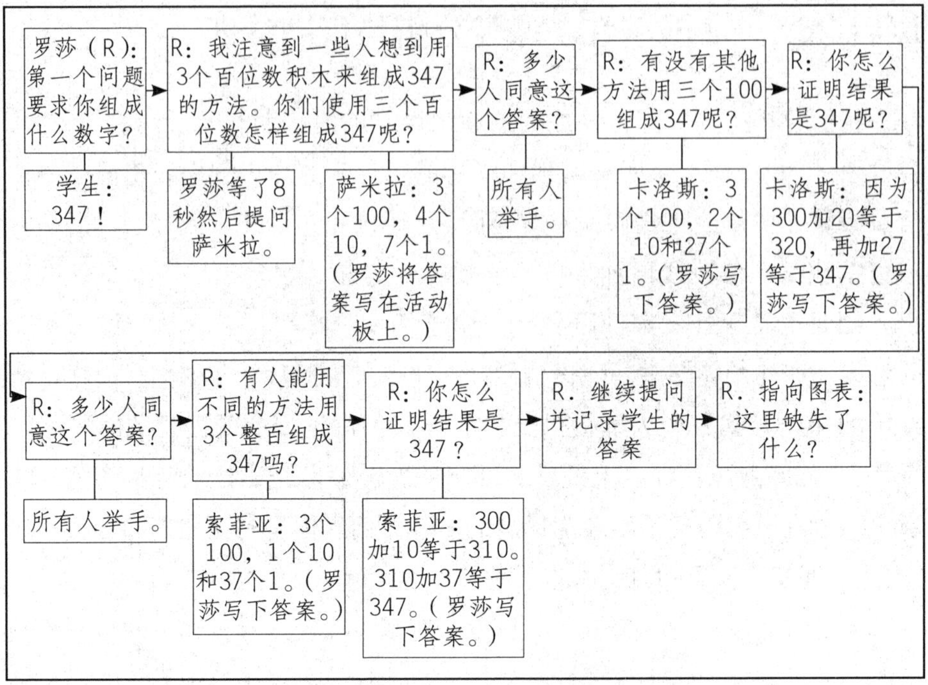

呢？”其中一个作用是罗莎注意到学生没机会自己发现模式，或者没机会使用他们对模式的已知知识来发现缺失的组合。“如果你的目的是深入理解数字系统中的进位制结构”，我问道，“如果一些组合缺失，什么问题可以引起孩子们去寻找模式并自主发现呢？”我们使用另一个复流程图，共同设计促进学生深层理解的问题。

图9.5　教师展示学生对数学问题的反馈

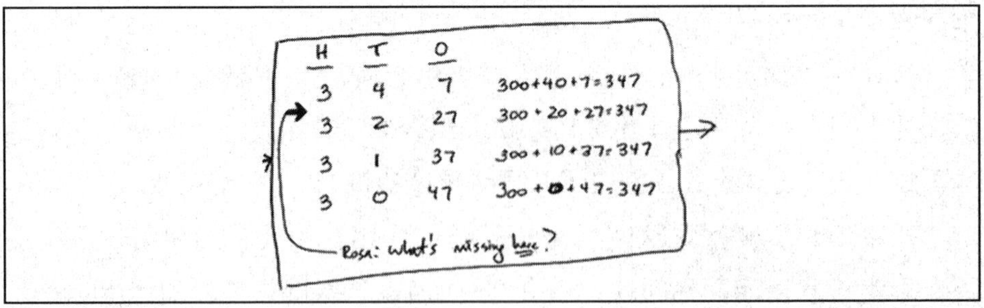

图9.6　深化学生思维的即兴问题复流程图

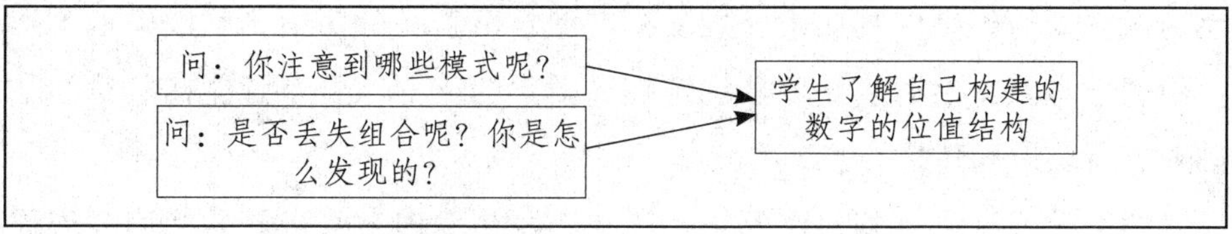

罗莎很快意识到，这些简单问题及其他类似问题如何转变了自己的教学，这种转变能够激活学生的思维，让他们更能全身心探索数学思想和联系。这种情况下使用复流程图可以使她清晰思考自己授课与学生学习的关系。

在课后会议上再次审查课堂证据时，我们继续分析出色的学生思维与行为，或让罗莎感到诧异的学生思维与行为。我们也会分析学生作业，整理成各种策略，学生利用这些策略解决数字拼图游戏。在会议的最后，我们使用行动计划框架，以树形图展现出来，引导我们在未来规划改进教学和提高学生成绩。

图9.7　行动计划树形图

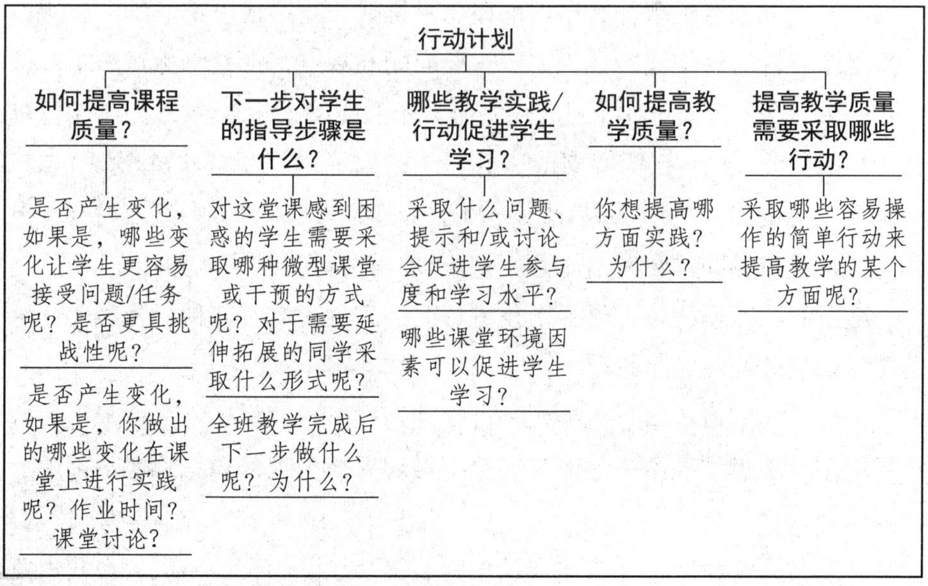

从培训过程中的这一点来看，我和罗莎进行有关教学的对话，她便能迅速发现如何提高课程质量。她从我们课堂审查和分析中，欣然确定了下一步教学步骤。然后我让罗莎确定提高学生的步骤，希望她能在成功的基础上有所认识和建树。

如果教师认识不到自己的巧妙步骤，我会发现这些步骤并使用复流程图，让教师探究他们行为对学生学习的作用。以可视化形式观察，积极分析并清晰展示出来，不仅有利于树立教师的胜任感和成就感，还可以确保他们更有针对性地开展实践。接下来我要求教师根据这堂课，形成能够提高教学的一种方式。

例如在罗莎这个案例中她表示自己并不知道如何设计课堂讨论来让学生加深对课堂中大概念的理解。“我希望让自己的课堂讨论更有针对性。”为了鼓励罗莎灵活思考，我问罗莎她需要采取什么措施可以让讨论更有针对性。针对这一点，她思考了一段时间。

罗莎开始用慷慨激昂的语气，描述构建圆圈图确定课堂目标如何保证自己的备课、教学和评价学生作业和思维保持一致，步入正轨。罗莎意识到如果她清楚自己想让孩子们学习什么，并且清楚如何评价他们课堂上的学习，她能看到会出现什么错误的概念、挑战、策略或思维。她的课堂讨论可能是有针对性构建的，提出了重要问题和观点，帮助学生清晰了解课堂上的数学联系。通过这个过程中思维导图的使用，她表示，“思考课堂目标让我能持续关注自己需要支持学生学习的事情，当我花费时间这么做时，我也能变得更好。”我在课后会议树形图框架（见图9.8）中记录的这个大概念，是罗莎的重要见解，表明经过这个训练，她实现了认知转变。

随后我和罗莎构建了另一个复流程图，完善我们对何种行为能够让她的课堂讨论更具针对性的看法。

最后，我们将这些行为加入了行动计划树形图的最后一个枝干上。这个导图和其他思维导图一起成为对整个培训周期中工作和思维便于理解的清晰记录。

毫无疑问，我所指导或培训的教师们都会在课后会议结束后跟我索要几页思维导图，因为他们希望参考这些导图，在实践中进行改变。这些导图也为未来反思和记录职业发展提供了跳板。例如对罗莎开展第二个培训周期时，我在课前会议上，简单回顾了她的行动计划，讨论了她在课堂讨论目的性和教师改变对学生学习产生影响方面的进步。

图9.8　改进课堂讨论目的性的复流程图

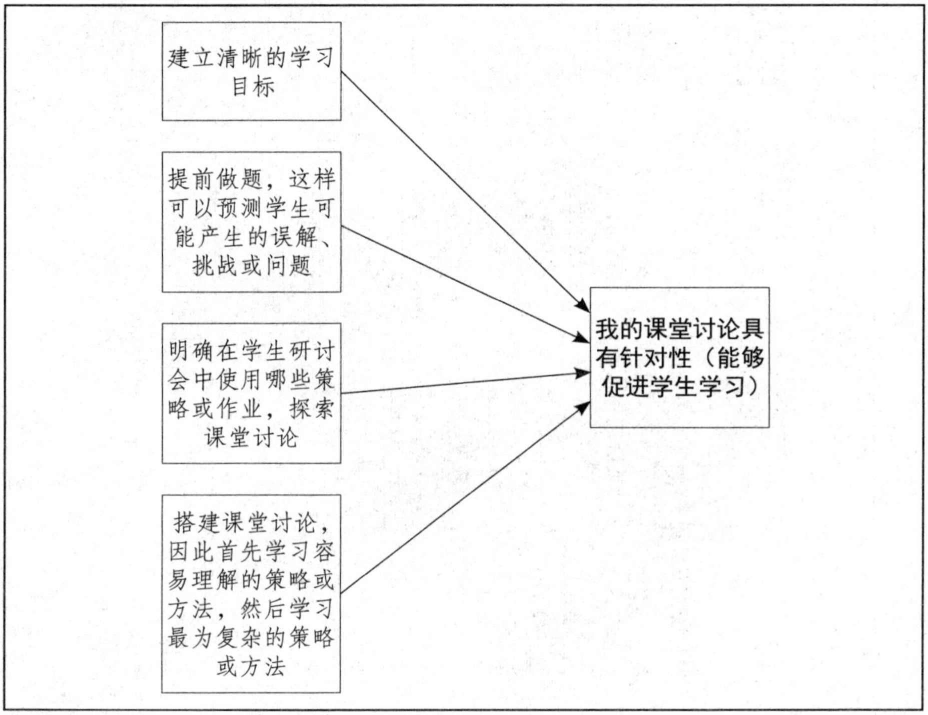

希拉

几年前，我使用思维导图培训六年级教师希拉，在指导期间要求她思考使用思维导图的经验和意义。以下是她的详细分析，反映出我们从获取信任到协作完成课堂探究，再到完善教师思维重点和学生思维与学习过程中，通过与罗莎和其他老师合作，我所意识到的动态和结果。

图.9　扩展行动计划的树形图

- 行动计划
  - 如何提高课程质量？
    - 实施
      - 选择2个学生代表上台，而不是4个
      - 确保所有学生可以看到台上学生
      - 明确：不可使用20个以上的1
    - 研讨会
      - 提前组织十进制积木，用以小组设计理解
      - 针对一些问题，限定某些字组合
    - 课堂讨论
      - 提问：你注意到了什么模式？
      - 提问：缺失了什么组合吗？你如何发现的？
  - 下一步对学生的指导步骤是什么？
    - 使用多边筛子，十进制积木和黑板进行比赛，直到200为止（加法）
    - 使用多边筛子、十进制积木和黑板进行比赛，直到0为止（减法）
    - 两个游戏中，巩固对数字变换的理解（“10个10等于1个100”）
    - 介绍减法运算：展示到零比赛中的变换过程和方式，并在下一个模型中减法运算，构建相应运算步骤
  - 什么教学行动可以促进学生学习？
    - 实施要明确——示范学生在研讨会中必须做的事情
    - 学生在活动中参与观察手动塑造积木
    - 清楚记录活动清单
  - 如何提高教学质量？
    - 让课堂讨论更有针对性
  - 提高教学质量需要采取哪些行动？
    - 建立明确学习目标
    - 提前准备，这样可以预测学生可能遇到的问题
    - 明确在学生研讨会中使用哪些策略或作业，探索课堂讨论
    - 搭建课堂讨论，因此首先学习容易理解的策略或方法，然后学习最为复杂的策略或方法

“思考教学目标让我关注自己需要帮助学生学习的事情——每当我费心这样做时，就会越来越好。”

如上所述，因为课堂中的流程图作为可视化展现在桌上时，设定协作和信任的基调在课后会议中是必不可少的，也是密切相关的。终止他人或自己的评价是非常困难的挑战，但是如果培养了信任、协作和自信，就可以做到这点。希拉讲述了引入探究真实过程产生的影响，以及对她过去经历产生的巨大变化：

> 为了审查课堂，我和凯西肩并肩坐在桌旁。凯西铺开纸张，按照课堂顺序排列好。当我们开始复述时，凯西表示她可能遗漏了什么事情，或者没有观察到我观察到的事情，让我填充或修改感觉比较重要的内容。凯西的说法让我愿意在纸张上做标记，而不是一成不变的。我同时感觉到自己用心记录课堂得到了重视。这些能消除疑虑的感受是过去经验中所没有的，特别是那些我不同意管理人员解释的地方。

希拉进行了另一项重要观察。下面她阐述了审查课堂导图的影响和这种审查通过可视化方法从关注教师转变为关注教学来客观对待经验的影响力：

> 流程图不仅仅提供了课堂上交谈和协作的机会……导图本身也是对课堂最为客观的记录，我认为类似于胶卷一样。思维导图作为客观记录，本质上并不具有胁迫性，也不会写下“她参加了我的课程”或者“他对我教学的理解”。当我简单观察发生的事情时，很容易忽视“看起来不错”这些期望。导图审查并不是为了确立或辩护我的意图，最重要的应该是考虑我在课堂上采取的实际行动和反应，而且出于对此考虑，自然而然地引出讨论这些行为是否符合课堂总体要求。

最后，希拉思考了思维导图如何发挥思维模式形象化的能力，成为调节课后会议的探究和分析的重要工具：

导图不仅能区分教师和学生的每个步骤，而且能够表现出这些步骤之间的相互联系，以及不同学生之间步骤的联系，这是优于胶卷的一点。我们审查导图时，我注意到这些步骤频繁使用特定类型的模式，并且发现一些步骤内的模式。在我们观察这些瞬间的时候，我在想，我使用了什么问题和提示呢；这些提示是否足够开放呢；学生是否提供深思熟虑的答案表现出他们已经理解呢；还是回复了简短的答案呢；我是否接受了这些简单答案呢；还是挖掘他们的解释和理解呢；我是否很快接受了正确答案，而学生没有探索思维并让其他同学有所发展就轻松通过了吗？这些问题很难根据对课堂的记忆进行探索，然而当你观察导图时，你会清晰看到选择的词语，接受到的反应以及一些行为引导课堂的地方，你确实会联想到，“如果……的话我会发生什么呢？”

可视化训练与辅导以及使用认知导图

当我回想与希拉、罗莎以及其他辅导或培训的教师时，思维导图如何让教师进行深入思考这样简单易懂使我有所触动。这些教育工作者反映出科斯塔与加姆斯顿（1999）对于教师认知中反思、对话和探究影响的论述：

> 教师谈论教学行为的原因和回应感知和教学决策等问题时，经常会经历职业上的兴奋感和工作上精神焕发的喜悦。高声谈论教学思维和决策能够激励教师，使他们完善自己的认知导图，因此改进教学选择与行为。（第33页）

科斯塔与加姆斯顿使用认知导图这个术语时，将之定义为教师在引导日常课程体验时头脑中的思维模式，并且会在训练或辅导周期中说出对这些体验的思考。思维导图是对谈话中表达出的这些线性与非线性认知过程和精神导图的具体可视化表现。如上所述，正如城市地图、国家地图或世界地图一样，思维导图可以在广义背景或思维整体论方面详细分析或精简信息到丰富的理解和反思模式中。我们不会在完善每个导图时迷失在对话和词汇中。信息的详细程度通常依赖于考虑的意图。

思维导图也是如此：能够使培训、认知和认知导图的口头谈论可视化，因而方便理解，这样教师可以观察到模式或经验，以及他们的行为对学生的影响。他们可以对教学改进如何提高学生学习进行观察、回顾和展望。这种情况下，百闻不如一见，因为他们仔细探索了自己的思维。思维导图作为第三方参考物，以强有力的流畅方式调解信仰、思维模式和实践方面的变化。

从依赖到相互依赖与自我调解

通过培训和实践（不是简单填充“组织图”）熟练使用思维导图，思维导图成为训练和辅导周期中建立和维持协作、信任、探究与学习文化的强有力工具。由于思维导图具有生成性和可视性特点，教师与培训人员或教练并肩坐在一起时，可以顺利地共同设计导图。这种态度设定了互信平等的基调，在这儿所有想法都会受到重视和考虑。无论是确立改进目标、备课还是课堂汇报，所有人都会关注面前桌子上的数据和导图。这种情况下，导图充当了第三方角色，以可视化形式从关注教师转变为关注教学。这种看似简单的步骤让教师不受经验的影响，创造一个敢于冒险、探究和开放学习与变化的环境。对备课、课堂体验和课堂审查的清晰记录需要这种非威胁性的环境；如果缺乏这种环境，教师容易感到被攻击和伤害。反思和学习受到抑制。若使用准确叙述性数据进行改写，课堂观摩的导图可以提供具体持久的教学画面。

教师与培训人员/教练复述课堂故事时，他们能够轻松使用行为与对话的顺序，分离出不同瞬间用以进一步探究分析。他们可以使用导图，审查教与学之间的因果关系，确认能够提高学生学习的行为。这些分析可以引发关于学科、学生理解和误解以及有效教学策略的深入对话。导图通过提供教师可视化镜头来调解认知转变，教师利用可视化镜头观察和理解改变实践的需求。在这种背景下使用思维导图，可以培养教师的教学学科知识，并提高学生的学习。

从实践角度来看，思维导图通过培训或辅导周期提供关注点和透明度，因此可以有效利用时间。教师与辅导人员或培训人员可以从备课和课堂观察学生的作业和导图中，毫不费力地看到学生是否学会了教师希望他们学会的知识。导图也充当清楚记录思维和任务的工具，未来可以轻松使用和思考这些思维和任务。通过迅速浏览，教师可以审查上一次培训或辅导会议中的行为计划树形图，确认他们所处水平并研究如何提高实践水平。教师可以使用复流程图反思随后教学改进的原因，以及未来几年中这些行为对学生学习产生的影响或连锁反应。

思维导图促进巧妙的培训与监督

充分数据表明，培训人员和辅导人员巧妙使用思维导图能够使教师进行高效思考和改进的过程。正如我们所见，导图在辅导和培训周期中充当令人信服的第三方，从字面意义和象征意义上很好地引导每个人的思维和性情。作为认知过程的可视化展现，思维导图让教师与辅导人员或培训人员留心观察自己如何思考。这种元认知态度以及导图自身能够让他们积极使用问题，来引导对话、探究和分析。当所有人从关注教师转变为关注教学时，风险承担和思考得到提高，在导图中也得到动态展现。教师与辅导人员或培训人员想了解教学步骤对学生学习的成因及影响，此时便激发了他们的好奇心。在预测学生对任务可能出现的回应，或教师设计提高学生学习的措施时，教师需要灵活性。

最后，思考持续提高所需要的思维和性情模式必须不断被练习，并转化到教师自身独立使用中。辅导人员和培训人员对于培养教师在备课会议、听课和课后会议中使用思维导图能够扮演关键角色。为了实现这个目的，我们需要深入完善通过反思性实践提高教学质量的机会。

问题探究

本章节中恩斯特详细论述了很多人认为反思性实践是提高教师成长和发展的基础。人们甚至会认为反思是生存技能必不可少的部分。那么发展教师反思能力如何影响教学实践中的转变呢？如何改变课堂中学生实际体验呢？

恩斯特对教师使用的可视化培训过程，不仅有利于促进思考，还可能引发教师将自己看做学习者的转变。恩斯特指出其带来另外一些变化，即可视化训练过程会激发“重新检查自己对教与学的假设和观点”。这些转变是什么呢？自我认识的具体转变如何让教师重新调整自己和学生的关系呢？这对于思维学校有什么意义呢？

第五章中哈勃与我们分享了发展思维学校的有力描述，在这个旅程中需要使用深谋远虑的过程实现转变，使学校发展前进。在你看来，某个学校成为思维学校的过程与训练教师成为反思性实践者的过程如果具有相似性，相似之处是什么呢？

怎样使用可视化工具（此处即为思维导图）能够让它在成年人与儿童相处时有效发挥作用呢？这种联系如何影响教育工作者在探索使用思维导图的其他实践中进行决策呢？

参考资料与相关阅读

- 拉里·阿尔法，金伯利·威廉姆斯，大卫·海勒（Alper, L., Williams, K., & Hyerle, D.）（2011），《使用思维导图发展整合领导力》（*Developing connective leadership using Thinking Maps*），布卢明顿，印第安纳州：解树出版社。
- A.科斯塔，R. 格姆斯顿（Costa, A., & Garmston, R.），（1999），《认知训练：文艺复兴流派基础》（*Cognitive coaching: A foundation for*

Renaissance schools)，高地牧场，科罗拉多州，认知训练中心。

- 吉姆·奈特（Knight, J.）（2007），《教学指导：改进教学的伙伴关系》（*Instructional coaching: A partnership approach to improving instruction*），千橡市，加利福尼亚州：考文出版社。
- 《硅谷数学行动计划》（*Silicon Valley Mathematics Initiative*）（2007），《学科教学法训练》（*Pedagogical content coaching*），检索自http://www.noycefdn.org/documents/math/pedagogicalcontentcoaching.pdf。
- 圣罗伯特新敏斯特天主学校和第六级学院（无日期），《思维导图与学校效能：英国综合学校研究报告》（*Thinking Maps and school effectiveness: A study of a UK Comprehensive School Report*），检索自http://www.thinkingfoundation.org/research/case_studies/st-roberts/pdf/st_robert_case_study.pdf。
- 詹姆斯·斯蒂格勒（Stigler, J.）（2002），《创造教学的知识基础：对话詹姆斯·斯蒂格勒》（*Creating a knowledge base for teaching: Aconversation with James Stigler*），监督与课程发展学会，59(6)，第6—11页。
- L.韦斯特，F.C.斯托布（West, L., & Staub, F. C.）（2003），《以学科为中心的辅导：改革数学课程》（*Content-focused coaching: Transforming mathematics lessons*），朴茨茅斯市，新罕布什尔州：海尼曼出版社。

第十章　领导

编者按

每年各领域会出现数以百计有关领导力的书籍，尤其是在商业领域，这导致在过去的几十年里数以万计关于领导力的文章排队等待进入专业图书馆。领导力机构大多数会综合关注激励、协作和社会上尚不明确的领导力角色。其中一本开创性图书在教育界产生涟漪效应，即梅格•惠特利（Meg Wheatley）在20世纪90年代出版的《领导力与新科学》。她借鉴大量资源，认为我们能够利用对物理和非线性“系统”的理解，转变我们相互交流的方式，设计领导力结构，摆脱线性思维方式。惠特利这样说道：

> 当我们坦然接受事物，让自由联想形成新观点时，我们的思维过程总是带来巨大财富。许多人认为由于我们一直使用线性思维，却只利用了很少一部分心智能力。（第116页）

这并不奇怪，重视线性思维，即拘泥于自上而下的等级关系，是领导力和学习的概念基础。关注思维发展的学校利用各种方法，包括动态协作结构和模式，如思维导图、思维习惯、六顶思考帽，以及突破线性观念的探究方法，但学校仍然沿袭线性领导模式。

另外世界上人们用一个新颖而又奇怪的词语，描述这些利用新观点帮助转变我们思维的这些人，称之为思想领袖。这个词语从根本上传达出这些各界关键人物所研究新观点的重要性，这些人敢于挑战传统，想法与众不同，正如史蒂夫·乔布斯提到那些使用苹果产品的人们一样。智能手机、智能汽车，乃至“智能鸡肉”和“智能”爆米花品牌在市场上不断涌现，我们相信所有人都想成为更聪明的思想领袖。

本章开头从《培养整合型领导：成功使用思维导图》(Alper, Williams, & Hyerle, 2011)这本内容丰富的案例研究中选取了一个，带领我们进入这个领域。故事背景是小型学校地区。思维导图通过学校负责人的大力推动，引进学校并得到实施。这位领导希望“思维”渗透进日常课堂活动、领导力和辅导实践中，但是他遇到了管理者通常会遇到的最具挑战性问题：一位委屈的教师寻求工会仲裁，这时发生了什么呢？

这个非常详细的故事、所有参与者的思考和本章节中的分析可以用来集中关注思维学校的奋斗目标。改变系统组织和利用思维清晰模式和工具转变思维，能从根本上引起课堂变化。这是因为学习团体中的所有教育工作者成为“思想领袖”后，教师使用的思维方法依然会是课堂实践的主导。教师、管理者、负责人、家长和学校董事会中的团体成员需要在决策实践和解决课堂实践问题上保持一致。

当然，思维导图的通用语言可以帮助建立内部整合型领导力，这种领导力并不受“自上而下”的线性思维过程影响。正如案例中所见，通过思想形成思维和认识到情感框架的重要性，有利于帮助人们的工作从位置权力转变为解决相关问题。我们发现教育者会参与和分析自己丰富的思维共生模式，这些模式都是来自善于思考的人们发自内心的相互影响。

整合型领导

拉里·阿尔法与大卫·N. 海勒

从自上而下到扁平世界

包括学校在内的大部分组织中，领导力等级结构和传统意义上运用权威角色的方式，常常会阻碍真正意义上合作环境的发展。这种自上而下的设计也会同时限制思维，在一段时间内约束学校所有成员的清晰思维发展。汇报路径受到严格规定并且此过程不能发挥互惠作用时，思想交流与学校团体成员之间的交往无法进行。可以预见，学校中这样限制思想流动，容易将其引导到某个特殊方向，而不是让教师以及教师所服务的学生通过充分表达实现。这种文化必须进行改变，但是改变文化需要重新评价我们的信念，然后引入新的实践并改革结构，从而与期望的文化改变保持一致。培养礼貌持续对话，建立“平等的合作关系必须伴随着地区和学校结构用互联网代替等级关系，重新定义历史上出现和维护的不公正权力关系中的角色、实践和政策”（Lambert et al., 1995, 第100页）。琳达·兰伯特（Linda Lambert）和同事们针对这个目标作出论断：不仅需要改变组织结构，而且其中学校成员内部及与社会网络之间沟通的实践和过程也需要与这个改变保持一致。这点对于希望将“思维”作为学风基础的教育工作者来说非常重要。

在过去的一代里，详细记录了各种组织文化中从自上而下领导结构转变为更为平等的分布式领导结构。过去自上而下的管理风格在商界占据主导地位，反映出命令与控制的观念，其中模糊性和复杂性需要符合程序方式，而不是直接参与。然而，这并不是在所有这样的环境下必然如此。施乐公司集团总裁乌苏拉·伯恩丝（Ursula Burns）被问及会聘用什么样的人才时回答到，“我希望他们既能自信，也会迟疑不决”（Bryant, 2010）。UPS快递总裁迈克·埃斯丘（Michael Eskew）在2005年国际性教育会议上发表演讲，关于职场所重视的素质提到了类似表述，“学会如何学习一直是我们重视的特质……尽管如今信息如此丰富，但是复杂性和模糊性并没有消失。实际上是越来越多”（第5页）。那么，是什么因素让这两位大型公司的领导意识到企业环境的现状而做出相似回应呢？对一些人来说显然出乎意料。两人似乎都认识到适应当前环境的重要条件是做出改变，这种迅速变化如同学习者一样敏捷，让人们能够繁荣发展，无论发生什么变化都能为组织作出贡献。

转变为扁平化领导结构是否可以保证高质量思维、清晰沟通、开放式动态协作、高效解决问题，最终形成“较好”的决定呢？就一些制造业公司而言，例如拥有实时库存的汽车行业中，如果出现重大质量管理问题，生产线工人只需要按下按钮，就可以让输送带停下来。然而在这个越来越多元化的社会中，处理由来自不同家庭或大型团体的学生构成学校的复杂性问题，思维和决策过程更具有挑战性。儿童教育里没有“停止”按钮。我们无法保证，仅仅依靠横向分布权力，而不是自上而下的领导，就可以产生积极效果。每年会出版数以百计的领导力书籍，许多书籍涉及教育领域，因为学校努力从紧闭大门的集中决策方式，转变为通过所有组织中成员致力于解决高度复杂和非线性伦理困境问题的协作式领导。

本章节中，我们密切关注思维学校的定义、准则和预期结果如何明确表达，无论是在课堂中与学生在一起的教师，还是在工作小组中管理人员，学习组织中的所有成员都会通过使用认知与批判性思维的可视化工具，有意识地锻炼和提高自身思维。这种憧憬也反映出白宫讲坛对世界上的商界和政界领袖的强烈呼吁：本世纪学校必须成为提高学生思维和学习的“培训基地”。我们需要相信他们的这句话。思维学校现已成为发展和表现关于思维行动和决策的实践和性情的孵化器。如果学校正在系统发展学生思维，那么全校教育工作人员保持一致，实践就会很有意义。课堂中发生的事情与教师会议发生的事情需要保持一致。课堂上的教师、学校管理人员和董事会与团体成员像培养思想家一样进行领导时，他们会对教授思维非常熟练。

这种新环境不能一成不变，这对于领导力实践的意义在于要求学校团体中所有成员具备高明的领导力和参与度。迪克曼与斯坦福-布莱尔［Dickmann and Stanford-Blair（2002）］表示“……领导需要谨慎行事，培养自己和他人的理解力，为组织制定在本世纪获得成功的基调”（第133页）。在一段时期内，做出这种承诺的学校里，团体里所有成员会把自己和他人看作所谓的“思维”领袖，信奉这种言论所展现的责任和机会。

在这篇文章中我们调查使用思维导图作为思维学校中“培养理解力”

的可视化通用语言，提供了另一种方式进行沟通、完善性情与转变观念以及直接支撑独立探究与共生探究领导力和责任心中的许多质疑。我们将会发现，通过多种方式关注“思维领导力”，与前几个章节提到思维导图和其他方法融合在一起如何促进信念体系和实践发生巨大改变的观点不谋而合：理查德·科埃叙述自己学校成为思维学校的多年历程（第六章）；唐娜·J. 德希亚图与朱迪·摩根关注地区范围的思维发展作为改变各层决策的中心推动力（第七章）；凯西·恩斯特认为通过可视化训练基础上的辅导可以完善教师表现（第九章）。这些章节都以自己的方式对于如何推动思维领导力和组织变化，开展案例分析。

下面我们对三年以来研究思维导图在各种学校地区带来个人、团队、学校和制度领导力变化进行总结。概括说来，我们的研究结果清楚体现每个背景下出现深度思考转变的五个特点：1．明确；2．高效；3．协作；4．授权；5．持续性。

这些主题也充分体现在领导力相关文献中，通过多种方式进行了诠释。然而我们发现，研究中的领导指出，使用思维导图赋予了这些主题其他意义。案例探究中提取的这些结果，可以在《培养整合型领导：成功使用思维导图》一书中进行进一步探索（Alper et al., 2011）。

通过提供我们研究中的这些背景后，我们将会展现某个学校制度中，尤其是一位管理人员面对有关教师解雇等难以应付的复杂人事问题时，能够利用思维导图对其进行解决。我们将会发现，此举成为可能，是因为教师和地区其他所有人都能熟练使用这种语言来进行学习、领导和处理复杂问题。

脑海中的幽灵

根据多年以来学校的反思性实践以及通过心理学和认知神经学研究，我们现在了解到人们如何进行无意识地自我欺骗：我们个体不断变化的大脑结构受到搭建思维的过去经验与模式影响，在一些情况下会像拉紧的电

图10.1　关键主题的复流程图

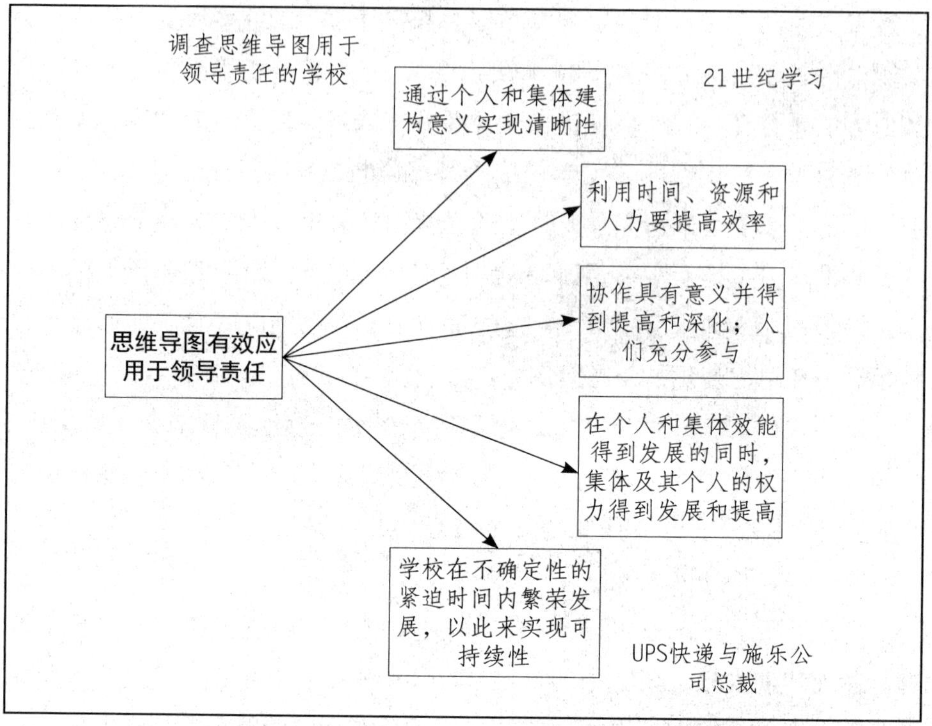

线一样僵硬呆板。丹尼尔•戈尔曼在第一本著作《心智重塑：自欺人生新解读》中，全面分析了我们的情绪和大脑的认知状态如何深深影响以开放思维看待自己和他人的能力。“模式是机器中的幽灵”（第75页），戈尔曼写到，由于这些从经验中得出来相互联系的模式，在大脑中持久稳定存在，驱动我们对某个瞬间的认知，阻碍了思维和行动的转变。

这些“幽灵”如何影响我们作为领导者的工作呢？例如坐下来主持教师会议时，我们对于教师会议内容可能已经有个幽灵般的无形参照系：也许是根据教师会议的工作经验形成的积极、消极或中立观点。我们会在自我观念和关系中形成对“教师会议”的概念（Dweck, 2006），并建立精神和情绪相联系不可磨灭的模式，形成感知窗口，通过这个窗口，我们能够看到正在发生的事情和期待发生的事情。我们的大脑积极寻求发现已知的事情。我们常常通过回访记忆得到安慰，即使回放的故事是消极的。功能障碍和不安的“正常人”换到未知的新环境中会感觉更好一些。我们研究发现，每个人作为个体，在集体中发现经历、模式和“框架”的现有模式植根于我们的感知中，在一对一谈话、年级会议和教师会议之类的大型研讨会中这是开展参与性整合的关键。我们都知道，很难有意识地重塑思维方式。这也许是因为我们不能轻易地在思维上退回去，去看待我们自己和工作中的思维。

人类起初依赖口语和书面文字来传达思考的内容和方式。在不同地区、学校和课堂中，我们通过线性词汇表达大脑中思考的内容：记备忘录、撰写邮件和发表报告，制订冗长却不易实现的策略计划。虽然文字拥有巨大力量，但是不适合表现丰富多元并相互重叠的思维模式，这些思维模式掩藏于口语和书面文章、概念和图解的深层结构下。这些是伴随着我们的大脑幽灵，以无形方式存在着。我们的想法一直都是动态、复杂、多层以及存在差异性的思维模式，但是我们常常迫于以短篇演讲或电子表格数据的方式表述出来。

那么我们教育工作者如何每天与学生进行高质量的沟通，在寻找观察其他人观点的同时，向其他人展示我们自己的连接模式呢；如果我们最佳思维来自建立联系、构建模式，那么这些模式是什么样子呢；简单说来，思维是什么样子呢？这对大多数人来说可能是奇怪的问题。许多人正在希望大脑导图作为思维可视化描述方式，但是这只是类似于交流中的大脑，并不是我们心智产生的实际思维模式。我们认为思维大多数时候潜藏于大脑和心智中，从每时每刻的想法和梦境中的内心独白，我们用于和别人交流思想的词语，写有东西的纸张，发送的邮件到解决的数学电子表格问题。我们像挤牙膏一样，努力拼凑词语形成一个个句子，但是我们知道，隐匿于思维和概念下的思维并不能完全用词语来表达的。即使一张图画能够“表达”一千个词语，也不能与我们想法的复杂性相提并论。

我们通过大量学校研究发现，好心的协作参与者在策略规划过程中，无法观察到自己的思维或相应地转变行为，直到校长使用思维导图把思维展现出来。这一点在第九章凯西·恩斯特描述可视化辅导中得到充分体现，因为可视化展现思维模式提供教师更具反思性和自我阐述的细节和广阔视角。在以下案例中我们能够看到，教师和校长如何“忽视”他们交往中的重要关注点，无法超越自身位置和歪曲他们视野的共同历史进行“观察”。情感“幽灵”不仅危害他们的视野，也影响了他们思考的能力。

在全国乃至世界范围内教育制度历史上，这次转型的当前背景和参照系是我们理解思维导图如何提供交际新语言和提高思维、学习和领导水平的关键。教育界的领导人物，与家长、商界人士以及在科技与“知识工作者”全球网络中成为未来创新人士的学生们一样，正在寻求新方式，改善21世纪协作性和流畅性工作中的学习与协同领导能力。因此我们需要新工具和新模型来驱使复杂性、模糊性、非线性模式以及情绪框架的核心，同时为解决眼前问题需要应急策略，但是需要所有希望提高思维的专业学习团体参与其中。

使用思维导图进行领导的案例研究

乍看起来，思维导图的概念看似简单，但这是极好的，因为结果表明简洁性是导图必不可少的优点。思考能力、反思能力以及转变思维形成新行为和行动的能力，是我们生活在新世纪联合技术、全球知识创新和知识转化的基础。思维导图通过看似简单的特点，推动高质量思维，在不同人群中培养自我反思、元认知和动态反思性领导能力。当我们拥有把我们思维连接在一起的思维时，人类独有的同理心特点将会与日俱增。这样我们团体中的社会生态学得到较好支持和提高，丰富了我们交流中相互依存的特点，同时以连贯的方式提供了个体思维和表达的方式。

下面的案例研究包括学校体系中的传统力量：教师、校长、申诉主席和学校负责人，通过使用思维导图，他们如何针对教学质量和这种转变引发的冲突开展对话。例如，相关主要领导，包括申诉主席和负责人如何统一意愿，重塑完整性以及教师与校长之间权力转移的过程，同时通过提升交流的性质来实现这个目标。这应当与他们创建以思维为基础的学校制度保持一致。

故事起源于关注思维导图成为“培养整合领导”共同语言的一系列案例研究。分析这些案例使我们对于多年以来实施思维导图的学校中整合领导问题，认同以上总结的五大概念化主题。这个故事提供了让我们了解思维导图成为领导思维学校基础的机会。因此我们认为，为实现学校转变，需要教师的改进，实际上实现巨大改变需要改变过程中的所有成员参与其中。

学校领导人员需要清楚了解到这样的情况：家长和学生抱怨某个老师，并且，虽然之前有人提出过这种问题，但是过去对该老师的表现评估中没有这方面记录，个人资料中没有具体证据显示需要注意这些问题。教师突然感觉受到威胁，校长应对巨大压力，工会需要确保遵循适合的流程，召集负责人进行干预，此时这个问题会让董事会成员焦躁不安。

然而在迈克尔•辛普森（Michael Sampson）主管案例中（考虑到法律/隐私因素，此处引用化名），发生这个问题时，教师和校长之间的沟通彻底破裂。教师感觉受到威胁，已经向工会提交了正式申诉。他们情绪颇为激动，显然教师和校长之间的沟通不可能自动恢复。然而幸运的是，他在体系中培养了信任关系，即使不是所有人，至少大多数人认为他的干预是积极乐观的。然而，这次冲突看似非常棘手，各方都坚定自己的看法和情感，只好寻求仲裁。

尽管对该地区来说这件事较为新奇，迈克尔作为可靠的教学领导，开始成功确立牢固声誉的过程。他将思维导图引入体系中，这是他在以前地区作为课程与教学负责人助理的成功实践。迈克尔不仅在课堂上介绍思维导图，还把思维导图的应用范围扩大到该地区领导团队成员。他在自身实践中使用导图，利用这些工具完善会议以及与他人沟通信息。因为每个思维导图代表不同思维过程（因果关系、排序或分类），通过使用导图，迈克尔能够让同事们理解新内容，并积极与新观点进行互动。他通过支持和挑战同事们的思维进行领导。从本质上讲，他也通过自己的行为进行交流，如果没有这些思考的能力，学校体系不会产生进步。

迈克尔知道如何运用思维导图，相信思维导图，并推崇本人参与实施过程中。其他人显然认为他是个“言出必行”的人。即便如此，迈克尔也不能预见随后发生的事情会对他使用这些工具的信念提出挑战，并且因此对他作为地区领导的声誉构成挑战。

由于情况的敏感性，抑或是他不愿意将某些事物引入可能错误认为的动态过程中，迈克尔·辛普森最初并没有决定使用思维导图来促使解决这种情况。然而，申诉委员会主席、七年级教师莎朗·亨德森（Sharon Henderson）使用了思维导图。莎朗向迈克尔提议使用思维导图来改善他们与教师、两位校长、工会代表和申诉主席的会议。莎朗这样描述在当时申诉形势下决定提出使用思维导图：

> 他们典型的交流方式是他（校长）找她（教师）谈话，她甩门走开。我（向迈克尔）抱怨校长的管理风格，他就会为管理者进行辩护——所以我们需要寻找一种行之有效的方式。我在课堂中使用导图，突然意识到使用导图时，我并不是站在那里滔滔不绝地讲解知识，导图把重点从我身上转开，而是更加关注学生的思维——工具是与孩子讲话，而不是和我讲话；工具产生思维，而不是我产生思维。工具把重点从我身上转开，让我们所有人作为团队共同工作……这种认识需要应用在这个申诉形势下。我们需要将视觉关注点从我们个体身上转变成为不偏不倚的焦点，关注两人重视的相同事情——都轻视这个工具——不愿意使用这个工具解决问题。

莎朗机智地实现了从课堂到申诉背景的认知跳跃。正如导图能够协调教师与学生、观点与经验之间的沟通一样，莎朗发现在角色和情绪的约束阻碍同等水平的交流来解决问题时，可以同样使用这个方法进行调解。通过使用这种共同语言，莎朗意识到在从关注人们转变到关注行为或教学实践的过程中，导图发挥着重要作用。所有人的注意力共同指向需要解决的形势方面，寻找解决方法，而不是追究过失或捍卫立场。通过使用导图让问题客观化，为所有相关人员确定关注点提供了安全有益的可视化背景。正如莎朗提到的，导图为人们提供了协作空间，一起构建观点，寻求共同理解。他们围绕冲突的内容和解决冲突的方式，而不是围绕涉及的人员，集中注意力提高相关人员的思维水平。

莎朗•亨德森和迈克尔•辛普森都意识到需要恢复校长和教师之间交流的完整性，并且就总体申诉过程而言，这对创造“思维”学校体系是必不可少的。然而只相信其必要性是远远不够的。在小组内和人际关系环境下使用思维导图不可避免地涉及协作。最初可能只是简单的肢体语言。领导开始绘制问题，并确认解决问题的步骤时，他们与教师和其他参与构图过程的人员并排坐下来。参与者的物理定位，即，一起关注他们共同创建的可视化观点图形，代表了权力共享的关系。

使用导图还可以帮助人们清晰思考。通过交流，一些参与者无法以狭隘的线性方式可视化展现自己的观点，毫无疑问在没有进一步检查的情况下，需要进行说明，并且这种说明非常重要。然而在思维导图中展现观点的认知模式，要求大量提问和严格的精确度，以使沟通更加清晰和更具理解性。特别是在情绪高涨，各方关系不公平的情况下，这对最终结果非常关键。

以下是莎朗和申诉主席描述在这种情况下思维导图的影响：

> 教师工会认为，校长并不是（与教师）针对这个特殊事件而言的，听到总是或从不这种缺乏细节的词汇，教师就会回应道，“证明出来”。思维导图让双方都关注特定的小事，而不是追究责任，将会改变冲突和关注点……同时也提供给教师利用自己的输入轻易获胜的一些事情。其中重要一点是不再只是管理人员手拿铅笔，而她（教师）也会拿起铅笔来填充（思维导图）。我们拥有一个善于操控的管理人员，他喜欢控制一些因素。使用思维导图在某种程度上释放了管理权力，让教师拥有自主权。

这个策略具有一些优点。首先，领导和接受领导的人们共同承担发现问题并提出解决方法的责任。其次，导图让双方更加关注问题，减少对情绪的关注。我们采访过的所有领导都同意与教师坐下来使用思维导图，减少这些困境中的情绪化性质，即使结果是解雇教师。

在会议上向校长、教师、申诉主席和工会主席提出建议时，迈克尔提到，“如果思维导图在这次会议中没有发挥作用，就会在塞奇威克学校（此处为化名）消失，在想到这些我经常彻夜失眠。”他继续说到，自己作为领导的信誉度就会岌岌可危。他曾经投入大部分领导生涯致力于这项工作，并公开表示相信这些工具能够促进学生与成人的学习和发展。他曾在各种情况下模拟导图的使用，展示自己的知识和使用导图的能力，并且被要求在某些复杂、模糊和相当困难的实际情况下进行应用。这些导图能够解决这种热点问题和职业转变环境中的不确定性吗？

教师在申诉的情况下，其岗位得以保留，但是改进计划终止了。迈克尔在这次互动中成功使用导图，肯定了自己对这些工具的信念，更重要的是让他对在学校环境下沟通和解决问题上更加坚定自己的信念。作为领导，迈克尔真正具有协作意识，并坚定相信人们完成非凡事情的能力，特别是在颇具挑战的情况下。使用导图帮助迈克尔在结果尚不确定的互动过程中继续前进，并且相信在这种情况下每个人得以维持或恢复尊严的同时，达成了清晰有益的解决方法。在反思过程中，莎朗认为：

> 我从来没有预见到这个好处，我们不仅使用导图有效地解决了问题，我认为将会对特定类型事件的问题继续发挥作用……我从没想到这会改善两人（校长和申诉教师）之间的关系。会议过后，这位教师居然破天荒地第一次向校长寻求意见，她表示这个过程挺不错的。这完全是个大逆转啊……我们发现如果继续下去将会是特别好的趋势。利用导图解决问题，给我们的未来提供方案和希望。

使用思维导图不仅有利于教师改进策略，提供解决冲突和不满的方式，而且最终使用思维导图能够让这次实质性冲突的双方在未来使用同一种语言进行对话。教师在使用思维导图之前，拒绝与校长进行所有交谈，而如今主动请求坐在校长旁边，来提高自己的课堂表现。双方关系得到改善，也许是第一次得到确立，不过同样重要的是，双方关系建立在欣赏对方思考能力并共同思考的基础上。

经过莎朗和迈克尔的干预，使用思维导图处理复杂情况，获得满意结果，这对他们及其同事产生涟漪效应。这种情况下取得成功，鼓励了他们和其他人深入使用这种强有力的语言，不断促进思维学校制度的组织发展。

迈克尔探讨在参与观察课程时与教师一起使用思维导图。参考以下例子。

根据使用思维导图的大量经验以及进行认知辅导的背景（Costa and Garmston, 1999），我发现指导协作规划并在此过程中对特定个人的反思进行辅导，这点非常有用。例如，其中一位思维导图受训者明天要上一堂课，而我会去课堂观摩，现在她与我一起坐下来参加备课会议。她使用了圆圈图、框架图和树形图向我展示课程大纲。当我们谈到她希望我观察到课堂中的事情时，一起构建了复流程图进行评估/证明，这有利于寻找课堂目标。我们一起使用了另一个导图来规划听课评估。这样做部分是因为我自己了解这些思维导图，另外还因为我希望使用导图，并让教师明白我如何评价他们。

正如迈克尔所观察到的，他不断使用导图有利于发展熟练使用这些工具的程度。同时，完全参与其中也巩固了教师使用它们的能力，塑造了自己愿意承担风险并在实践中不断发展的意愿。

申诉主席莎朗经过此事后，教师前来申诉时她就会开始使用思维导图。首先他们会使用圆圈图对所有问题进行头脑风暴；其次，由于这些交流都是在情绪化下产生的，她会让前来申诉的教师使用气泡图，描述自己对实践、问题或经历的所有情绪。

莎朗认为“确认情绪然后继续进行”非常重要，使用其他导图让相关人员更加密切关注问题，深入理解问题，并在选择特定路线之前考虑所有可能性。这些经历可能充满情绪化，但是通过关注导图和思维，问题成为焦点，会议颇具成效，并减少了紧张和负面情绪。

如上所述，我们每个人的能力和共同发现植根于感知和行为中现有“框架”的能力，在一对一谈话、年级会议和教师会议之类的大型研讨会中这是开展参与性整合的关键。在负责人迈克尔•辛普森要求进行干预的情况下，校长和教师固守自己的角色，无法跨过这些界限，创立清晰、建设性的对话。校长不能认识到教师的框架，只是单纯回应，自己的方法让教师处于防守姿态，让情况变得非常棘手。

图10.2　申诉过程流程图范例

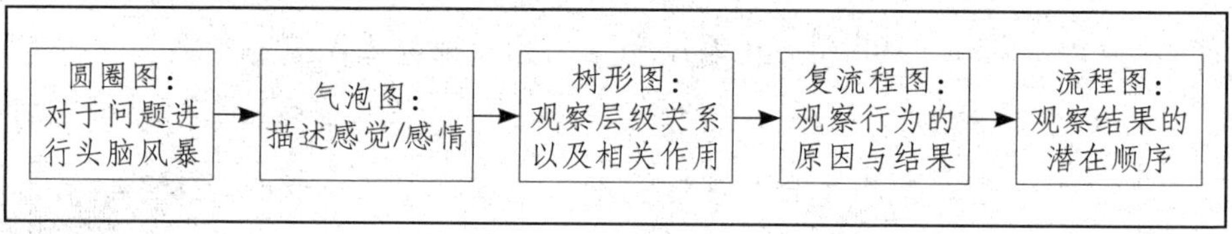

整合型领导是培养人与人之间、思维模式内不同观点之间的联系，超越视觉和虚拟平面，当前呈现的多元化平面和代表。整合型领导意味着在过程中大胆设想各种可能性，并自信地认为通过设计，会实现团体学习者的共同智慧，从共同智慧中确定有意义的高效解决方法。整合型领导需要娴熟的促进技术，因为这是面对个人和专业对话中复杂活动时让人们相互联系的行为。领导力的关键方面体现在学校团体的各个方面，包括课堂、会议室和董事会办公室。当情绪高涨并威胁交流的主导地位时，迫切需要领导力。然而，最初运用这种可视化共同工具来表现认知模式中的思维，整合型领导可以在思维学校团体中确立个人和集体的自信，以尊重和高效的方式解决最难处理的情况。负责人唐娜•J. 德希亚图认为，“通过使用思维导图，这不再是权力和岗位的问题，而是理解和被理解的问题。”

面对刚出现的真理，乃至令人不悦的现实，整合型领导需要大力提升自己和他人的信任度、勇敢和信心。决定开放面对各种可能性，在自我和他人之间发起动态的心智和经验交流，这既让人兴奋不已，又让人心神不宁。某种程度上这类似走在悬空的绳索上，并且下面没有网。然而思维导图为动态记录和展现观点、观察联系提供了概念网络。在人们进行个体和集体思考能力方面，这种愉悦经常伴随着不确定性，最终会被思维导图所培养的自信所取代。

超越听觉、使用视觉

我们在研究使用思维导图应用在不同领域的领导力时对学校团体产生的影响，发现五个主题清晰地出现在刚才讨论的案例研究中：明确、高效、协作、授权和持续性。我们仔细观察这些主题时，认为这是思维学校值得发展的特质。

明确，是我们通过采访过的领导人评论中逐渐理解到的，这个词语并不是某人观点中推断出来的确定性，而是通过单独构建意义并与他人共同努力得到满意过程以及根据终止判断，参加个体和集体对话过程，允许产生新模式发展而来的能力。这些内在和外在对话通过可视化语言变得容易起来，可视化语言展现了我们观点的内容、想到观点的过程和影响想法的参照系。同时明确性来自了解某人选择与核心价值和信念相一致的行为。

前面提到的教师和校长之间的交流显然非常模糊，双方都缺乏明确性，没有关注到提高教学才是最关键的事情。负责人迈克尔·辛普森能够使用思维导图重新搭建沟通途径，确保对话有关教学，而不是关于教师或校长。导图提供了注意力的外部中心，让相关人员不再判断别人，而是围绕这个中心进行观察、思考并学习的模式。

高效，是我们从研究中得出的，不能与权术混为一谈。显然，时间是所有情景下领导人士会跟我们讨论到的影响因素。然而，短时间内不会出现很大压力，而意识到无法像想象中那样有效使用时间时人们会产生巨大压力。拥有很多时间却无法保证能够充分利用。无法有效主持会议或处理个人事务会使我们陷入困境，沮丧的产生并不是因为时间的流逝，而是因为无法有效利用时间，即使时间再多也不能解决问题。通过思维导图，领导们认为人们可以更加专注，深入参与其中，注意力更具有针对性，思维能够保持一致，帮助我们做出大脑希望完成的事情——观察并构建模式。领导者认为由此得出的最终决定和行为具有完整性，并不是简单实现“一蹴而就”。

协作显然出现在我们研究中，作为学习团体必不可少的方面和使用思维导图具有重大积极意义的领域。然而，迈克尔·富兰认为，“从定义上来看，协作文化指亲密关系，实际上非常强大，不过除非他们关注正确的事情，不然最终可能会以巨大失败而告终”（第67页）。在我们研究中，学校领导谈到的协作并不只是把所有人聚集到一起的行为，而是让所有人根据学习的协作过程在各个方面参与其中，包括智力、情感、道德以及政治等方面。

在协作的情况下，追求明确性的求知欲、专注理解和延缓判断等性情，是共同工作过程的必要因素。思维导图让人们聚集在一起的同时，也会集中小组注意力在想法上，而不是关注每个人。协作过程在本质上是社会性的，但是在追求明确性方面具有高度目的性和持续性。迈克尔·辛普森在申诉背景下使用思维导图，实际上让每个人都关注教学实践，而不是教师自己，有利于帮助恢复交往过程中的信任和安全，是实现高效和有意义协作的必要因素。

这些主题的相互作用本身就是思维对这些学校群体产生影响的重要观察结果，如今这或许成为显而易见的事情。人们通过协作过程以及明确性与高效性来实现个体理解和集体理解，如果人们没有感到自己的想法能够帮助这些重要过程，据我们所知这实际上无法实现。

授权并不仅是民主环境下的人们经历和使用的权利，也是通过使用导图获得信心来确定和沟通某人的思维，内在明确自己的想法，并让他人了解自己的想法。学校所有成员充分参与、肯定并能自信参与答案和解决方案尚不明显的情况时，学校团体内部网络得以高效运转。他们不能决定人们贡献的价值，也不能展示人们贡献的能力。学校中的关键思想者并不是让别人感到被赋予了权力，而是让他们更好地了解自己思维的力量。

在凯西•恩斯特的可视化辅导章节和本章节中引用的实例，教师们参与其中，得到帮助并培养反思自我实践和协调成长与学习关系的能力，此时教师可以实现重大持续性提高。

因此我们将持续性放在最后一条，这就不足为奇了。我们认识到领导并不是纯粹讨论维持某些现状，或是看重自己学校已经变化的样子。相反，他们涉及的持续性是指，通过思维的共同可视化语言进行构造和维持，实现动态学习和持久过程。这种共同语言表现了学校的核心价值，即思维是整个学校团体中不同层次所有学习的基础。教育家兼作家爱莉诺•达克沃斯（Eleanor Duckworth）曾经写道："无知是种美德"（Duckworth, 2006, 第67页）。21世纪变化成为常态，思维学校愿意接受面前的所有机会，适应新环境，创造属于自己的未来，这与圣吉（Senge）提到卫生组织的义务如出一辙。

因此，持续性不仅要在这个动态不确定的时代里生存下去，而且要通过使用思维导图进行整合型领导所激发出来的明确、高效、协作和授权带来的好处，实现繁荣发展。

情感的指导性/毁灭性力量

人们在激烈讨论和员工会议中可能会偏离正道，在不使人们感觉到情绪深不可测或想法具有竞争性的前提下，转变或维持关于颇有难度话题的对话，这也许对任何领导来说都是巨大挑战。如果能够成功做到这点，自我、集体以及组织的信心（和信任）会凝结成为一体逐渐发展，有利于历年来形成持续性的文化。

在人类交往过程中，由于情绪形成并影响思维，问题很容易变得非常复杂和模糊。在这种交往中人们很难做到保持冷静，他们必须撇开情绪，清晰观察和思考问题。然而，试着以压制情绪来实现明确性，效果往往适得其反，因为情绪在引导和形成思维方面具有强大且有用的力量。然而，在无意识情况下任由情绪引导思维和行为，可能会引起有些人提及的情绪绑架，即情绪过滤不仅会形成思维，还会控制我们的行动。丹尼尔·戈尔曼、理查德·博亚特兹（Richard Boyatzis）与安妮·麦克碧（Annie McKee）写道："（大脑）前额区可以否决某个情绪冲动……如果没有这种否决，结果可能会出现情绪绑架，杏仁体冲动会依据这些信息进行操作"（第29页）。这种冲动行为通常表现为防守性和攻击性（战斗或逃跑），会对已经非常脆弱的关系造成无法挽回的伤害。权力与权威常常通过分层定义的角色表现出来，这也容易造成情绪误解，并导致误导和徒劳行为的情形。这在迈克尔·辛普森需要解决的冲突中得到充分体现。

与我们交流过的许多领导人认为思维导图是大脑执行功能的可视化和实践拓展。通过设计执行简单计划的日常任务，到应对无尽的信息流和工作中错综复杂的变化带来的挑战，每个人都在超负荷工作，引导积极、建设性和有时想象中的方向。正如我们通过迈克尔·辛普森在内许多学校领导的所见所闻，思维导图成为构建、支持和提高大脑能力不可或缺的内容，将情绪作为指导而不是决定因素，来激活记忆和语言，引导关注短期和长期目标，并解决复杂道德与伦理问题。

想法与感受的高度协调便会产生戈尔曼［Goleman et al.（2002）］所谓的和谐领导，即以娴熟、恭敬与有效的方式组织并激发自己和他人的感受和想法，朝着共同目标前进。负责人迈克尔·辛普森不仅能够使用思维导图解决棘手的冲突，还通过这种做法开始恢复地区的信任与信心能力，在各方保证尊严的前提下，有效处理更为敏感的事情。根据效能研究显示，组织中的这种信心通常可以转化为组织内个人的信心感受。这样，开放接受各种娴熟思维就会成为学校团体的定义性特征。

使用思维导图有利于消除人为界限或隔阂，这种界限或隔阂会造成对角色关系的狭隘理解。导图创造了可视化景观，能够让个人通过多个思维过程和参照系，表达想法的整体论，并将其置于某个背景中进行研究。这种表达系统基于内在认知技能，并与大脑如何作用于想法和现象保持密切的一致性，其性质区别于其他视觉模型或组织图，能够使之作为共同可视化语言在不同角色和年龄的人群之间发挥作用。

全面表现想法整体观的机会显然被赋予了我们许多受访人。前任监督人维罗妮卡·麦克德莫特（Veronica McDermott）认为，“既然导图植根于认知心理，它们也能让使用者具有创造性，促使他们透过表面来思考问题。”导图能够让人们专注于自己的思维和他人的想法如何根本改变交往的性质。导图能够使人们参与意义集体建构。通过这些做法，导图提供了一种倾听模式，能够从字面意义和象征意义上让使用者关注对话，深入倾听所表达的事情。阿塔·科斯塔（2003）在《衍生倾听》中提到，这种倾听方式会出现在“放慢对心智的倾听，直到耳朵的自然速度，倾听词语后面隐含的意义”（第33页）。正如平面设计师米尔顿·格拉瑟（Milton Glaser）所描述的一样，绘画行为类似于真正了解事物的机会，表面上绘制想法可以吸引我们关注想法，让我们有时间去倾听和观察表面下的本质。

进行整合领导

对于我们交谈过的许多领导者而言，包括迈克尔·辛普森和莎朗·亨德森，使用思维导图改变了自我对话，通过考虑更高的明确性和相关性，重新塑造了自己与他人的交往。正如兰伯特（2009）所言，“大脑发现模式并理解世界的能力，在这种鼓励相互关心和公平参与的关系中得到释放”（第11页）。人们经常会将在集体环境中使用思维的经历，作为自己与别人步调一致的证明。这并不意味着自动实现了一致。而是开放空间，让所有相关人员作为平等伙伴参与其中，在达成共同意义和合理决定的过程中产生想法。使用思维导图提供的这种目的性和针对性较强的交流，能够从积极意义上让人们消除戒备心理。

相反，绘制自己和他人的思维能够让人们发生杰沃尔斯基和弗劳尔斯[Jaworski and Flowers（1998）]提出的变化，我们会作为“真实的人类”接受别人，并欣赏世界不断变化的性质，对这个世界的理解不断改变。这样我们能够真正参与意义建构的过程，个人和集体建构中能够摒除“一成不变的幻想”，接受生活在“这个充满持续可能性的世界上”的挑战和压力（第11页）。

学校领导，尤其是校长，对学校及其中个体机智高效的表现会产生巨大影响。影响深远的领导者明白学习的根本性质并不仅是因为向学生讲述知识，而是思维学校团体自身动态发展的必要方面。通过认识到学校成为思维团体的意义，领导者可以有目的地熟练地将别人引领至这个目标，培养他们以积极和建设方式做出贡献的能力。通过阅读这本关于思维学校的著作，最大的变化莫过于学生不再把教师看作领导者，不仅仅为了课堂目的而“塑造”思维过程、性情、提问和探究，更是反思自己作为领导者该如何提高自己的动态思维过程。

问题探究

在本章节中，中学教师兼申诉委员会主席莎朗·亨德森向负责人迈克尔·辛普森提出以新颖的方式使用思维导图，让成人之间似乎非常棘手的情况，转化成为对相关人员得出有益结论的情况。从本质上来说，她要求在整个制度中重新调整实践，反映出地区致力于将思维作为所有成员学习的基础。为什么莎朗如此急于提出这种要求呢？在学校或地区中调整所有角色和职责的实践，对于学校努力转型成为“思维学校”的目的是什么呢？

莎朗·亨德森和迈克尔·辛普森的行为表明，他们重新定义作为领导职业身份的过程，其结果可能最初无法预料或无法意识到，但是通过这种经历，可能会成为有意识的实践。那么这种自我感知的转变对于他们各自角色的其他方面具有什么意义呢？

关联领导与互动领导之间存在哪些类似或不同的方式呢？使用思维导图这种思维的共同可视化语言，如何促进互动性和关联性呢？

在本章节中，有位总裁表示，希望自己的员工“既自信，又能保持不确定性”。作者也表示“勇敢”是成功领导者的关键方面。如果这些特点值得领导发展，思维导图的使用如何帮助领导在这个案例研究中挖掘并培养这些必要素质呢？这与培养学生的目标如何产生联系呢？

参考资料与相关阅读

- 拉里·阿尔法，金伯利·威廉姆斯，大卫·海勒（Alper, L., Williams, K., & Hyerle, D.)(2011)，《发展整合领导：成功使用思维导图》（*Developing connective leadership: Successes with Thinking Maps*），布卢明顿，印第安纳州：解树出版社。
- A.布莱恩特（Bryant, A.)(2010年2月21日)，《施乐公司新任首席重新定义企业文化》(*Xerox's new chief tries to redefine its culture*)，纽约时报，BU1版。
- A.科斯塔，R.格姆斯顿（Costa, A., & Garmston, R.)，(1999)，《认知训练：复兴学校的基础》(*Cognitive coaching: A foundation for Renaissance schools*)，高地牧场，科罗拉多州，认知训练中心。
- A.L.科斯塔（Costa, A. L.)，(2003)，《学校成为思维之家：创造专注课程、教学与对话》(*The school as a home for the mind: Creating mindful curriculum, instruction, and dialogue*)，千橡市，加利福尼亚州：考文出版社。
- 迈克尔·H.迪克曼，南茜·斯坦福-布莱尔（Dickmann, M. H., & Stanford-Blair)(2002)，《从领导力到大脑》(*Connecting leadership to the brain*)，千橡市，加利福尼亚州：考文出版社。
- E.达科沃斯（Duckworth, E.)(2006)，《教学中的奇妙想法及其他》(*The having of wonderful ideas and other essays on teaching and learning*)(第3版)，纽约市，纽约州：教师学院出版社。
- C.德威克（Dweck, C.)(2006)，《观念：新型成功心理学》(*Mindset: The new psychology of success*)，纽约市，纽约州：兰登书屋。

- M.埃斯丘（Eskew, M.）（2005），《全球化时代下的教育》（*Education in an age of globalization*），UPS快递公司首席执行官兼总裁埃斯丘演讲，检索自http://www.google.com/ url?sa=t&rct=j&q=&esrc=s&source=web&cd=10&ved=0CFsQFjAJ&url=http%3A%2F%2Fncssfl.org%2FEskew-Speech.doc&ei=PbbJUqPRGrTTsATIsYDQDQ&usg=AFQjCNGWhCZlhSFRAum2hcn8_LUHOUayeA&bvm=bv.58187178,d.cWc。
- 迈克·富兰（Fullan, M.）（2001），《领导文化变革》（*Leading in a culture of change*），旧金山，加利福尼亚州：巴斯出版社。
- M.格拉泽（Glaser, M.）（2008），《绘画即思维》（*Drawing is thinking*），纽约市，纽约州：达科沃斯欧沃卢克公司，彼得•梅尔。
- 丹尼尔•戈尔曼（Goleman, D.）（1985），《重要的谎言，简单的真理：自我欺骗心理学》（*Vital lies, simple truths: The psychology of self-deception*），纽约市，纽约州：西蒙与舒斯特出版公司。
- 丹尼尔•戈尔曼，R.博亚特兹，A.麦基（Goleman, D., Boyatzis, R., & McKee, A.）（2002），《最根本的领导力：情商的威力》（*Primal leadership: realizing the power of emotional intelligence*），波士顿市，马萨诸塞州：哈佛商学院出版社。
- L.兰伯特（Lambert, L.）（2009），《重构领导能力之路》（*Reconceptualising the road toward leadership capacity*），摘自A.布兰克斯坦，P.D.休斯顿，R.W.科尔（A. Blankstein, P. D. Houston, & R. W. Cole），《构建可持续领导力》（*Building sustainable leadership capacity*），第7—28页，千橡市，加利福尼亚州：考文出版社。
- L.兰伯特，D.沃克，D.P.齐默曼，J.E.库珀，M.D.兰伯特，M.E.加德纳，M.萨博，（Lambert, L., Walker, D., Zimmerman, D. P., Cooper, J. E., Lambert, M. D., Gardner, M. E., Szabo, M.）（1995），《建构主义领导者》（*The constructivist leader*），纽约市，纽约州：教师学院出版社。
- 彼得•圣吉（Senge, P. M）（1990a），《第五项修炼：学习型组织的艺术与实务》(*The fifth discipline: The art and practice of the learning organization*), 纽约市, 纽约州: 道布尔迪书业; 郭进隆译, 上海三联出版社, 2003。

- 玛格丽特·惠特利 (Wheatley, M. J.) (1992),《领导力与新科学》(*Leadership and the new science*), 旧金山, 加利福尼亚州: 伯利-特克勒书业; 简学译, 中国人民大学出版社, 2008。

第十一章　国家

编者按

亚的斯亚贝巴是埃塞俄比亚的首都，位于该国中部，现已成为非洲大陆的十字路口。从小机场到希尔顿酒店之间的三公里沿途，曾经是城市唯一奢华居住区，如今会看到一个街区接着一个街区的土地和建筑物处于建设中，间或出现空地或防水布做成屋顶的房屋。树荫下幽静又热情的咖啡厅夹杂着耀眼的新办公楼和散落着碎片的空地。汽车和摩托车迅速驶过牵着骡子的人们。很多人正在微笑、努力工作、用电话交谈，因为埃塞俄比亚在近期发展建立蜂窝站阶段，尚未完成电话网络建设。距离亚的斯亚贝巴遥远的郊区是拥有800万人口的城市，而国家总人口为8 800万，是非洲最大的阿拉伯人聚居区，占据数平方里，除此之外，一座崭新的非盟摩天大楼屹立于此，像一个孤独的方碑，备受争议，成为标志性建筑。埃塞俄比亚以咖啡出口而闻名，同时也是人类古老文明的摇篮。

几年前埃塞俄比亚政府意识到，他们需要尽快推动提升教育水平，同时在通讯基础建设方面，命令教师对每个班60名学生进行授课的传统结构做出改变。马上改变。他们制定政策，重新调整课堂，分成五人或六人组成的小组，每个小组中指派一位学生作为组长。这对我们一些人来说可能是不民主的激进做法，经过再三思考，我们会发现这是明智合理的转变，反映出我们了解协作学习的影响，学生需要向别人口头表达自己的观点，必须意识到21世纪全球市场下引导学生正确使用互助社交技能。埃塞俄比亚和世界其他国家一样，在未来几代人里没有充分的时间和资源改变教育情况，并且大多数家庭缺乏营养支持。许多学生实际上需要精神食粮，走进课堂时大脑、心智和身体都存在营养不良的情况。

本书最后一章可以看做是我们思维学校的理念在地球上拥有丰富文化遗产却最为贫瘠国家对抗儿童艰难现实生活的挑战。鲍勃·普利斯（Bob Price）是国际培训师，同时也是《从内向外发展思维学校》（*Thinking Schools International,* 2011）一书的合著者，他的同事贝雷克特·艾维克曾在埃塞俄比亚担任教师和校长，两人共同从基础开始建设完整的思维学校。在写此文时，这个故事尚未结束，因为亚的斯亚贝巴公立学校负责人近期全身心投入在该城市发展300所思维学校的项目中。

这种努力只能从内而外逐步发展，因为思维能力的真正发展不是一蹴而就的，只能通过不断促进和调解得到发展。鲍勃和贝雷克特为我们展现了一个不断前进的故事。从西方角度来说，我们可能认为“我们”就这个事情带来一些想法，与埃塞俄比亚、马来西亚或其他地方的人们一起分享。但是，思维学校的目标是不同的改变顺序和全球网络：第一级变革并不只是制度修补，或第二级变革并不只是通过教学新模式加入制度中。鲍勃和贝雷克特认为第三级改革是指经过支持，积极参与、学习、分享、记录与研究成为“局外人”和“当局者”的双向作用。学校中的人们具有各自复杂历史，如文化、语言和个体经历存在差异，他们可以通过设想、规划自己路程并创造自己思维发展路径，进行思考和改变。

埃塞俄比亚的思维学校

罗伯特·赛斯·普利斯与贝雷克特·艾维克

埃塞俄比亚思维学校（网址：www.thinkingschoolsethiopia.com）是个不断发展的协作项目，罗伯特·普利斯与贝雷克特·艾维克经过不同途径在这里相聚，开始共同的旅程。这些道路最初相隔一万两千公里，而如今却因教育思维的理念和观点，一起并肩前行。我们在写下这些的时候，故事尚未结束。这个故事出现在这片历史悠久的古老土地上，一个国家在21世纪的开始几年里通过循序渐进的改变，主动塑造自己的未来。

对于埃塞尔比亚和世界上其他迅速发展的发展中国家而言，这似乎是刻不容缓的事情。这也是在意想不到的地方（从西方角度来看）实现教育改革的故事，然而强有力的历史启示和模式在教育转型时代改变了全世界。最终，由于拥有思维学校的目标，我们在相互学习，并且美国这些国家也可以吸取埃塞俄比亚的经验和观点交流，同时这是进行多方面改革的机会。

处于十字路口的思维

罗伯特·赛斯·普利斯的参照标准

2009年在美国我和终身伴侣海伦搬到了自称为“十字路口”的印第安纳波利斯市。用十字路口这个词进行比喻，反映出由于教育协作与不断变化的参照标准带来了思考、学习和生活变迁的演变。

经过相当漫长和意义非凡的过程后，搬到印第安纳波利斯后不久，我和海伦就去埃塞俄比亚旅游，与两位领养的子女见面并将他们带回家。因为这些原因，这次旅行颇有意义，不过由于我是一名教师，在城市学校深入为尚待开发与资源匮乏地区的孩子们进行教学，因此收养世界上社会经济贫困地区——埃塞俄比亚——的孩子，这件事本身就深深打动了我自己。我们现在成为“不同种族”家庭，即“世界”家庭。

我曾经使用和体验过各种技术，特别是摄影和视频技术。实际收养过程的最后阶段充满激情，了解到这是在埃塞俄比亚的转折时刻，我们深刻感受到把这一双子女带回家，就像分娩一样强大。庆幸的是，从那以后，像所有初为人母为刚降临人世的孩子拍照和录视频一样，我们选择的领养机构儿童之家学会要求我们在村庄里居住完整的一个星期，因为我们需要逐渐了解家庭新成员和他们原来的社区。他们也对那个星期的交往录制了视频，编辑动态图画，并发送给我们，供以后参考和留念。我们的孩子也会了解自己来自何处以及何时来到家庭中的。

此刻在我的生活中，我决定根据自己广泛深入的经历，与国家城市联盟进行合作，该组织建立在“信心教育学”实践的基础上。根据伊薇特·杰克逊（2012）的定义，国家城市联盟认为，向所有儿童和青少年提供高质量实践操作，可以激发并培养他们在认知、语言和文化框架下的高智力表现。我的第一次埃塞俄比亚之行也与不断参与思维学校和后来的国际思维学校保持一致，这两个组织都是基于研究，并得到思维方法可以成为学生改变和平衡教育经历核心基础的观点激励。

贝雷克特·艾维克的参照标准

在21世纪第一个十年里，我在埃塞俄比亚刚刚从亚的斯亚贝克大学毕业。我家里有六个孩子，父母接受的教育很少，但他们理解并且鼓励我，责任心、思想开放和受人尊敬非常重要。尤其是他们传达出自由追求个人激情的观点。我的一位六年级教师激发了我的智力和动机，引导我在高中毕业考试取得成功，并开启了大学之旅。我从亚的斯亚贝克大学生物学专业毕业后，发现大部分相关工作是教学。我的第二份工作是2009年在儿童之家学会的领养机构之内任职。其时，罗伯特·普利斯第二次来到埃塞俄比亚，当时他与80位教师对思维方法论开展长达一周的专业探讨。正是在这一周中实践研讨会上我们第一次见面。

罗伯特、贝雷克特和埃塞俄比亚儿童之家与家庭服务主任阿斯纳克·埃曼纽（Asnake Amanuel）的启动会议，为个人和集体成长播下了变革的种子，我们自己每个人的故事与背景说明，共同合作的力量超过孤身奋战。我在心里想到，也许“由内而外发展思维学校”教育实践的革命，将会成为设计转型的催化剂，有利于提高埃塞俄比亚人民的生产力。

埃塞俄比亚的历史参照标准

了解埃塞俄比亚对于我们认识这个国家的人民及其潜力非常重要。

我们一致认为，这段简短历史可以作为基本要素的参照标准系，供我们学习以及进一步理解已经发展成为朋友和同事的高度协作关系。

埃塞俄比亚自古以来一直都是独立国家，是世界上最古老的国家之一，而大多数非洲国家的历史从近代形式上来说都没有超过一百年。在漫长的君主制历史中，埃塞俄比亚王朝可以追溯到公元前10世纪。埃塞俄比亚不仅是个古老的国家，还是科学家迄今为止发现人类最早存在的地点之一。由于产生了一些人类最早的踪迹，这里极有可能是智人首先前往中东和其他地方的位置。

埃塞俄比亚是非洲第二大人口国（全世界排名第十三），总人口超过9 000万，面积排名第十。首都是亚的斯亚贝巴。埃塞俄比亚北接厄立特里亚，西邻南苏丹，东与吉布提、索马里毗邻，南和肯尼亚接壤。

埃塞俄比亚是为数不多的拥有自己字母的非洲国家之一，另外还有自己的计时系统和独特的历法，与格里历相隔七到八年。埃塞俄比亚是非洲拥有联合国教科文组织世界遗产最多景点的国家，高质量的咖啡豆是其首要出口产品。

柏林会议上欧洲列强瓜分非洲时，埃塞俄比亚是保持独立的仅有两个国家之一。埃塞俄比亚是国际联盟中仅有的四个非洲成员之一。经历意大利的短暂统治时期后，埃塞俄比亚成为联合国成员国。其他非洲国家二战后获得独立时，纷纷采用埃塞俄比亚国旗上的三个颜色——绿、黄、红作为国旗色彩。绿色代表土地和对未来的希望，黄色象征和平与博爱，红色象征着力量。首都亚的斯亚贝巴现已成为许多非洲相关国际组织的驻地。埃塞俄比亚是不结盟运动、77国集团非洲统一组织的创始成员国。如今亚的斯亚贝巴依然是非洲联盟、尼罗河流域委员会和联合国非洲经济委员会的总部所在地。

几百年以来，埃塞俄比亚的教育一直受到埃塞俄比亚正教会的控制，直到20世纪90年代初期才采用世俗教育。1974年以前，埃塞俄比亚文盲率高达90%，与非洲其他国家相比对学校和大学的资金投入非常少。1974年革命爆发后，开始注重提高农村地区文化水平。在教授社会主义的同时，还强调一些实用学科。1992年教育投入约占国家预算的13%。截止到1995年，文盲率降低到64.5%，计划2000年文盲率低于61.3%（其中男性降至56.1%，女性降至66.6%）。截止到1999年，对教育的公共投入约占国民生产总值的4.3%（Teferra & Altbach, 2003）。

与之前20世纪80年代的制度相比，现有教育制度沿袭了向农村地区开展学校扩增计划，另外增加了深入国有化，从基础阶段开始提供以当地语言为基础的农村教育。埃塞俄比亚普通教育包括六年小学、四年初中和两年高中，不过，埃塞俄比亚的识字率在全球农村排名倒数第七。

罗伯特领导的第一个发展埃塞俄比亚思维学校研讨会，与埃塞俄比亚政府大力关注提高教育覆盖面的发展阶段不谋而合。在1994—1995学年度，埃塞俄比亚小学中大约有300万小学生，截止到2008—2009学年度，小学入学率上升至1 550万人，增加了超过500%。正是因为通过政府持续不断地努力扶贫和合理扩大公共教育体系，才能实现这些进步。这个过程也需要国家不断增加资金的投入和支持，并且提高各层规划和执行能力。区域与地区自主权以及社区参与程度的提高，也对扩大全国教育覆盖面具有重要意义。其他发展还包括重视创造以学习者为中心的环境。这点经常引起参与者向我提出问题：以学习者为中心的环境是什么“样子”呢？他们大多数人经历的填鸭式演讲结构已经成为他们的准则。阿沃尔·恩德里斯（Awol Endris）是联合国教科文组织埃塞俄比亚项目负责人，他认为第一个思维学校研讨会无法逐步提高技能发展，但确实引发了观念上的改变：

> 我希望能看到这会以某种形式继续进行下去……这是非常成功的……让公立学校的教师持续进行下去……将会改善整个国家的教育制度，因为这个研讨会是关于转变心智的……可以学到教育是关于什么内容的许多新观点。（http://blog.thinkingschoolsethiopia.com/?p=658）

积极有效采用第一章所提及的思维学校方法最初六个起点（如反思性提问、协作式学习、视觉导图、建构环境、权力辅导和社区建设等）成为所有全面参与这个方法的认定结果，参与者肯定都有所了解，但很少有人在实践中接触到这些策略。同时，这些方法只在思维学校全体目标内才会得以提供，仍然是改革性、对话性和参与性方法，是我们研讨会的中心。

图11.1　非洲地图

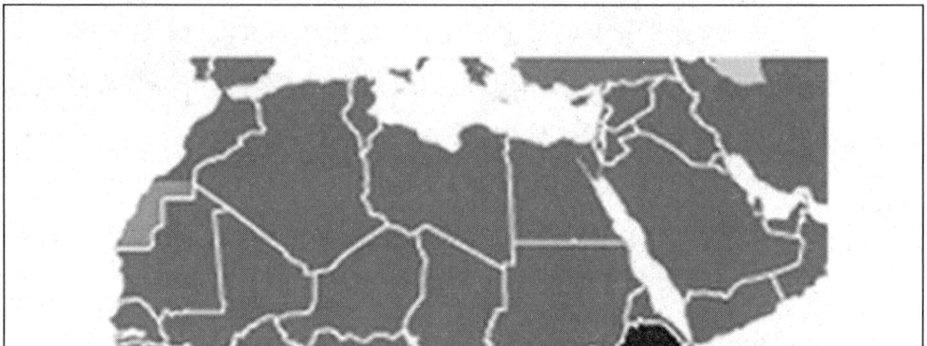

来源：联合国制图部门。

图11.2 埃塞俄比亚地图

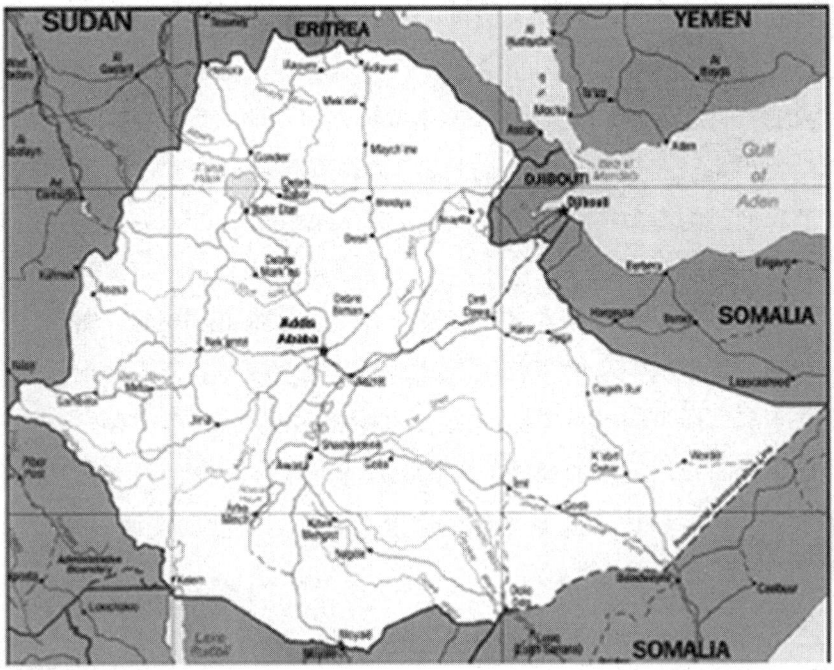

来源：联合国制图部门。

多方面发展

埃塞俄比亚思维学校的早期成果提供了“他山之石”的变革观点，将会促进那些陷入僵化教育传统“框架”中的其他国家进行变革。这是处于协作发展理念框架下的设计。那么这意味着什么呢？按照惯例，国际发展涉及第一世界“发达”国家在单边关系下，向第三世界国家提供各种形式的支持。以财政拨款、科技与人才创新等形式的援助一般只是单方向进行的，似乎不同文化的人们如果工业化程度或科技发展水平较低，就无法深入了解人类发展。我们只能通过工业化国家掌握的现有结构来了解发展所需的资源和能力。人类创新能力和其他人力资源受到忽视或贬低。

“多方协作发展”模式改变了这种假设和信念体系，所有参与者都意识到援助他人的自身能力。人们可以公布、分享和转化专业技术，并且每个合作者可以将专业技术应用于他们认为适合的其他背景中，如环保、教育、农业可持续发展、营养学和领导力等方面。如果世界如同托马斯·弗里德曼提出来“是扁平的”，并且我们进行双向稳定的合作，也许真实制度变革和创新的潜力将会在埃塞俄比亚这种意想不到的地方（实际上是可能实现的）逐渐形成。

埃塞俄比亚思维学校方法和以及世界上其他地方的项目，如大卫·N.海勒在第一章中提到马来西亚在全国实施思维学校项目，这些项目的重要方面在于努力让不同项目覆盖成网络，这样不仅能获得多方面发展，还能够获得多方面知识创造和发展。考虑到埃塞俄比亚独立历史和成功提高识字率水平，埃塞俄比亚大概是开始这个宏大计划的理想之地。（联合国教科文组织国际非洲能力建设所，2012）

2009年：第一粒种子

我们在此概述了2009年到2013年之间数年的协作发展，展现了第一粒种子如何生长成熟的。罗伯特在收养自己孩子的旅行期间，第一次访问埃塞俄比亚，包括参观埃塞俄比亚儿童之家社会与家庭服务这个收养组织创建的学校和医疗机构。他离开埃塞俄比亚后，通过邮件和偶尔的电话进行交流，包括Skype联系，这些引发了后来安排学校所有员工的职业发展项目。此外，参加此项目的预期人数以及相关信息没有事先确定。贝雷克特·艾维克是其中一位学校新聘的教师，与阿特德·泽哈耶（Atsede Tsehaye）一起参加了会议，阿特德·泽哈耶现在仍在埃塞俄比亚团队中发挥作用。

罗伯特的参照标准

2009年8月，在埃塞俄比亚首都亚的斯亚贝巴进行的为期五天的培训中，我和80余名埃塞俄比亚教育者和工作者一起开展高度协作的工作。参会者包括来自五个不同学校的教师、一名当地政府官员、一些父母以及我之前访问时见过的联合国项目主任。这是有关潜力的教育会议，也是参与人员酝酿想法和理念的会议。周一上午初期研讨会为我们的合作打好了基础，也激发吸引了与会者对我的高度兴趣。这次培训以社区建设练习（如共性）为开端，让我们了解到共同建立协作精神时需要向他人学习。共性过程中，整个团队围成一个圆圈，然后一个人分享自己的兴趣或经历，随后有类似兴趣或经历的所有人组成新的圆圈。

与会人员很快在整个团队中吸收同化了这个过程和目的（刻意安排）。然后我们分成四个更小的团队，实践并扩充我给他们确立的不同社区建设练习，使他们能够熟练进行练习。我曾发起过许多丰富职业发展倡议，包括在美国印第安纳波利斯及城区学校，不过这次开展的共同实践中呈现了前所未有的兴趣和参与度。与会人员度过快乐时光的同时也非常认真和积极的合作。经过一段时间后，我开始感到文化差异：总体说来，埃塞俄比亚人民习惯于协作，这与我在美国学校开展同样活动的经历有所不同。这是我在另一个文化背景中进行分享时，第一次对这种情况下学习力的模糊认识。这种感受一直持续在动手使用思维导图过程中，他们开始利用导图进行学习，并分享其他人对自己和教育的参照系。

圆圈图和框架帮助他们探索并分享个人历史和观点。与会人员很快理解了自己参照系的参照标准，意识到先验知识的重要性及其影响，刻意安排激发教育学的力量。我们通过对话共同探索以学习者为中心的方法，使用反思性提问（探究）、可视化导图、协作性学习方法、思维技能、创新使用物理空间（建构环境）和其他教育学基础方法，使这一点得到继续发展。长达一周的培训围绕形成思维学校的六个基本起点，他们开始研究发展的广泛领域。我在综合对话式探究模式中建立的六个思维起点模型包括：

1．反思性提问：高质量的提问与学习技能；

2．思维技能：清晰使用认知过程；

3．可视化导图：使用可视化工具绘制想法；

4．协作网络：在我们之间结对子、组团队，形成学校和全球网络，进行协作性学习、同事辅导和区域全球协作；

5．培养性情：包括性格、性情和思维习惯；

6．构建环境：考虑如何构建物理空间和使用资源。

与会人员每天的思考与圆圈图中所有人的最终想法让我认真回顾自己经历的事情，并重新认识我们一起发起这项工作的意义。当我万里迢迢带来思维学校开始这一项目时，参与者对这些切入点的共性产生共鸣，似乎他们已经在文化相关方面开始建设思维学校。我们似乎通过最为深入的层面和不同的观点看法，分享培养思维帮助学习的普遍基础。

认识到想法和创新随处发生，我发现自己开始考虑美国教育停滞不前，有时是因为严格考试制度和“补习”学生的静态特性的限制，许多学生由于在补习课堂中失去活力而辍学。我开始反思，一个国家的改革潜力似乎与财政上的平等机会大相径庭，这个想法在我心头荡漾。伊薇特·杰克逊定义的“自信教育学”大概从字面意义和形象意义上受到历史背景的限制。

贝雷克特的参照标准

在学年开始之初，我接到通知，参加美国专家开展为期一周的培训。我清楚地记得对这次培训的第一印象：这是与众不同的一次培训！这次培训设有各种活动、思考和展示。这种模式对大多数参与者来说非常新颖，我们都感觉眼花缭乱。没过多久，我和其他几位老师开始进行反思并在其中发挥带头作用。

培训像刚开始的时候一样在活力和激情中结束了。然而对我而言，这不仅是一次培训，更是一次革命。我开始探索使自己课堂更加有趣、活跃和实用的方法，然后我发现思维导图、社区建设和强大的提问技巧，都是我可以直接应用于课堂中的实用工具，与其他途径一起为成长提供了空间，向着这个刚出现在眼前的远大旅程而努力。

培训师罗伯特是位杰出的推动者和教育家。他对教学的热情和强化演讲风格从那时起就鼓舞着我。培训中他所做的每件事情都很有意义，可以应用到我的经历中。他也做一些比较基础的事情，而不是在培训结束后直接离开，他希望“播种”永续性（正如他一如既往所做的一样）。他联系了我和所有受训者，寻找老师来实现通过思维学校方法提高教育质量的梦想。

我是个务实的人，我首先做的事情是查找这次培训的背景及相关研究。幸运的是，罗伯特将许多高质量书籍带到学校，有些图书是思维导图股份有限公司和美国考文出版社捐赠的。这些培训内容都是来自实验研究，并且在世界其他地方已经取得成功的思维学校的先进经验，对此我印象尤为深刻。我的第二个问题是“思维学校在埃塞俄比亚可以实行吗？”

可以的！

这次培训与经济地位或资源可用性的广泛程度无关。我们需要做的是思维模式的转变，使用思维和现有资源讲授积极、协作和可视化展现的课程。我们不需要新电脑、新大厦或高昂的课程项目费用（尽管这些很受欢迎，并且非常急需）。

既然我所有的初级问题得到解决，我受到鼓舞并开始将这次培训应用到课堂中，发现学生活动、兴奋和创造性在短期内出现迅猛提高。因为同学之间的协作，学生喜欢上了我的课程。使用思维导图减少了他们记笔记的时间，为思考和讨论创造了更多时间。强大的提问技巧增加了学习的参与度和热情。总而言之，五天的培训让我离曾经的梦想更进一步——成为对学生影响深远的教师。

2010年：第二次职业发展访问——基础展望

第二次培训包括两套多天的会议：针对全校开展的职业发展培训和针对亚的斯亚贝巴的教育集团和非政府组织召开的领导力培训。除了在埃塞俄比亚文化背景下继续培养对思维学校的理解以外，发表21世纪技能的讲话继续成为主要目标。

罗伯特的参照标准

在与埃塞俄比亚教育工作者的不断合作和阅读相关文献过程中，我不断发现人们通常关注物理建筑、统计数据甚至是技术问题，很少关注提高我们大脑能力的实际思维方法。然而，由于埃塞俄比亚缺乏“资源”，至少是物质方面比较匮乏，导致一个人利用现有最佳工具培养“引导发现”。这最终会使“大脑”和“人为因素”成为人们关注思维的最佳工具。这种人为因素在于通过我们多方努力引以达到对埃塞俄比亚和其他国家的充分了解。

这次访问也包括前往埃塞俄比亚农村和撒那，与教育工作者开展为期两天的培训。职业发展会议包括向由50多名学生组成的“常规”课堂做示范课。在亚的斯亚贝巴市区中，参会的教育工作人员在研讨会上带着兴奋和认同，接受埃塞俄比亚思维学校方法。学生和教师热切期待通过研讨会上的观察与实践以及对我们协作过程和结果的反思，利用思维学校的各种方法。在返回亚的斯亚贝巴时，我思考这个过程如何持续进行呢？我的兴趣并不是只是“激发”一些优秀观点后就返回印第安纳波利斯。我知道自己从这些交流中学习到很多东西。从强烈兴趣转变成为通过实践、协作和掌握深入开展教育变革，这个过程需要一段时间内不断地付出。最终，研讨会以阿姆哈拉语的形式得到最优实施，特别是在参与者协作和相互反思等方面。尽管许多参与者能够熟练使用第二语言，英语，但是通过我的观察，显然对一些有限资料和深入讨论来说，使用母语的效果最好。

来自儿童之家学会的一些教师成为亚的斯亚贝巴与和撒那两次会议的参与者。尽管埃塞俄比亚思维学校尚未对这个行动发展规划出清晰的路线图，但是适合这个行动的根基正在形成。儿童之家学会的几位关键老师站出来，率领埃塞俄比亚思维学校发展成为深思熟虑的持续性行动。贝雷克特•艾维克、阿特德•泽哈耶与达吉姆•麦乐西（Dagim Melese）是其中一些天资聪颖的教师，以其朝气蓬勃的理想主义精神，感受到教育革命的潜力，这给我极大鼓励。他们思考的深度、相互依赖工作的能力、作为演讲者和参与者的开放性以及共同分享的模式极大地提高了培训水平。每次要求他们在研讨会或课堂中开展示范课，或者参与同事辅导模型，在咖啡厅讨论自己的想法，他们是真正意义上的出色协作者。

埃塞俄比亚思维学校发展的协作精神基础，也在玛斯来莎·埃曼纽尔（Masresha Amanuel）身上得到体现，他是学校厨师长，为研讨会参与者提供伙食。除了物质营养，他还成功对职业发展成功产生了强烈兴趣。通过敏锐的观察以及帮助教育界同事进行观察与反思性提问，他开始注意建立物质营养模型，这对人体营养素同样重要。

2010年：第三次和第四次职业发展访问——初步发展

在我第三次访问中，继续开展埃塞俄比亚思维学校研讨会，这次大部分参与人员来自私立学校，因为我们尝试在不同学校团体之间发现起点。同时我们正在寻找与政府公立学校进行协作的见解和影响。这是我们开始之初的主要目标。为期数天的研讨会吸引了许多全校的参与以及代表学校的领导团队。

这个项目顺其自然地开展下去，似乎没有尽头。另外，不同宗旨和作用的非政府组织也开始加入这个项目中。其中一个艾滋病培训机构的专业团队在认识到思维技能和方法培训对组织开展该领域工作非常有效后，也报名参加了为期五天的培训。这说明这些团体培训师意识到不仅要在短期内“提供”艾滋病信息或其他医疗服务，更应长期培养他们固有的思维技能，从长远看来非常有帮助。这会让整个社会不再依赖于权宜之计，而是让社会所有成员转变教学方式，最终，帮助人们每天做出行动和行为方面的决定。因此，思维学校理念在于，无论是医疗、教育领域，不管是职场工作还是金融素养，或是在任何行业进行创业，帮助所有公民反思自己的决策过程。

显而易见的是研讨会上的高涨热情和教育工作者对于更为系统实施思

维学校方法的共同需求，这种方法不是通过断断续续的研讨会实施，而是由参与人员来实施。一段时间后，学校团队来到研讨会，会有个小型跟踪调查。此时尚未有正式基础设施和有效沟通的最基本方法。两位教育部专家参加了全部三场会议，他们的参与和见解详见2011年的采访中，以下分享部分关于埃塞俄比亚思维学校发展的附加有利因素。

> 思维过程是每个人（课堂上）日复一日的活动。如果思维过程应用在公立学校中，不同背景的人们会学习到更多东西。这种培训可以在公立学校各个年级所有学科进行实践。我认为不同地区最好选择一所模范学校。最后这些技巧可以在我国其他学校复制使用。
>
> ——埃塞俄比亚教育部专家蒂拉洪•特肖梅（Tilahun Teshome），
>
> 埃塞俄比亚教育部课程设计者丹尼尔•阿贝贝（Daniel Abebe）

儿童之家学会中几位鼓舞人心的教师，如贝雷克特•艾维克、阿特德•泽哈耶与达吉姆•麦乐西，随后更为直接地参与到培训中。他们带头给参加为期多天的职业发展会议的教师们展示示范课，在研讨会上做陈述，并在课堂中与其他教育工作者进行同事间辅导。第四次访问即将结束时，贝雷克特和玛斯来莎•阿马努埃尔从地方政府官员得到一份重要的“正式文件”，邀请当地公立学校。这份正式文件于星期五提供并发送给儿童之家学会附近的公立学校领导。紧接着第二天，通过基层沟通而非政府公告，400余名埃塞俄比亚教育工作者前来参加研讨会！

我们建立了“交流场所”，提供实践观点和高度交互示范。这让参与思维学校研讨会的埃塞俄比亚总人数远远超过2000人，这个数字不包括以前参与者的独立“变节”研讨会，仅凭一时分享和转变宝贵见解和技巧做出的陈述。我们事后才了解到这些研讨会。显然，对于高质量演讲和内容理解的质量控制很快变得重要起来，但是我们也需要了解到，这些观点对埃塞俄比亚教育者来说并不是“外来事物”，因为他们能够如此迅速地发生转变，并帮助那些需要新方式吸引学生思维的人们。

罗伯特的参照标准

这几次访问过程中不断想到创造持久性实践改变的理念。其中关键因素包括评价和利用自然获取的“材料”。我通常认为，在美国我们主要依靠昂贵的“产品”，而不是依靠“指导性练习”使用生活中的材料。其中一场会议中进行模拟实践的例子，参与人员根据提供的一把污泥，利用思维方法（如思维导图、反思性提问等）研究（适合各年级和学科的）适宜课程。团队中包括幼儿园教师到大学教授，因而结果各式各样。家长的参与和兴趣也成为第三次和第四次访问过程的焦点，我当时组织家长会议分享埃塞俄比亚思维学校的内容。这两次实践会议每场都吸引了大约40位家长，另外一次会议中有100多名家长参与。随着研讨会不断扩大，我邀请美国优秀的年轻教育者伊丽莎白·凯斯林（Elizabeth Kesling）与我一起工作。凯斯林曾在塞内加尔协助教授有特殊需求的儿童，也与雷焦·艾米利亚（Reggio Emilia）研究早期儿童教育。这两个领域需要对思维的深入思考和替代性评价和形成性评价的丰富背景。另外，我认为加入当今年轻人的经历非常重要，这与埃塞俄比亚思维学校不断变化的领导力保持一致，两者都可以扩大我的参考标准，可能成为埃塞俄比亚进一步发展的重要角色。

第四次访问还发现贝雷克特能够迅速适应成为学校校长这个新角色，开始在埃塞俄比亚发挥校长和联络的作用。他在这个项目中的积极参与可能会成为他的主要工作。这也包括更加良好的沟通，因为项目发展到一定程度，邮件和零散电话无法满足我们的需求。我和思维基金会为贝雷克特提供了无线网卡连接的持续资金支持，与美国这些地方相比，埃塞俄比亚的无线网卡连接非常昂贵。我们还发现Skype和其他新兴社交软件对埃塞俄比亚思维学校的当前发展发挥了巨大的帮助作用。

贝雷克特的参照标准

我成为儿童之家学会协调人后，与罗伯特交往更加密切。新岗位也为我提供平台来促进学校内部即将到来的培训。我们每周一到两次利用Skype和邮件联系对方，讨论发展和未来规划。新一轮培训对我来说更加重要，因为会涉及更多教师，扩展到附近的私立学校、非政府组织代表和当地教育官员。在培训期间，包括我在内的三名教师发挥主导作用，协助罗伯特在课堂中向受培训人员展示课程。这次反响巨大，通过示范课产生的积极作用让我在共同建设埃塞俄比亚项目这条路上继续前行。

此时我发现：改革非常困难！即使培训得到较好赞赏，每年都会开展定期培训，但是由于这些没有系统融入学校制度中，所以影响较小且比较分散。此外，对大多数私立学校关注较少，就不会带来我们想要的变化。对此我开始深入思考自己的角色能够做出哪些努力，这些努力如何影响全国众多公立学校和私立学校。最终我决定向罗伯特和思维基金会提出“埃塞俄比亚思维学校”项目，希望独立与私立、公立学校共同努力。提议通过后，我获得拨款，开通博客，接入互联网并得到其他用于记录的工具。我们根据参与者提供的反馈汲取灵感，例如以下颇具代表性的积极回应，特别是“成倍增加”的需求：

> 此次培训非常好，因为符合我们国家大班教学的国情。
>
> ——亚的斯亚贝巴教育局专家戴德·吉尔马（Dade Girma）
>
> 此次培训比较特殊，培训是能让做事效果倍增的方式。这次实行思维学校需要付出巨大努力。教育部已经开始行动。将学生分成一到五组（已经实现）是推行思维学校方法最好的方式。我们拥有这样的契机……教师是执行这个计划的主要因素。
>
> ——亚的斯亚贝巴教育局专家塞飞洛·塔吉奥西斯（Sheferaw Tgiorsis）
>
> 思维学校培训方法论与教学过程相联系，帮助学生容易理解事物……
>
> ——亚的斯亚贝巴教育局专家菲赛哈耶·尼贵塞（Fesehaye Nigusie）
>
> 我们在使学生开发自己潜能方面得到培训。
>
> ——亚的斯亚贝巴教育局专家戴德·吉尔马

根据人们对开展连贯计划迅速高涨的明显需求，进而创造对学校、教师、学生及其家长产生持续影响，我认为应当转入下一项工作中。

2011年：第五次和第六次访问——形成目标

通过系统的起点，现在开始形成更为广阔的事业。真正“发展从内而外的思维学校”理念开始成为重点。虽然建设实际学校大楼很重要，但是对大楼内教育学的改造设计才是改革转变的关键。时间选择也非常明显。美国国际开发署（由许多国际机构资助）近期出版的一份报告中指出以学习者为中心的环境目标成为埃塞俄比亚教育制度的改革机制（Asgedom, Desta, Dufera, & Leka, 2006）。

第五次访问包括为期两天的培训，我们系统使用了大卫·N.海勒、罗伯特·普利斯及英美的全球思维学校其他五位国际教练共同完成的《由内而外发展思维学校》（www.thinkingschoolsinternational.com）推进者指南。这份指南曾在本书第一章得到描述，用以形成激励公立和私立学校学生通过领导团队创造自己设计改变的正式结构。

更为系统的经验和少量材料让参与者在发展自己学校的系统方法计划的前提下，提供了许多思维学校策略的实践应用。从各种角度来看，这是成功的行动。我们不是提供固定的方法，企图一劳永逸，而是使用21世纪思维工具培养对这些方法的理解，形成学校团队的目标。

这是关键所在：参与人员使用思维导图、其他可视化工具、反思性提问、协作结构以及形成并组织自己定义思维学校观点的研究方法。在研讨会开始之初，这点就被清楚地告知参与人员。我们规定其中一个要求是他们在使用这些工具并选择何种模式和微策略最适合学生时，能够评估各种方法。他们使用《由内而外发展思维学校》指南作为教育改革和成就之旅的“旅行指南”。尽管计划才是第一步，为他们提供设想去往何处的“导图”非常重要。

在这周期间，我们在公立学校开展工作，包括给学生安排示范课。这个学校的平均班级规模大约在50个学生左右，并分成合作小组的形式。还有件有趣的事情要注意：2008年教育部根据研究，决定不再为站在学生和观众面前的教师个体提供可行的模型。在全国范围内进行彻底全面的改变：教师应当改变教室环境结构，从儿童面向老师转变为学生互相面对的合作小组。每个小组需要有一位“聪明学生”领导小组，代表各自小组回复教师，大多数可能架构成为大脑中的“人群控制”。

这些新型的正式结构可以将传统直排的教室转变成为圆桌会议小组，但不能保证小组中出现的高水平思维技能，或者使用初步协作性学习技巧。同时，许多人兴奋地想到下一步：学生对学习的潜力确实可以在进行大量高水平协作和思维时激发出来。

我们工作提供了提高小组学生思维和使用通用工具与策略的一系列方法。研讨会中的教师开始在课堂中顺利地模拟这些方法，包括反思性提问、协作式学习方法和可视化导图。教师和学生课后对学习过程、学习使用的“工具”和个人成果进行思考，证实了我们观察他们在群体结构内构建思维技能方法的兴趣和效率。对我们而言，学生通过实践经历迅速提高思维过程的同时，通过辅导训练教育工作者进行“协作学习”，用来帮助他们深化观点，这是充满挑战的。

从这一点来看，随着研讨会在数量和质量上不断发展，一些偶然事件让我们在更大规模上开展基础工作。埃塞俄比亚儿童之家社会与家庭服务主任玛斯来莎·阿马努埃尔决定让自己创办的这个机构成为进一步实现自己目标的新机构，在亚的斯亚贝巴创办社会企业家组织和杰出社会企业家。会议认为，埃塞俄比亚思维学校将会成为杰出社会企业家的一部分，提供潜在的后勤保障（关于持“社会企业家”的定义以及培养和支过程，详见www.ashoka.org）。

与此同时我们与亚的斯亚贝巴教育局领导安排了一次访问。埃塞俄比亚会议是因为实用性才会召开，这次也不例外。我们在罗伯特第五次访问期间，会见了亚的斯亚贝巴教育局局长（负责人）迪纳摩·奥拓莱·费雷杰（Dilamo Otore Ferenje）博士。从我们的讨论中可以看出，思维学校方法及其与亚的斯亚贝巴公立学校相融合的潜力深深吸引了迪纳摩。他需要一个提案，这个提案将贯穿下一步方案：由贝雷克特修改并向迪纳摩挑选的几位亚的斯亚贝巴教育局专家进行陈述。这次陈述吸引政府专家要求加入培训，全面评估该方法。以下是对这项工作意义的思考和理解，继续推动我们不断扩大埃塞俄比亚思维学校：

> 如果我们童年时就开始这种思维技能，确实就会非常精通这些技能……我们拥有完全不同的一代人，这代人的确会提出问题和解决问题……
>
> ——全国学校管理团队，厄尔米雅斯·塞斯比（Ermias Sebsib）
>
> 发展思维学习关乎学校从传统教学转变为包含思维过程的方法……实施设计中必须具有协作网络，我们在其中见面讨论并分享经验。
>
> ——埃塞俄比亚思维学校，阿特德·泽哈耶

这些经验和反馈使亚的斯亚贝巴公立学校教育局同意，开始在30个学校中正式试点，计划一年内在300多个学校中实现全校制度。另外，亚的斯亚贝巴附近的少数农村公立学校也计划加入埃塞俄比亚思维学校行动。亚的斯亚贝巴公立学校负责人迪纳摩·奥拓莱·费雷杰宣布了短期规划和长期目标：

> 这次培训是个试点项目（2012年年底对亚的斯亚贝巴教育局专家团队开展培训），接下来我们会推广到学校中（2013年）。我们将会培训教师和校长，并逐渐把这个项目提升到全国层面上，思维学校方法不仅帮助我们的工作或其他事务，甚至会对我们的日常生活有所帮助……

共同培养其他埃塞俄比亚推动者，来建设埃塞俄比亚思维学校的水平，实现和维持项目设想的规模，是这项设计的必要条件。

2013年：未来展望

除了对开展思维学校的所有学校进行定期职业发展培训以外，我们还有许多大规模改革核心内容的同步发展：

- 亚的斯亚贝巴教育局管理埃塞俄比亚首都的300多所大型公立学校，近期专家团队接受了罗伯特·普利斯与埃塞俄比亚思维学校的培训。下一步计划在全部300所亚的斯亚贝巴教育局学校中实施“发展思维学校”。最初领导团队会参加《由内而外发展思维学校》相同的培训，然后在全校实施埃塞俄比亚思维学校方法；
- 定期与私立学校开展持续专业发展会议；
- 与重视教育的非政府组织、各种地区范围农村项目和各种教育机构开展合作；
- 继续将旅行指南翻译成为当地村民的方言；
- 继续使用进行记录、反思和混合式培训的视频设备；
- 联合国教科文组织发布书面许可，将埃塞俄比亚思维学校作为先进的现代教育实践；
- 对阿姆哈拉语版的旅行指南进行修改，确定第二版译文。

当然，全世界大多数地方频繁开展专业发展会议的效果大打折扣，向教师陈述大量枯燥的策略，在未与核心价值和信念（即目标）的明确基础保持一致的前提下就尝试这些策略，犹如撒在风中的种子。随着这个项目从头开始，我们开始一起播下种子。许多项目起初经常没有综合模式，许多参与人员从未熟练掌握任何要素，宽度和深度都不够。国际思维学校的目标在于帮助学校清晰发现参与人员的基本信念，然后共同设计出反映学校需求的思维学校环境。另外，这次行动的重要组成部分包括记录、行动研究、评估以及在思维学校全球网络中进行分享，作为跨文化多方面发展的一部分。

在过去的一年里，埃塞俄比亚思维学校继续培养能力和结构，即便不是思维革命，也是实现重要教育发展目标。这是在埃塞俄比亚人们革命性和历史性根基上的改革。区分人类和其他生命形式在于，我们不只是进行思考和回应的进化能力，更是因为以高级复杂的水平思考我们的思维和解决问题的能力。这也是思维学校的理念，重视我们为了追求更美好世界，发展和丰富反思性和协作性能力。

思维学校行动的理念发端于世界各地，以广泛领域的信念为基础，关注我们实现新一代学生和教育工作者的眼前教学需求与长期维持发展思维过程的远期目标。这种目标在埃塞俄比亚许多工作者身上得到充分表现，最具代表性的是亚的斯亚贝巴的教师达吉姆•麦乐西：

> 最根本的文化转变在于，了解埃塞俄比亚在学生表达学科方面观点和看法时创造知识、习惯和实践等方面的重要性。认可实际价值是构思埃塞俄比亚学校持续变革的重要内容，至少对我而言是重要的，进而欣然接受埃塞俄比亚思维学校项目的最有力观点。

在我们写下这些文字时，埃塞俄比亚学校继续演变成长，并不断呈现出来。对于思维学校过渡到更大规模产生的影响实例，我们与比克罗斯努尔学院开展合作，这所学校位于亚的斯亚贝巴，共有700名学生和54位教师。2013年3月，比克罗斯努尔学院全体员工参加了为期四天的思维学校培训，包括使用思维导图和反思性提问。以下是薛先生和教师的思考，提供了埃塞俄比亚思维学校方法的当前和潜在影响。在全校推广包括思维导图在内的思维学校方法一个月后，这些思考和第一次研讨会得到的反馈比较相似。但是随着埃塞俄比亚思维学校持续演变成长并不断呈现出来，这些思考反映出人们的理解方式不断变化，与埃塞俄比亚思维学校举措保持一致。

> 我的确认为思维导图对我的生活产生了巨大影响，因为之前我基本上不会读书，总是花费太多时间去理解内容。现在我喜欢打开作业本做思维导图，这样能够真正学习和理解我所阅读的内容。我们是独立的

个体，独立学习，因为思维导图是我们的老师。思维导图让每件事变得简单，我们阅读后就能记住这些内容，这个过程让内容形象起来。

——九年级学生汉南·阿布勒费塔（Hannan Abdulfetah）

思维导图对我的学习帮助很大。明年我要参加全国考试，我现在利用思维导图进行汇总，因为这样汇总起来用的时间较少。这种方法非常有效，因为通过观察这些圆圈图和其他导图，我能够记住图中的内容，让我能够轻松学习。

——九年级学生阿布都热合曼·卡西姆（Abdurahemen Kassim）

我们使用这些导图非常有效，现在课堂是以学生为中心，每个人都参与其中。八个思维导图很有帮助，我们能够轻松做完作业。例如，我们课本是本厚书，看起来令人厌倦，要花费很多时间。但是如果使用一张纸，画出导图，就可以在短短几分钟内分析出这个学科的内容。我们每个人参与到小组工作中做思维导图时，这个过程非常有趣。

——九年级学生侯赛因·阿布勒乃斯（Hussien Abdulnessir）

思维导图方便使用和记忆。在我们小组合作之前没有太多论点，但是现在我们很容易让内容形象化，在脑海中记住图片中看到的内容。这些导图像图片一样，具有不同设计，很容易记住。

——九年级学生萨博图·阿里（Sabontu Ali）

我非常感谢思想家为我们提供思维导图，让我们进行自我思考，为学生思考。思维导图非常有用。多年来我教授化学，尝试了许多方法希望形象化地向学生展示化学。培训后在这前两到三周，思维导图让一切清晰起来。

——副主任兼化学教师阿德弗雷斯·栽瑞辉（Adefres Zerihun）

思维导图让我们的生活更加简单，帮助我们讲授难以理解的课程。学生以特殊方式接受思维导图，并将导图联系起来。我希望思维导图会持续下去，这样我们能够给学生应当需要的内容，我们会得到应当看到的东西。

——副主任兼英语教师胡达·赛义德（Huda Seid）

通过思维学校培训，我了解到培训和思维导图的参与性。我们周五培训结束后，周一开始使用思维导图。这次培训对我帮助很大，因为之前我很难将这门课介绍给学生们。但是学习思维导图后，并向学生们引入思维导图后，我这门课理解起来很容易。我们总是告诉他们以学生为主的教学，但是直到利用思维导图后，我才让班里不同类型的所有学习者参与进来。这也是我们国家的政策，如果能定期实施并获得参考资料，我们会做得更好。教师和学生都非常喜欢思维导图，我们对此向你们表示感谢。

——社会学教师穆罕穆德•阿沃尔（Mohammed Awol）

除了桥型图以外，我在三年级课堂中使用了其他所有思维导图。我感到非常兴奋。学生们非常喜欢思维导图，并内化这些导图。思维导图帮助我们发现学生的水平。例如有些学生停留在圆圈图上，而其他同学使用其他导图，实现布鲁姆分类学的高阶思维。因此总体说来，思维导图帮助我们实现有效的教学方法论，对此我很高兴。近期结果显示，最后一个季度三周内，学生成绩出现小幅增长。

——三年级社会课教师乌斯曼•穆罕穆德（Usman Mohammed）

埃塞俄比亚思维学校从培训开始就非常有趣。思维导图让我们大脑对信息形象化。相比之前的各种方法而言，学生在短时间内能够参考并利用思维导图。所有学生比以前更加积极，因为他们可以很容易理解话题，并记住所学知识。

——副主任兼物理教师载伍度•海路（Zewdu Hailu）

作为共同成长的好朋友和同事，我们作为团队一起走在前进的道路上，目前通过协作过程，继续朝着共同目标发掘潜力。这次旅程会让我们的性情更加敏捷，拓展深刻见解的合作，从表面意义和象征意义上构建道路（有时在框架内，有时要借鉴他山之石），同时继续期待下一步计划。这是教育工作者为了培养每个孩子能力的共同目标而一起成长的故事。

我和海伦将会继续从两个埃塞俄比亚养子女身上不断学习，他们现在仍在成长阶段，在印第安纳波利斯公立学校上学。受到人类思考、提问和深入探究的共同能力驱使，他们已经适应在新的文化环境里跳舞、游泳和学习，同时能够以开放的思维和心态思考和融入身边的世界中。

问题探究

为了支持普利斯和贝雷克特领导的亚的斯亚贝巴项目，本章节引用了联合国教科文组织项目负责人阿沃尔·恩德里斯的观点，认为思维学校的影响是“这个研讨会是关于转变心智的……可以学到教育是关于什么内容的许多新观点”。合著者贝雷克特自己也提到“其中所需要的是实现思维模式的转变……”恩斯特在第九章也发表类似看法，第一章中海勒和第二章中黛拉莫拉也如此认为。改变个体或集体观念并不容易实现。通过阅读本书其他章节中发展“思维学校”的内容，我们使用哪些关键方法，才能使教与学、教师与学生之间发生这些根本必要转变呢？你还推荐其他方法吗？

针对如何让埃塞俄比亚项目影响实现最大化，贝雷克特的主要观点之一是需要实现制度改变。在这个过程初期他观察到，虽然人们积极参与这几次会议，“……由于这些没有系统融入学校制度中，所以影响较小且比较分散”。当你回顾本书各章节内容时，你认为哪些促进全校改革的有效策略可以应用到自己学校中呢？

不同培训会议的各种设计如何影响参与人员看待眼前工作、挑战和机遇呢？回顾这个项目中采用的多次会议，你会如何描述每个阶段的主要目的呢？

美国开展“开放教育”运动期间，许多学区建设新教学楼，内部没有隔开不同教室的墙壁。许多努力以失败告终或效果微乎其微，此时埃塞俄比亚政府认为要求老师不再“站在学生面前讲课”，这自然而然地确保教育学发生改革，改善了学生的学习。然而如果仅仅改变这些，现有结构仍然会成为真正改革的障碍。今天仍然存在哪些其他传统值得引起思考呢？为什么？通过借鉴玛克辛·格林的经验，你认为教育如何“如果不是如此的话”，才能更好地服务于学生和今天的世界呢？

参考资料与相关阅读

- 艾斯基德姆.A，德斯塔.D，杜夫拉.D，莱卡.W（Asgedom, A., Desta, D., Dufera, D., & Leka, W.）（2006年8月），《埃塞俄比亚教师职业发展试点》（*Ethiopia pilot study of teacher professional development*），《教育、教学质量：认知与实践》（*Quality in education, teaching, and learning: Perceptions and practice*），检索自http://pdf.usaid.gov/pdf_docs/PNADH771.pdf。
- 托马斯•弗里德曼（Friedman, T.）（2005），《世界是平的：21世纪简史》（*The world is flat. A brief history of the twenty-first century*），纽约市，纽约州：法拉，斯特劳斯和吉洛克斯出版社；何帆，肖莹莹，郝正非译，湖南科学技术出版社，2008年。
- 伊薇特•杰克逊（Jackson, Y.）（2011），《教育学的自信：激发城市学校的高效表现》（*The Pedagogy of confidence: Inspiring high performance in urban schools*），纽约：教师学院出版社。
- 特费拉.D，阿尔特巴赫.P.G（Teferra, D., & Altbach, P. G.）（及其他）（2003），《非洲高等教育：国际参考手册》（*African higher education: An international reference handbook*），布卢明顿：印第安纳大学出版社。检索自www.thinkingschoolsinternational.com。
- 国际思维学校（2011），《由内而外发展思维学校》（*Growing Thinking Schools from the inside out*）。检索自www.thinkingschoolsinternational.com。
- 联合国教科文组织（无确切日期），来自维基百科，检索自http://en.wikipedia.org/wiki/ UNESCO。

附 录

Thinking Schools INTERNATIONAL

关于思维学校方法影响的评估报告

该报告由国际思维学校和艾克赛特大学共同完成，
用以评估思维学校方法的影响

作者：马丁·贝尔（Martin Bell），2012年9月

背景：名誉教授鲍勃·伯登将“思维学校方法”一词定义为“作为教育团体，学校内部所有成员都能致力于对发生的每件事进行习惯性的细致思考。这个过程包括学生和教职工学习如何深入性、批判性和创新性思考，并且运用这些技能和技巧共同建设有意义的课程体系和相应活动。学生若能掌握一系列展现独立思考与合作学习技能、高水平成就，并能享受满足学习，这便是成果……”（伯登，2006）。2005年以来，共有55所英国学校采用全校方法讲授思维，将思维作为学校和课程体系中心，获得了艾克赛特大学的思维学校认证。另外，在国际思维学校咨询师的推动和培训过程中，一百多所英国学校已加入思维学校网络培训。一般情况下，官方认证过程至少需要三年才能通过。2012年9月，艾克赛特大学和国际思维学校共同资助了一项调查来评估思维学校方法的影响，该调查得到这些思维学校的采纳。这项初步调查确定了需要进一步研究和评估的领域。

调查集中在五个关键领域：

- 认证学校对思维学校方法（全校）的满意度
- 学术成就
- 思维学校采取的国际思维学校方法（如思维导图、思维习惯、儿童哲学）
- 思维学校方法的评价方式
- 思维学校方法的主要优势和存在问题

调查结果总结：

- 认证学校中，100%的小学和87.5%的中学对思维学校方法感到满意；没有学校不满意。
- 90%的认证学校表示教学质量得到提高，没有学校发现教学质量受到不利影响。
- 89%的学校表示，思维学校方法提高了学业成绩，3.5%的学校认为无法提高学业成绩。
- 报告显示五大国际思维学校项目卓有成效。
- 82%的认证学校希望对他们的评价方式提供更多支持。
- 利远大于弊。

UNIVERSITY OF EXETER

关于思维学校方法影响的评估报告简介

最初包括以下大纲：

1. 评价项目的目的
2. 应邀出席的领导
3. 报告的重点

随后，每个研究领域增加数据和领导者反馈前，总结该报告的主要成果。

1. 评价项目的目的

该项目由艾克赛特大学和国际思维学校共同资助，目的在于：

- 报告思维学校方法的影响，该方法由伯登教授进行定义，并在国际思维学校网站上发布；
- 权衡该方法的优点和缺点，推荐进一步探索中需要改善的途径；
- 考虑各种思维与学习策略的有效性；
- 收集反馈评价，针对评价与衡量认知教育的影响提出相关建议；
- 观察MALS（自己作为学习者标准）的使用及其对思维学校的影响。

2. 应邀出席的领导

该项目重点关注在线调查。一些学校应邀参加并做出如下答复：

- 艾克赛特大学思维所认证通过的思维学校或高级思维学校：发送49份调查，收到27份答复。
- 学校尚未通过国际思维学校认证，但接受一次以上完整的国际思维学校培训会议：发送105份调查，收到35份答复。
- 此外，其中五大思维学校的领导们在认证学校中接受采访，得到进一步反馈。调查中已引用这些采访和评论。

3. 报告的重点

初步报告重点关注艾克赛特大学认证通过的学校中所收集的信息。随着时间的推移，这些学校承诺实行思维学校方法，其实践得到了艾克赛特大学评估人员的积极评价。认证学校共提交了26份调查，但是仍有4所学校没有完成调查。调查通过匿名方式完成，表明思维学校的领导们应当与同事们讨论答案。完成调查的最短时间是30分钟，不过加入讨论环节会延长答题实践。

关键发现小结

- 认证学校中，100%的小学和87.5%的中学对思维学校方法感到满意；没有学校不满意。
- 90%的认证学校表示教学质量得到提高，没有学校发现教学质量受到不利影响。
- 89%的学校表示，思维学校方法提高了学业成绩，3.5%的学校认为无法提高学业成绩。
- 96%的学校会将课堂观摩作为判断满意度时的因素之一。
- 报告显示五大国际思维学校项目卓有成效。

UNIVERSITY OF EXETER Report on the Evaluation of the Impact of the Thinking School Approach, September 2013 Thinking Schools INTERNATIONAL

- 82%的认证学校希望对他们的评价方式提供更多支持。
- 利远大于弊。
    - 主要优势包括学校本位辅导方式，独立和学习者的所有权，课程质量。
    - 这里有一些可持续性问题，例如新员工的培训。

调查——关键领域

A. 思维学校方法的满意度

表1显示出认证思维学校的满意度。每所学校需要打分，1为高分，5为低分。

表1 思维学校方法满意度水平

高　　　　　　　　　　低

	1	2	3	4	5
认证小学	64%	35%	0	0	0
认证中学	75%	12.5%	12.5% （1所学校）	0	0
所有认证学校	68%	57%	4.5% （1所学校）	0	0

22所认证学校完成了这个问题：15所学校表示非常满意，6所表示一般满意。这些学校积极的认可反映了思维学校方法对学校许下的长远承诺是有效的。只有一个中学，既没说满意也没说不满意，也没有给出任何理由。所有的认证学校宣布，他们学校将会采用整体教学思维方式。

卡迪夫基督国王小学校长帕特里克•阿夫利（Patrick Affley）表示："我们需要脚踏实地实现这个目标，全校全员参与，否则无法见效。"

表2中要求学校详尽阐述对表1的满意度的决定，通过1到5的分数给思维学校方法一个积极的影响。得到1分的可以视为非常好，得到2分的表示还不错。独立的小学和中学的数据显示了各个学校的水平不同。数据显示所有认证学校都在规定的百分比范围内。这里的结果解释了为什么这种方法会有这么高的满意度。

表2中的某些方面与"思维学校成长指南"中TSI方案的"六个起点"有关。例如，比较以下积极的成果：96.5%的小学生参与，共同协作完成学习的占81.5%——协作学习的起点；86.5%关于教师提问技巧，86%关于学习者提问技巧，90.5%关于反思性学习——反思型提问的起点。所有十一个方面都得到非常积极的认可。

显然解释个别学校的结果，需要更多的信息。然而，结果是超过20个学校的社团相信在学校范围内的一般趋势。表2中我们可以看到一些非常积极的结果影响着教学质量以及学生和老师的学习。唯一例外的是"行为和尊重"，这一领域42%的积极影响和24%消极影响需要作进一步调查。南威尔士的纽波特市区附近的曼诺小学正享受着这种行为带来的积极效益。

表2　以下各方面对认证学校的思维学校方法有何积极影响呢？

高分1到低分5	小学					中学					总共				低
	高				低	高				低	高				
											%	%	%	%	%
	1	2	3	4	5	1	2	3	4	5	1	2	3	4	5
学生自信心	5	7	1	0	0	3	3	2	0	0	38	47.6	14	0	0
学生参与度	8	6	0	0	0	1	6	1	0	0	41	54.5	4.5	0	0
行为和尊重	3	4	4	3	0	1	3	1	2	0	19	33	20	24	0
课堂质量	4	8	1	0	0	4	3	1	0	0	38	52	9.5	0	0
教师情绪的动机	2	10	2	0	0	0	6	1	1	0	9	73	13.6	4.5	0
教师的积极性	4	8	2	0	0	0	6	1	1	0	18	63.5	13.6	4.5	0
合作学习	9	3	2	0	0	1	5	2	0	0	45.5	36	18	0	0
创造性的思维/学识	4	5	1	0	0	3	4	1	0	0	39	50	11	0	0
教师问题技巧	8	4	2	0	0	4	3	1	1	0	54.5	32	9	4.5	0
学习者问题技巧	5	8	1	0	0	1	5	1	1	0	27	59	9	4.5	0
学习反馈	7	7	0	0	0	1	5	2	0	0	36	54.5	9	0	0

梅里尔·艾奇维里（Meryl Echeverry）校长表示，“行为和态度对学习有相当大的改善”。

在曼诺（Monnow）到底发生了什么以及其他42%的学校的人从中又学到了什么？“行为和尊重”的结果并不等同于高度满意的思维习惯，国际思维学校的主要方案支持性格的发展（见表11）。

你也可以从表2找一所还需要继续努力的中学，也就是，有几个方面是低分比例4.5%的学校。

以下取得高分的积极影响尤其有意义：

- 课程质量占90%；
- 学生参与度占95.5%；
- 思考型学习占90.5%；
- 创造性思维学习占89%。

值得注意的是，其他方面的较高分数表明，课堂实践中提问、协作学习和教师主动性方面得到改善并实现转变。

威德尼斯的林荫道小学校长卡萝尔·劳伦森（Carol Lawrenson）表示，教师们不断提高他们自身的能力以及更好的教学设备可以提供更多能够刺激孩子及对孩子有挑战性的课程。他们正不断努力提高自己的实践能力，这有利于产生更多协作共享的实践结果。

B. 学术成就

学术成就的问题和思维学校方法的积极影响标准对于利益相关者来说都至关重要。大多数的领导人认为这个问题很难回答：思维学校方法仅仅是一些学校采用提高课堂学习标准的范围。然而，26所认可学校回复了这个问题，23所学校信心满满地指出这一方法确实提高标准。全部结果如下：

1）肯定，89%的表示思维学校提高了学术成就；

2）否定，3.5%的表示思维学校没有提高学术成就；

3）7.5%表示无法回答。

罗彻斯特文法学校校长助理理查德·科埃表示，很难将思维技能的发展与学生达到的成绩联系起来，但是话说回来，我们实施这个项目五年以来，GCSE成绩、A2、IB成绩都显示具有上升趋势。

达勒姆县的塞奇菲尔德社团学院的思维学校领导人保罗·佛莱明（Paul Fleming）表示，她们学校的改善结果在2012年被认可。“在2010年的夏天有64%的人取得了A*-C。在2011年夏天有66%的人取得了A*-C。在2012年的夏天有81%的人取得了A*-C。我们希望可以在2013年夏天继续增长。”

坐落在温斯伯利绿木学院的汤伯·S.K.（S.K. Tamber）发现了一个相似的情况，“2012夏季的公开考试成绩是我们有史以来最好的一次。全年83%的学生中有11个学生获得了5分，很多学生GCSEs取得了A*-C的成绩，全年71%的学生中11个学生取得了5分，包括英语和数学很多学生GCSEs取得了A*-C的成绩。（去年，也就是2011年的结果：全年59%的学生中11个学生取得了5分，包括英语和数学在内的成绩获得了GCSEs的A*-C）最近英国教育标准局（Ofsted）的2012份

UNIVERSITY OF EXETER Report on the Evaluation of the Impact of the Thinking School Approach, September 2013 Thinking Schools INTERNATIONAL

检查中我们在一年级的教学和其他所有类别中稳居了‘突出’地位。”

另外一个匿名提交的调查显示它在较长时期内持续得到改善：“2005年9月73%的取得了5 A*-CGCSEs，67%的5 A*-C包括英语和数学，在前面50%的价值得到提高。2012年9月99 %的取得了5 A*-CGCSEs，89%的5 A*-C包括英语和数学。在前面5%的价值得到提高。”

丝洛夫的佩恩·伍德小学思维学校负责人萨拉·埃文斯（Sarah Evans）在SATs上也发表了一个积极的影响结果：“SATs的学术成就最后在KS1和KS2得到提高。”

肯特郡的金斯当小学和灵沃尔德小学的思维学校领导人罗斯·科普（Rose Cope）表示，“更多孩子在关键领域的表现已经超过国民期望。”

只有一所学校表示该方法没有提高他们的学术成就。人们质疑是否有其他因素影响了这个学校的评判标准，但这需要进一步研究来证实此言论。

关于一些领域取得的学术成就，所有学校都被问及做决定时的依据是什么。下表（表3）记录了所有认证学校从小学87%的反馈协议到93%认可小学更高的咨询信息。这证明了思维学校一个关键的特点就是学校要高度重视学生的意见。同样重要的是，学校几乎一致（100%的中学和93%的小学）作出决定提高课堂质量。该方法明确了教学和学习的积极影响。

就中小学实践之间的对比我们还提出了一些有趣的问题。例如，87%的小学考虑到了测量小学生学术成就的工作，但考虑到了该问题的中学只有40%。从样本中似乎可以看出认证学校在作学术成就评定时，小学教师的考核和测评占的比重更大。

表3　证明对学术成就影响的证据

	公共考试/SATs	教师测试	教师评估	学生访谈和交流	教师研究和反馈	课程观察	学生工作	其他
小学（14）	78%	57%	87%	93%	57%	93%	87%	出席人数 14%
中学（10）	70%	38%	60%	80%	50%	100%	40%	
所有认证学校（24）	75%	46%	75%	87%	54%	96%	66.50%	出席人数 8%

思维学校负责人对他们发现的学术成就进行评论并记录到表4中。评论旁边记录的数字指的是领导人作出评论的数量，例如，5所小学领导人的评论提高了学生的独立能力并且说明思维学校方法对学术成就的提高起了很大的影响。

表4　领导人关于学术成就的评论

	评论
认证小学	难以确认（3）
	杰出的读写能力（4）
	学生的独立能力（5）
	反应能力（2）
	老师予以肯定
	教授能力提高
	一些杰出的
	思维&学习能力
	成长思维模式
	适应能力
	态度
	合作能力
	多次考试稳步提升
	始终如一的结果；好的结果
	工具，转移能力
	KS1，KS2的结果稳定上升
	KS1能力较低者更忙
	超出预期更多的百分比
	所有类型的积极评估
	T评估上升了18%
	更高的深度
认证中学	难以确认
	在测试结果中KS4T领导人的表现比同龄人好
	A-C从2010年的64%上升到2012年的81%
	使用工具后的结果有所提高
	从写作开始
	尤其是IB
	介绍能力提高
	自信心
	转移能力
	解决问题能力
	好的指示器
	特别的说&听

值得强调的是，学校已经注意到要改进具体领域中的学术成就。在豪恩斯洛的惠灵顿小学对孩子们阅读方式的改善是戏剧性，例如，库尔迪普·卡隆副主任表示，“在阅读考试中我们发现孩子们的成绩上升了37%，这是十分惊人的。”

位于朗科恩的比奇伍德小学校长琳恩·芬恩（Lynne Finn）表示，同事也注意到了孩子们在识字和具体化写作中的提高。“在关键第2阶段结束的时候，由于我们的学生数量少，我们得到一个非常棘手的简况，但是我们总能超过我们的目标，甚至许多孩子在SATs中实现他们的挑战目标。教育标准局最近称赞了我们在读写中取得的卓越成就。我们认为最大的改变在于写作水平的提高。提供的数据证明了一切。”

金斯当小学和灵沃尔德小学的领导罗斯·科普表示，国家提出的标准是，“一篇通过思维导图来提升写作质量的文章，在书面表达中绝对是出类拔萃的。关键的结构和文本组织都有所改善。通过引入提高学习力和思维习惯，孩子们在算数中应用能力也得到显著提高。孩子们在学习中更加自主灵活并且渴望冒险，这确保了语言的运用能力的提高。在KS1学术下，孩子们更多地参与他们的学习，同时提高在写作和数学方面获得2Cs的概率。”

更多的学校对此发表评论，日益增长的学习独立性和课堂文化的变化不仅影响评估标准，也影响到由此产生的结果。

德比（Derby）中学思维学校负责人安娜·乔丹表示，“我们在法定考试的结果总是很好，所以我觉得学习方案的思路已经影响到了这些。然而，我们通过训练方法更有利于实现这些结果，并认为学生的独立性十分有限。我们的T4L计划是慢慢地平衡从教师转向学生的责任，帮助学生提高自我意识，成为一名独立的学习者。我们从定性而不是定量的角度引进它。”

在表5中，我们从问题的答复记录可以看出学术成就在特定群体的学生是否已存在较大的影响。但这些数字并不能表示什么，例如，只有46%的认证小学认为高能力的学习者得益于思维方法，也就是说这46%的学校认为，有较强学习能力的学习者会尤其受益。

表5　特定群体特别支持思维学校方法

	能力较高	能力较低	男性	女性	特殊年龄群体	教育补助	其他
小学（14）	46%	54%	54%	15%		15%	SEN15%
中学（10）	44%	64%	33%	22%	44%		视觉学习者11%
所有认证学校（24）	45%	59%	45%	18%	18%	9%	SEN9% VIS LS4.5%

能力较低的学生和有特殊教育需要的学生是普遍需要通过思维学校策略支持的一个团体。芭芭拉普里斯曼学院思维学校负责人朱迪思·斯蒂芬森（Judith Stephenson），在桑德兰的一个特殊认证学校提出以下意见：

"很难证明思维学校方法已经对结果产生影响，但我们学生在GCSE英语口语和听力部分给外部主持人留下的印象极其深刻，他们是如何表达以及他们如何掌握这些原因和理由的。就那些患有自闭症的儿童来说，他们在思考问题方面特别的僵硬，但是我们将学习策略放在了一些对他们有利的地方，尤其是在可视化方面帮助他们看到整个课程，有技巧地帮助他们从一个关注点转移到另一个方面。他们很喜欢以地图的形式展示。学生们都非常喜欢我们用一些教具在学校实行的戏剧性询问。这有助于他们思维的灵活性，帮助他们有条理并且中肯地进行辩论。他们开始从不同人的视角去看待事情，以及患有自闭症的学生觉得很困难的事情。关于不同的思考方法，以及学习所产生的影响，学生们就这些问题进行了面谈。"

在梅德斯通奥克伍德派克文法学校一个有趣的项目对一组特定的学生产生了影响。那些孩子的学校，在艾克塞特大学伯登教授的支持下，已经成为发展思维能力的试点资格学校。现在这些取得资格的男孩已经成为该校"思维学校负责人"。

在奥克伍德派克文法学校的思维技能协调人林恩•韦斯顿（Lynn Western），解释道："思维技能资格要求孩子们去研究思考技巧，是对自己的学习思维能力影响的研究，研究思维能力的影响在于学习和小学教学。他们输入的很多课程很大程度上建立在如何真正地提高他们自身的信心。"

林恩•韦斯顿还注意到，这些英国普通中等教育证书（GCSE）成绩影响到学生综合能力表现为一个特定形式的变化，比如去年夏天的考试，"在我们分析他们的英国普通中等教育证书（GCSE）结果时，它看起来像把今年剩余年龄组获得更好的结果放在思维技能资格的特定队伍里。"

证据表明，思维学校方法有进一步的深化理解，其承诺，用新责任和机会去教导别人在学术成就上会有重大的影响。现在一些群体正参与支持新组织争取资格。

C．国际思维学校的策略

进一步调查的部分目的是为了获得国际思维学校成功反馈方案。以下表格详细介绍了学校课程的顺序。从表6的数据我们可以看到，最受欢迎的认证小学的起点是爱德华•德•博诺六顶思考帽和CoRT技能。然而，在中学普遍的起点是大卫•N.凯勒的思维地图。这一信息并不包括这些方案是否由外部教练介绍，比如国际思维学校或者其他学校是否把他们的训练集中在一起。一些学校会考虑他们有足够的专业知识或企图削减成本去领导自己的培训。成功课堂实践训练的质量会影响另一个潜在区域的深入研究。

表6，7，8顺序介绍

表6　认证小学

	第1	第2	第3	第4	第5	不可使用
思维导图	4	11	1	0	0	1
心智习惯	4	1	4	3	3	2
P4C/C of E	1	2	3	3	4	3

（续表）

	第1	第2	第3	第4	第5	不可使用
六顶帽/CoRT	6	2	4	5	0	0
提问	1	1	4	5	3	1

表7 认证中学

	第1	第2	第3	第4	第5	不可使用
思维地图	9	0	0	0	0	1
思考习惯	1	3	0	1	0	0
P4C/C of E	1	2	2	3	2	
六顶帽/CoRT	0	2	4	3	0	1
提问	1	2	3	1	1	2

表8 所有认证学校

	第1	第2	第3	第4	第5	不可使用
思维导图	13	11	1	0	0	2
心智习惯	5	4	4	5	3	6
P4C/C of E	1	3	5	5	7	5
六顶帽/CoRT	6	4	8	8	0	1
提问	2	5	7	6	4	3

在表9、表10和表11中记录的是介绍问题的规则以及审查规则的关系，对方案的满意度和感知重要度。通过反馈表来看所有方案都是非常积极的，儿童哲学和社区查询的满意度和重要性相对较低。然而，表8体现的领域是最近引进的，因而它可能是表9、表10和表11得分低，战略嵌入式比别人少的一个迹象。

表9，10，11：平均满意度和得分重要性。高分1/低分5

表9 所有15所认证小学

	满意度	重要性
思维导图	1.2	1.3
心智习惯	1.8	1.5

（续表）

	满意度	重要性
儿童哲学/C查询	2	1.8
六顶帽/CoRT	1.6	1.6
提问	1.3	1.3

表10　所有10所认证小学

	满意度	重要性
思维导图	1.25	1.8
心智习惯	1.6	1.7
儿童哲学/C查询	1.8	2.4
六顶帽/CoRT	1.4	1.7
提问	1.2	1.25

表11　所有25所认证小学

	满意度	重要性
思维导图	1.2	1.2
心智习惯	1.7	1.5
儿童哲学/C查询	1.9	2
六顶帽/CoRT	1.5	1.65
提问	1.25	1.2

以上表格显示所有被认可的国际思维学校战略性的承诺在这一时期一直得到人们持续性的支持。不在统计调查涵盖范围内的一份深入调查讲述，这些策略是如何有效地在教室里实施。

D．评价方式

学校领导同时也被要求反馈，他们对思维学校方法评价策略的使用情况，特别是在使用教授伯登的“自己作为学生”试验（MALS）。

22所认证学校中，8所学校说他们使用MALS，3所未被认证的学校报告说他们也使用了。这11所学校共计8所小学和3所中学。3所未被认证的学校开始使用MALS，并确定使用后的规模再次变化。然后，他们没有提供反馈数据。下面是8所认证学校的结果：1所学校发现学习者的自我感知能力有明显改善；2所学校发现学习者的自我感知能力普遍提高；3所学校发现学习者的自我意识不断提高。

但如何使用评价或许表明了一个问题。伯登教授指出，评价并不是简单的由个人独自完成问卷，学习者就可以提高自我感知能力的分数。一所学校发现，评价及其影响的完成大大提高了成年人讨论结果。另一学校发现MALS可以通过与父母合作的方案支持并帮助一个缺乏自信心的低分孩子找到自身问题。与成年人讨论中所使用的MALS将以最适合的嵌入式学校训练实践中。另一所学校发现了一个类似的梅德斯通（Maidstone）前面项目的影响，也就是说MALS中最高得分手在学校起着领导性作用：增强自我信心的责任。如何达到最高点显然需要更好地理解方式。一所中学放弃MALS的使用，例如，起始结果太绝对。一个领导认为，这说明MALS“学术”教师访问过于直接。也许这标志着需要列入使用的MALS和其他评价方法是思维学校培训最初的目的。如果工作人员实施MALS方案，这将更有效地利用工具从而得到适当的训练。然而，这将有时间和成本的影响。理查德·科埃在罗彻斯特文法学院援助的进展已同意进行广泛和有系统地使用MALS。

表12　自我评价方式的满意度

高　　　　　　　　　　　　　　　　低

	1	2	3	4	5
所有认证小学	14%	29%	43%	14%	0
所有认证中学	25%	12.50%	50%	12.50%	0
所有认证学校	18%	23%	45.40%	13.60%	0

关于评价方式培训和支持的重点结果在表12得到证实，报告学校自我评价方式的满意度。结果不太理想，远远超过任何其他部分的调查。在未认证学校发现了一个相似的图片。思维学校方法的82%认证学校说，欢迎并支持学校的评价策略。当他们踏上了学习之旅时，学校需要有一个明确的评价策略范围。

E. 主要优势和存在问题

本报告最后一节将突出思维学校负责人在调查中思维学校方法的优势和存在问题。学校没有包括所有的优点或问题，只包括那些他们认为是主要的一些方面。表13显示，学校拥有的好处远远大于存在的问题。优势或存在问题旁边的数字显示了学校这一评论的数量。

表13　思维学校方法的主要优势&存在问题

	主要优势	存在问题
所有认证小学 14所小学 8所小学	-学校全员参与 -共同语言 -凝聚力10 -独立性7 -班级提高5 -课程传递5 -父母支持4 -所有权5 -关系其他学校/大学4 -教师的动机/训练/创新4 -合作4 -创新性4 -实现技能3 -乐趣2 -出席人数2	-训练新成员/学生6 -聘请所有老师5 -时间4 -花费3

思维学校的普遍问题是缺乏持续性，如新员工的培训问题。大型学校更有可能认可内部教练员和新同事一起工作的能力。除非新员工和学生得到高质量的培训才会影响整个学校的做法。一个可行的解决方案是发展思维学校相互支持的网络，他愿意和能够满足集团的培训需求，例如由罗彻斯特文法学院领导的现有小组。这也有可能是生产国际思维学校探索对区域新员工培训课程的需求。持续的实践和地方雇用的所有职员也都是可持续性问题的一部分。同一系统里的学校可以互相支持，分享良好实践机会。一些学校在员工学习新知挑战这方面取得了巨大的成功，并提供了深造以及获得资格和职业发展的机会。

本报告的重点是对思维学校方法学术成就的影响。特别是反映在公开考试中。这是因为在学校，考试成绩是判断表现的一个关键因素，特别是在英国。这将是学校教学和学习策略使用方面的一个重大决定性影响，包括思维策略。然而，尽管公开考试对学生的要求是有限的使用高阶思维策略，绝大多数的证据在认证学校中调查，89%的学校支持思维学校方法是提高考试成绩的要点。

除了学术成就以外，表13再次显示了广泛思维模式的好处。它表明，例如，大量的学校本位辅导方式介绍了学习者共同语言的凝聚力和对学校工作的认可。佩恩•伍德小学的萨拉•埃文斯（Sarah Evans）注意到自信和独立所具有的神奇力量："结果在学生当中变得更为明显：更加自信；能够在书本之外思考，问更多的问题；在学习中制造联系；能够更有信心地反思自己的学习；开始知道他们下一步应该做什么，成为一名更加独立的学习者。"

卡罗琳•埃文斯（Carolyn Evans）在卡迪夫的Rhydyppenau小学当校长时记录着出勤对协作的影响，"具体的好处包括减少了50%的缺勤者，此外，儿童对自己的学习更加有信心，更自主和更有创造性的对待他们的任务。由于学校更适合去实施基础教育，所以在关键的阶段2技能框架内更积极地促进了课程发展。我们还注意到由于不断同拥有相同的思维工具的高中进行协同工作，已经促成了更好的转变。"

曼诺小学还注意到影响出勤的另外一个原因是态度问题。梅莉韦里（Meryl Echeverry）写道，“直接影响学生的出勤和行为的另外一个原因是学习态度的转变。”

在威德尼斯的林荫道小学的校长卡罗尔·劳伦森（Carol Lawrenson）表示，可以将独立作为一种优势效益。此外，她指出，管理者的利益和父母的支持，“学生正变得非常独立和相互依存。他们信心得到增长并且热衷于为学校生活作出贡献。他们发现了学习的乐趣和刺激，通过课程学习的方式为他们提供各种探索和展示学习的机会。管理者可以从年底的数据结果看出我们的方法在教育和学习上的好处。最后，父母都认为他们的孩子爱上学，并且对学习有着很高的热情。”

在罗斯·科普（Rose Cope）的金斯当和灵沃尔德小学也出现了家长的积极响应，“父母一直对孩子养成的独立性非常满意，许多家长也看到孩子们丢掉了很多负面的东西！孩子们变成了敏锐的学习者，他们将所有事情看做是值得参与或解决的一个障碍。”

在接受采访时，罗斯·科普（Rose Cope）做了最后一点陈述，思维学校的强大力量在于学习者的思维，不管是教职工还是学生，都是有决心的，都是为了能在学校中更积极地改进与提高。

鸣 谢

思维发展作为独特领域，无论是在东西方传统中，还是目前各大洲积极分享的观点理念，长久以来深深吸引了不同文化背景下的人类进行实践。

从苏格拉底到老子，再到约翰·杜威，本书作者及编辑人员向各位积极思考的教师、哲学家以及从古到今的圣人们表示感谢。在过去的几代投身于这项工作的许多人中，本书作者之一艾克赛特大学荣誉教授鲍勃·伯登博士（Bob Burden）一直致力于建设更加注重思维的学校。鲍勃教授的谈话和著作成为发展思维的转变历程中满足我们需求、悉心反思、尊重怀疑并警示告知的坚实风向标……这个历程潜藏于我们所有人一生之中，现在逐渐从全球学校的所有孩子和教师中浮现出来。